So viel Mathe muss sein!

Klaus Dürrschnabel · Rolf Dürr · Wolfgang Erben ·
Matthias Gercken · Karin Lunde · Rita Wurth ·
Marc Zimmermann

So viel Mathe muss sein!

Gut vorbereitet in ein WiMINT-Studium

Klaus Dürrschnabel
Fakultät für Informationsmanagement & Medien
Hochschule Karlsruhe
Karlsruhe, Deutschland

Rolf Dürr
Staatliches Seminar für Didaktik und Lehrerbildung
(Gymnasien)
Tübingen, Deutschland

Wolfgang Erben
Fakultät für Vermessung, Informatik und
Mathematik
Hochschule für Technik Stuttgart
Stuttgart, Deutschland

Matthias Gercken
Staatliches Seminar für Didaktik und Lehrerbildung
Karlsruhe
Karlsruhe, Deutschland

Karin Lunde
Fakultät für Mathematik, Natur- und
Wirtschaftswissenschaften
Hochschule Ulm
Ulm, Deutschland

Rita Wurth
Mettnau-Schule Radolfzell
Radolfzell, Deutschland

Marc Zimmermann
Campusmanagement
Pädagogische Hochschule Ludwigsburg
Ludwigsburg, Deutschland

Ergänzendes Material zu diesem Buch finden Sie auf
http://extras.springer.com.

ISBN 978-3-662-57950-3 ISBN 978-3-662-57951-0 (eBook)
https://doi.org/10.1007/978-3-662-57951-0

Die Deutsche Nationalbibliothek verzeichnet diese Publikation in der Deutschen Nationalbibliografie; detaillierte bibliografische Daten sind im Internet über http://dnb.d-nb.de abrufbar.

Springer Spektrum

Verantwortlich im Verlag: Annika Denkert
Einbandabbildung: Rüdiger Lunde

Springer Spektrum ist ein Imprint der eingetragenen Gesellschaft Springer-Verlag GmbH, DE und ist ein Teil von Springer Nature.
Die Anschrift der Gesellschaft ist: Heidelberger Platz 3, 14197 Berlin, Germany

Vorwort

Warum dieses Buch? Wer steckt dahinter?

Beim Übergang von der Schule zur Hochschule erleben Studienanfängerinnen und -anfänger eines Studiums der **Wi**rtschaftswissenschaften, der **M**athematik, der **I**nformatik, der **N**aturwissenschaften oder der **T**echnik (**WiMINT**) immer öfter, dass ihre Mathematik-Kenntnisse nicht den Erwartungen der Hochschulen entsprechen. Trotz guter Schulabschlussnoten schneiden viele von ihnen bei den Prüfungen schlecht ab. Nicht selten kommen sie so zu dem Schluss, dass sie das gewählte Studium nicht schaffen können; der Abbruch des Studiums scheint die einzig richtige Konsequenz zu sein.

Eine Möglichkeit, diesem Missstand vorzubeugen, besteht nach Ansicht vieler Mathematik-Lehrenden darin, die Studieninteressierten rechtzeitig und umfassend über die mathematischen Anforderungen in den verschiedenen WiMINT-Studiengängen zu informieren und gezielt auf ein solches Studium vorzubereiten.

Als Brückenbauer zwischen Schule und Hochschule verstehen sich die Mitglieder der Arbeitsgruppe **cosh** (Cooperation Schule-Hochschule, www.cosh-mathe.de), zu der auch die Autorinnen und Autoren dieses Arbeitsbuchs gehören. In der AG cosh arbeiten bereits seit 2002 Mathematik-Lehrende aus unterschiedlichen Schul- und Hochschulformen in Baden-Württemberg eng zusammen. Seit 2003 führt die cosh-AG jährlich Arbeitstagungen durch, bei denen sich die Teilnehmerinnen und Teilnehmer mit den vielfältigen Aspekten des Übergangs von der Schule zur Hochschule in kooperativem Austausch auseinandersetzen und konstruktiv über Maßnahmen zur Glättung des Übergangs nachdenken.

Ein wesentliches Ergebnis dieses Austauschs ist der „Mindestanforderungskatalog Mathematik der Hochschulen Baden-Württembergs für ein Studium von WiMINT-Fächern (Wirtschaft, Mathematik, Informatik, Naturwissenschaft und Technik)“. Er wurde von den Teilnehmerinnen und Teilnehmern der cosh-Tagungen 2012 und 2014 in einem intensiven Diskussionsprozess formuliert. Lehrende aus Schulen und Hochschulen haben gemeinsam die Mathematik-Kenntnisse und -Fertigkeiten zusammengetragen und strukturiert, die die Studienanfängerinnen und -anfänger haben sollten, um erfolgreich einen WiMINT-Studiengang zu beginnen. Diese Kompetenzbeschreibungen werden durch Aufgabenbeispiele konkretisiert. Die Aufgaben sind keine Lehr-, Lern- oder Testaufgaben, sondern sollen vor allem der Orientierung dienen. Der Mindestanforderungskatalog wurde ursprünglich für Baden-Württemberg konzipiert, hat aber in der Zwischenzeit bundesweit Beachtung und Akzeptanz gefunden, Sie finden ihn auf der WebSite der cosh-Initiative.

www.cosh-mathe.de

Das vorliegende Buch ist **das** Arbeitsbuch zum Mindestanforderungskatalog. Es soll den Mindestanforderungskatalog durch umfassendes Übungsmaterial mit kompakten Übersichten und ausführlich durchgerechneten Beispielen ergänzen. Darüber hinaus bietet eine umfangreiche Sammlung von Online-Materialien zum Arbeitsbuch den Blick über den Tellerrand auf weiterführende und vertiefende mathematische Zusammenhänge.

Für wen ist dieses Buch?

Das Arbeitsbuch richtet sich einerseits an Schülerinnen und Schüler, die sich für einen WiMINT-Studiengang interessieren und ihre Mathematik-Kenntnisse daraufhin überprüfen bzw. vertiefen wollen. Andererseits kann es Studienanfängerinnen und -anfängern dabei helfen, den Mathematik-Schulstoff aufzufrischen und durch Übungsaufgaben zu konsolidieren.

Das vorliegende Arbeitsbuch eignet sich besonders gut für das Lernen allein oder in kleinen Gruppen. Lehrenden, die Vorbereitungskurse an Schulen oder Hochschulen leiten, kann es dazu dienen, die Lernenden gezielt zu beraten und zu unterstützen.

Wie arbeite ich mit dem Buch?

Die Kapitel des Buches sind so strukturiert, dass Sie sich möglichst individuell mit den Inhalten auseinandersetzen können. Zu Beginn eines Kapitels entscheiden Sie anhand von Testaufgaben, welche Abschnitte eines Kapitels erarbeitet werden sollten. Inhalte, die Sie im Test sicher beherrschen, können Sie in dem angebotenen Ankreuzfeld für sich entsprechend markieren. Stellen die Testaufgaben eine Hürde dar, können Sie sich den dafür benötigten Stoff in den angegebenen Abschnitten aneignen. Die Erarbeitung der mathematischen Inhalte erfolgt anhand von Beispielaufgaben mit ausführlich kommentierten Lösungen, sodass stets der Bezug der mathematischen Theorie zur mathematischen Praxis erkennbar ist. Tabellarische Übersichten und farbliche Hervorhebungen der wichtigsten Begriffe und Definitionen erleichtern die Orientierung. Mit den Übungsaufgaben am Ende jedes Kapitels und den dazu gehörenden Lösungen können Sie Ihren Lernerfolg kontrollieren und festigen.

An vielen Stellen wird auf weitere Abschnitte des Buches oder auf das zusätzlich angebotene Online-Material verwiesen. Kenntnisse und Fertigkeiten aus den jeweils anderen Abschnitten, die zur aktuellen Bearbeitung einer Aufgabe notwendig sind, können so schnell auf die konkrete Situation angewendet werden. Damit wird Ihrem individuellen Kenntnisstand Rechnung getragen. Diese Vorgehensweise macht auch deutlich, wie die angesprochenen Bereiche der Mathematik untereinander verknüpft sind, und ermöglicht es, vorhandenes Wissen in unterschiedlichen Kontexten anzuwenden.

Dieses Arbeitsbuch ist zur Auffrischung des mathematischen Wissens konzipiert. Aufgrund des begrenzten Platzes sind die Inhalte kurz und prägnant gehalten. Sofern die angebotenen Beispiele für Sie nicht ausreichen, sollten Sie sich die entsprechenden Inhalte anhand eines der vielfältig angebotenen ausführlichen Lehrbücher aneignen.

Das Buch orientiert sich nahezu vollständig an dem durch den Mindestanforderungskatalog gesteckten Rahmen. Die Gliederung der Kapitel dieses Buches folgt exakt der Reihenfolge der im Mindestanforderungskatalog angesprochenen Inhalte und Kompetenzen. Diese Gliederung hat zur Folge, dass am Beginn des Buches der durchaus komplexe Teil „Allgemeine mathematische Kompetenzen" steht. Hier werden Inhalte der nachfolgenden Kapitel verwendet, um z. B. Argumentations- oder Problemlösungstechniken zu thematisieren. Aufgrund seines übergreifenden Charakters ist Teil I farblich abgesetzt.

Danke!

Guido Pinkernell und Thomas Weber haben uns in vielerlei Hinsicht, insbesondere mit umfangreichen Anregungen und akribischen Korrekturen tatkräftig unterstützt. Dafür danken wir ihnen ganz herzlich. Sehr dankbar sind wir auch für die vielen eindrucksvollen Fotos, die wir unentgeltlich von anderer Seite erhalten haben, die Fotografen sind bei den Bildern genannt. Den Lektorinnen des Springer-Verlages, Annika Denkert und Anja Groth, danken wir für ihre aufgeschlossene und unkomplizierte Begleitung des Projekts. Nicht zuletzt danken wir allen Autorinnen und Autoren des Mindestanforderungskataloges, ohne die das Buch nicht hätte entstehen können.

Esslingen
im Juli 2018

Das Autorenteam

Inhaltsverzeichnis

Teil II Elementare Algebra

Allgemeine mathematische Kompetenzen

I

Teil I

Dreiländerbrücke zwischen Weil am Rhein und Huningue. Foto: Rita Wurth

Probleme lösen

Teil I

Welche Schritte sind nützlich, um mathematisch ein Problem zu lösen?

Wie kann man Probleme des Alltags mathematisch untersuchen?

Welche Strategien kann man zum Lösen eines Problems anwenden?

Wendeltreppe im Turm der Sagrada Familia, Barcelona (Antoni Gaudi). Foto: Rüdiger Lunde

K. Dürrschnabel et al., *So viel Mathe muss sein!*, https://doi.org/10.1007/978-3-662-57951-0_1

Wie bei allen mathematischen Aufgaben wird auch bei mathematischen Problemen aus etwas Gegebenem mithilfe von mathematischen Verarbeitungsschritten etwas Gesuchtes ermittelt. Allerdings sind im Gegensatz zu mathematischen Standardaufgaben beim Problemlösen diese Verarbeitungsschritte nicht von vornherein festgelegt, sondern erfordern oft den Einsatz unterschiedlicher mathematischer Herangehensweisen. Problemstellungen, die im Rahmen des WiMINT-Studiums auftreten, können in unterschiedlichen Formen vorliegen, z. B. als offen formulierter Text, als Grafik, Bild, Tabelle oder Modell.

Der in Ungarn geborene Mathematiker György Pólya (1887–1985) hat in seinem 1967 veröffentlichten Buch „Die Schule des Denkens. Vom Lösen mathematischer Probleme" die vier Schritte charakterisiert, die notwendig sind, um ein Problem mathematisch zu lösen. Sie machen sich in diesem Kapitel diese vier Schritte bewusst und können am Ende des Kapitels Strategien des Problemlösens anwenden.

Achtung Probleme mathematisch lösen zu können, gehört zu den allgemeinen mathematischen Kompetenzen. In diesem Kapitel werden in einigen Beispielen und Übungsaufgaben auch Rechentechniken und Lösungsverfahren verwendet, die in den späteren Kapiteln eingehend behandelt werden. Bitte folgen Sie in solchen Fällen den Verweisen im Text. ◀

1.1 Selbsteinschätzung

☐ *Ich kann*
nützliche Fragen stellen. *→ Abschn. 1.2*

Test 1.1

Formulieren Sie mindestens drei nützliche Fragen zu folgendem Problem: Abergläubische Menschen behaupten, Freitag, der Dreizehnte, sei ein Unglückstag. Wie viele solche Freitage gibt es höchstens pro Jahr?

☐ *Ich kann*
einen gegebenen Sachverhalt mathematisch modellieren. *→ Abschn. 1.3*

Test 1.2

Der Druckluftbehälter einer Firma hat ein Leck und verliert seinen Druck. Es werden folgende Werte gemessen (Zeit in Stunden, Druck in bar):

Zeit	0	10	20	50
Druck	12	6,5	4	1

Beschreiben Sie den Druckabfall durch zwei unterschiedliche Funktionen.

☐ *Ich kann*
Strategien des Problemlösens anwenden. *→ Abschn. 1.4*

Test 1.3

Die Gerade g verläuft durch $A(a|a^{-1})$ mit der Steigung $m = -2a^{-2}$.

Für welchen Wert von a ist die zu g rechtwinklig verlaufende Gerade durch A eine Ursprungsgerade?

☐ *Ich kann*
Hilfsmittel angemessen nutzen. *→ Abschn. 1.5*

Test 1.4

Wie viele Lösungen hat die Gleichung $e^x = x^n$, wobei $n \in \{1; 2; 3; \ldots\}$?

Ergebnisse der Testaufgaben

1.1 Beispiele: Die wievielten Tage im Jahr sind die 13. der einzelnen Monate? Was für ein Wochentag ist der 13. eines Monats, wenn der 1. ein Montag ist? Was für ein Wochentag ist der 1. eines Monats, wenn der 13. ein Freitag ist? Was für ein Wochentag ist der 13. Februar, wenn der 1. Januar ein Montag (Dienstag, ...) ist?

1.2 Beispiele: Lineare Regressionsfunktion $f(x) = 9{,}80 - 0{,}196x$; quadratische Funktion aus drei Datenpaaren z. B. $f(x) = 0{,}00825x^2 - 0{,}6325x + 12$.

1.3 Es muss gelten: $a \neq 0$; Man kennt von der rechtwinklig schneidenden Geraden die Steigung $m_\perp = a^2/2$; Von einer Ursprungsgeraden, die durch einen Punkt $(x_0|y_0)$ geht, weiß man $m = y_0/x_0$. Zum Bestimmen von a nutzt man diese Beziehung und erhält $a = \pm\sqrt[4]{2}$.

1.4 Mit einem elektronischen Hilfsmittel sieht man, dass der Graph der Exponentialfunktion von irgendeiner Stelle an immer oberhalb des Graphen jeder beliebigen Potenzfunktion verläuft. Links von diesem Bereich gibt es für alle Potenzfunktionen eine Schnittstelle und für die geraden Potenzfunktionen eine weitere Schnittstelle im negativen Bereich. Die verwendeten Rechentechniken werden in → Abschn. 12.2 und → Abschn. 13.2 vertieft.

1.2 Nützliche Fragen stellen

G. Pólya nennt die vier Schritte zum **Lösen mathematischer Probleme**:

1. Verstehen der Aufgabe
2. Ausdenken eines Plans
3. Ausführen des Plans
4. Überprüfung der Lösung

Für den ersten Schritt, die Aufgabe zu verstehen, können folgende Leitfragen hilfreich sein:

- Wie formuliere ich das Problem mit meinen Worten?
- Was genau ist gegeben?
- Was weiß ich vom Gegebenen?

- Was genau ist gesucht?
- Was weiß ich vom Gesuchten?
- Was kann ich mit dem Gegebenen anfangen?
- Was kann ich mit dem Gesuchten anfangen?
- Habe ich ein ähnliches Problem schon einmal gelöst?

Beispiel 1.1

Von einem quadratischen Blatt Papier, das vorn rot und hinten blau ist, soll ein Streifen abgeschnitten und mit der blauen Seite nach oben schräg auf das restliche Rechteck aufgeklebt werden. Der Streifen soll dabei alle vier Seiten des Rechtecks berühren. Wie breit muss der Streifen sein?

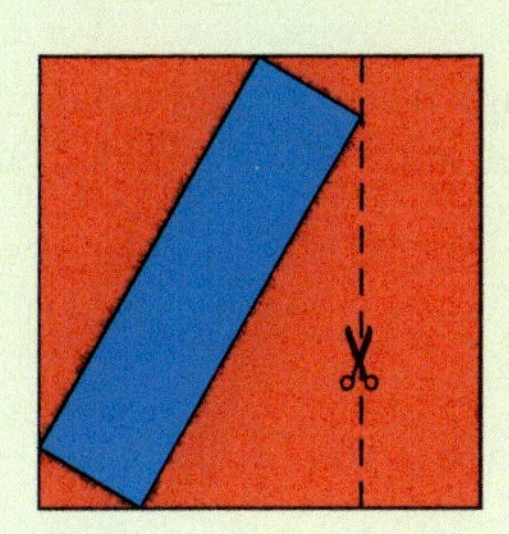

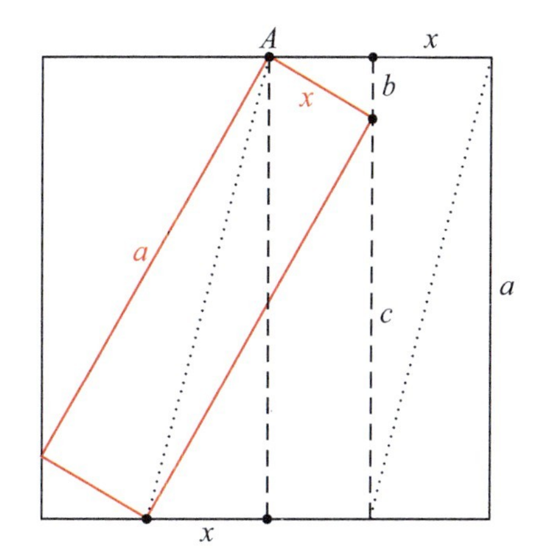

Eine Diagonale des aufgelegten Streifens ist parallel zu einer Diagonalen des Streifens, bevor er abgeschnitten wurde, weil beide gleich lang sind. Daraus folgt, dass die abgeschnittene Breite x in der skizzierten Weise auch der Abstand zwischen dem Fußpunkt von A und dem Eckpunkt des aufgelegten Streifens auf der unteren Quadratseite ist und der Punkt A die Quadratseite damit halbiert. Es gilt $a = b + c$ und mit dem Satz des Pythagoras (→ Abschn. 11.7)

$$b = \sqrt{x^2 - \left(\frac{a}{2} - x\right)^2} \quad \text{und} \quad c = \sqrt{a^2 - \left(\frac{a}{2}\right)^2} = \frac{a}{2}\sqrt{3}.$$

So erhält man die Gleichung

$$\begin{aligned} a &= \sqrt{x^2 - \left(\frac{a}{2} - x\right)^2} + \frac{a}{2}\sqrt{3} \\ \Leftrightarrow \quad a\left(1 - \frac{\sqrt{3}}{2}\right) &= \sqrt{x^2 - \left(\frac{a}{2} - x\right)^2} \\ \Leftrightarrow \quad a^2\left(2 - \sqrt{3}\right)^2 &= 4x^2 - a^2 + 4ax - 4x^2 \\ \Leftrightarrow \quad a^2\left(2 - \sqrt{3}\right)^2 &= 4ax - a^2 \\ \Leftrightarrow \quad 4ax &= a^2\left(4 - 4\sqrt{3} + 3 + 1\right) \end{aligned}$$

und daraus die Lösung

$$x = \left(2 - \sqrt{3}\right)a.$$

Zur Überprüfung der mathematischen Lösung schneidet man von dem quadratischen Papier einen Streifen mit der entsprechenden Breite ab und sieht, dass das Problem vollständig gelöst ist. ◀

Die folgenden möglichen Antworten auf einige der oben genannten Leitfragen können dazu beitragen, das Problem zu verstehen:

- Von einem Quadrat soll ein Streifen abgeschnitten werden, der schräg aufgelegt genau auf das restliche Teilstück passt.
- Gegeben ist ein Quadrat. Alle Seiten sind gleich lang, je zwei sind parallel, und es gibt vier rechte Winkel.
- Gesucht ist die Breite des Streifens. Es entstehen beim Auflegen lauter ähnliche rechtwinklige Dreiecke, je zwei davon sind gleich groß.

Das Beispiel wird im folgenden Abschnitt weiterentwickelt.

1.3 Mathematisch modellieren

Mit der Skizze im Beispiel 1.1 wird bereits die reale Situation durch ein **Modell** beschrieben. Bei der Übertragung in ein **mathematisches Modell** werden mathematische Bezeichnungen eingeführt und Beziehungen zwischen den auftretenden Größen genutzt.

Beispiel 1.2

Die Geschwindigkeit eines Autos beträgt 15 m/s zu Beginn der Beobachtung. Innerhalb der nächsten 5 s nimmt die Geschwindigkeit gleichmäßig bis zum Stillstand ab. Bestimmen Sie die Geschwindigkeit als Funktion der Zeit.

Die reale Situation eines Bremsvorgangs wird im Text durch die idealisierende Annahme, dass die Geschwindigkeit gleichmäßig abnimmt, als Modell beschrieben.

Als mathematisches Modell kann man zunächst den Graphen des Geschwindigkeitsverlaufs zeichnen und anschließend die gesuchte Funktion der Zeit angeben (→ Beispiel 12.2):

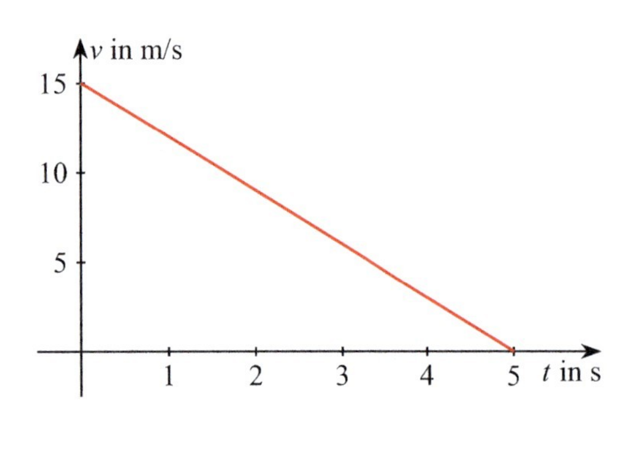

$$v(t) = 15 - 3t, \qquad 0 \leq t \leq 5$$

Zur Überprüfung des Modells kann man mit einem GPS-Tracking-Tool die reale Bremsbewegung mit den angegebenen Vorgaben aufzeichnen. ◀

1.4 Strategien des Problemlösens

Für den zweiten und dritten von G. Pólya genannten Schritt zum Lösen eines mathematischen Problems, nämlich das Aufstellen und Durchführen eines Plans, benötigt man häufig eine Problemlösestrategie. Diese Strategien lassen sich grob in vier Kategorien einteilen.

Induktion: systematisch probieren; von Gegebenem ausgehen und auf das Gesuchte schließen; von konkreten Beispielen ausgehen und anschließend verallgemeinern.

Reduktion: Fälle unterscheiden; vom Gesuchten ausgehen und so die Eigenschaften des Gegebenen einschränken; Annahmen zu einem Widerspruch führen.

Variation: das Gegebene variieren; den Allgemeinheitsgrad variieren; die Exaktheitsstufe variieren.

Interpretation: das Problem in einen anderen Kontext übersetzen; ein Modell anfertigen; Analogien suchen.

Beispiel 1.3

f ist eine Polynomfunktion 3. Grades mit drei Nullstellen. Genau in der Mitte zwischen zwei Nullstellen wird im zugehörigen Kurvenpunkt die Tangente an den Graphen von f gelegt. Wo schneidet diese Tangente die x-Achse? (→ Abschn. 13.5)

Induktion: Eine Skizze macht die Eigenschaften einer Funktion mit den gegebenen Eigenschaften deutlich.

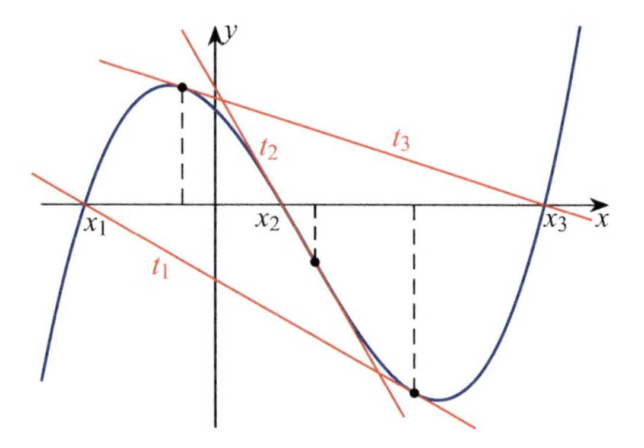

Verallgemeinerung: Wenn f die Funktion und x_1, x_2 und x_3 ihre drei Nullstellen sind, dann kann der Funktionsterm in der faktorisierten Form

$$f(x) = a(x - x_1)(x - x_2)(x - x_3)$$

angegeben werden (Satz vom Nullprodukt → Beispiel 12.22).

Reduktion: Da nur die Lage der x-Achsenschnittpunkte untersucht werden soll, kann man den Graphen in x-Richtung verschieben und in y-Richtung strecken, ohne den Sachverhalt zu ändern. Speziell kann man $a = 1$ annehmen und den Graphen in x-Richtung so verschieben, dass die y-Achse genau in der Mitte zwischen x_1 und x_2 ist. Dann gilt $x_1 = -c$ und $x_2 = c$, und der Funktionsterm vereinfacht sich zu

$$f(x) = (x + c)(x - c)(x - x_3),$$

ausmultipliziert

$$f(x) = x^3 - x_3x^2 - c^2x + c^2x_3.$$

Interpretation: Durch die Verschiebung genügt es, die Tangente t an der Stelle 0 zu berechnen (→ Abschn. 13.3):

$$t\colon \quad y = f'(0)x + f(0)$$

Es ist $f(0) = c^2x_3$.

Mit $f'(x) = 3x^2 - 2x_3x - c^2$ erhält man $f'(0) = -c^2$. Für die Tangentengleichung heißt das

$$t\colon \quad y = -c^2x + c^2x_3,$$

also

$$t\colon \quad y = -c^2(x - x_3).$$

Da $c \neq 0$, schneidet die Tangente die x-Achse an der Stelle x_3.

Ergebnis 1.3 Die Tangente schneidet die x-Achse im dritten x-Achsenschnittpunkt. ◀

1.5 Hilfsmittel angemessen nutzen

Beispiel 1.4

Bestimmen Sie die Nullstelle der Funktion f mit

$$f(x) = 0{,}5x^3 - 15x^2 - 10$$

auf drei Nachkommastellen gerundet.

Überlegen: Für $x \leq 0$ ist $f(x)$ stets negativ. Für $x \to \infty$ gilt $f(x) \to \infty$. Also gibt es eine Nullstelle für $x > 0$.

Visualisieren: Mit einem elektronischen Hilfsmittel oder mithilfe einer Wertetabelle kann man den Graphen von f zeichnen.

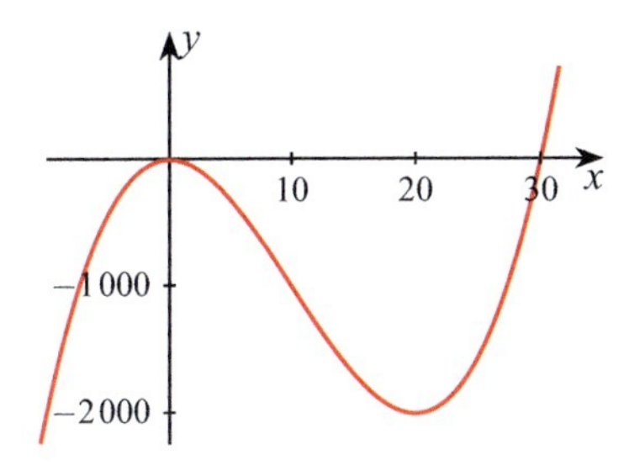

Man sieht, dass bei $x \approx 30$ eine Nullstelle ist. Der Funktionswert $f(0) = -10$ ist negativ, d. h., der Hochpunkt $(0|-10)$ liegt unterhalb der x-Achse.

Rechnen: Mit einem elektronischen Hilfsmittel erhält man ohne Zwischenschritte die Nullstelle $x \approx 30{,}022$. Hat der Taschenrechner keine numerische Lösungsfunktion, berechnet man näherungsweise z. B.:

$$\begin{aligned} f(30) &= -10 & f(30{,}1) &\approx 35{,}3 \\ & & f(30{,}05) &\approx 12{,}6 \\ & & f(30{,}025) &\approx 1{,}3 \\ f(30{,}02) &\approx -1 & f(30{,}0225) &\approx 0{,}14 \\ f(30{,}022) &\approx -0{,}085 & f(30{,}02225) &\approx 0{,}027 \end{aligned}$$

Ergebnis 1.4 Die Nullstelle ist etwa 30,022.

Eine ausführliche Darstellung des Intervallhalbierungsverfahrens zur Bestimmung einer Nullstelle einer Funktion f finden Sie im Online-Material.

tiny.cc/to5l1y

Aufgaben

1.1 Formulieren Sie jeweils mindestens zwei Fragen, um folgende Probleme zu verstehen:

a) Wie hoch ist eine fünfseitige Pyramide, deren Seitenflächen gleichseitige Dreiecke mit der Seitenlänge 1 m sind?
b) Gibt es eine Parabel mit dem Scheitel im Ursprung, die den Graphen der Funktion f mit $f(x) = e^x$ berührt?
c) Das Statistische Bundesamt veröffentlichte 2017 folgende Daten über Griechenland:

Jahr	2007	2010	2013	2016
BIP/Kopf in US-Dollar	28 900	26 973	21 805	17 900
Arbeitslosenquote in %	8,4	12,73	27,48	23,76

1.2 Beantworten Sie folgende Fragen mithilfe eines mathematischen Modells:

a) Eine Hohlkugel aus Stahl von 3 cm Wanddicke hat die Masse 39,360 kg. Die Dichte von Stahl beträgt 7,85 kg/dm^3. Wie groß sind der innere und äußere Durchmesser der Hohlkugel? (→ Abschn. 11.9)
b) Ist es möglich, einen Balken mit den Maßen 200 cm × 10 cm × 15 cm durch ein Rohr mit einem Innendurchmesser von 18 cm zu schieben? (→ Abschn. 11.8)
c) Fließt durch eine verdünnte Kupfersulfatlösung ein Gleichstrom, so entsteht am negativen Pol metallisches Kupfer. Die abgeschiedene Kupfermenge ist sowohl zur Dauer des Stromflusses als auch zur Stromstärke direkt proportional. Bei einer Stromstärke von 0,4 A werden in 15 Minuten 0,12 g Kupfer abgeschieden. Wie lange dauert es, bis 0,2 g Kupfer bei einer Stromstärke von 0,6 A abgeschieden werden? (→ Abschn. 5.6)

1.3 Im skizzierten Rechteck sind eine Diagonale und eine Seitenhalbierende eingezeichnet. In welchem Verhältnis teilt deren Schnittpunkt diese beiden Strecken? (→ Abschn. 11.4)

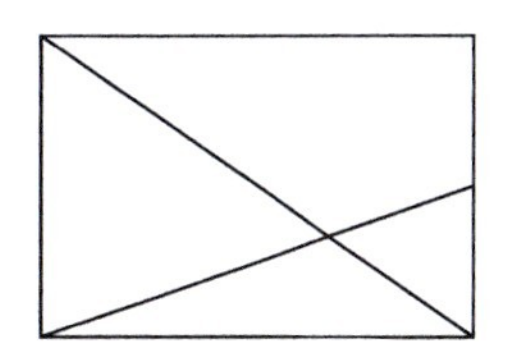

a) Wenden Sie bei der Lösung dieser Aufgabe die vier Schritte des Problemlösens an.
b) Notieren Sie anschließend die Strategien, die zur Lösung geführt haben.

Teil I

1.4 Bestimmen Sie mit einem elektronischen Hilfsmittel die Lösungen folgender Optimierungsprobleme. (→ Abschn. 13.7)

a) Der skizzierte Viertelkreis hat einen Radius von 4 cm. Bestimmen Sie den Punkt P, sodass das eingezeichnete Rechteck maximalen Umfang hat.

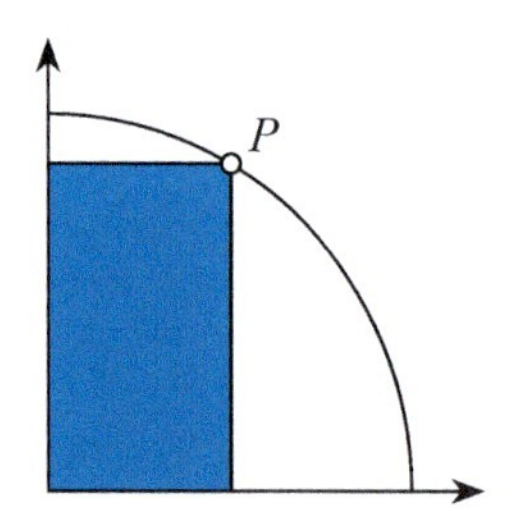

b) Ein Behälter hat die Form eines Zylinders mit ebenem Boden und aufgesetzter Halbkugel als Deckel. Das Volumen des Behälters einschließlich der Wände soll $5\,\text{m}^3$ betragen. Welche Maße hat der Behälter, dessen Oberfläche einschließlich Boden minimal ist?

Lösungen zu den Aufgaben

1.1

a)
- Was für eine Grundfläche hat die Pyramide?
- Welche Eigenschaften haben die Dreiecke, aus denen die Grundfläche zusammengesetzt werden kann?
- Welche Eigenschaften hat ein Dreieck, das aus der Höhe der Pyramide und einer der Steilkanten gebildet wird?
- ...

b)
- Welche Lage hat eine beliebige Ursprungsparabel in Bezug auf das Schaubild von f?
- Wie viele Punkte hat die Normalparabel mit dem Schaubild von f gemeinsam? Wie viele sind es bei einer anderen Ursprungsparabel?
- Wo müsste ein Berührpunkt der beiden Kurven liegen?
- Welche Bedingungen gelten für Kurven, die sich berühren?
- ...

c)
- Kann man die Entwicklung des BIP/Kopf durch eine mathematische Funktion beschreiben?
- Gibt es eine ähnliche Funktion, mit der man die Entwicklung der Arbeitslosenquote beschreiben kann?
- Gibt es einen mathematisch begründeten Zusammenhang zwischen der Arbeitslosenquote und dem BIP/Kopf?
- ...

1.2

a) Volumen einer Kugel mit Durchmesser d in cm:

$$V(d) = \frac{1}{6}\pi d^3$$

Volumen der Hohlkugel:

$$V = V(d) - V(d-6) = \frac{1}{6}\pi\left(d^3 - (d-6)^3\right)\ [\text{cm}^3]$$

$$\text{Volumen} = \frac{\text{Masse}}{\text{Dichte}} = \frac{39\,360\,\text{g}}{7{,}85\,\frac{\text{g}}{\text{cm}^3}} \approx 5\,014\,\text{cm}^3$$

$$V(d) - V(d-6) = 5\,014 \quad \Leftrightarrow \quad d \approx 26\ (\vee\ d \approx -20)$$

Der äußere Durchmesser ist etwa 26 cm, der innere etwa 20 cm.

b) Skizze des Sachverhalts:

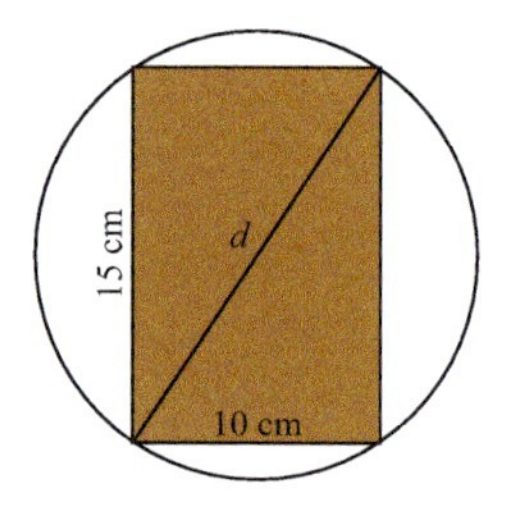

Diagonale des Balkenquerschnitts d:

$$d = \sqrt{(10\,\text{cm})^2 + (15\,\text{cm})^2} \approx 18{,}03\,\text{cm}$$

$d > 18$, also ist der Balken zu groß.

c) Mit der abgeschiedenen Kupfermenge M in g, der Stromstärke I in A, der Dauer t in h und der Proportionalitätskonstanten c in $\frac{\text{g}}{\text{A h}}$ gilt

$$M = c \cdot I \cdot t.$$

Damit:

$$0{,}12\,\text{g} = c \cdot 0{,}4\,\text{A} \cdot 0{,}25\,\text{h} = 0{,}1\,\text{A h} \cdot c$$

$$\Leftrightarrow \quad c = 1{,}2\,\frac{\text{g}}{\text{A h}}$$

Daraus ergibt sich:

$$t = \frac{M}{c \cdot I} = \frac{0{,}2\,\text{g}}{1{,}2\,\frac{\text{g}}{\text{A h}} \cdot 0{,}6\,\text{A}} = \frac{5}{18}\,\text{h}$$

Es dauert 16 Minuten und 40 Sekunden.

1.3

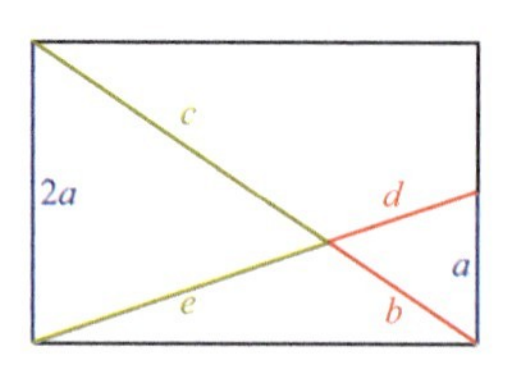

1. Schritt: Gesucht $b : c$ bzw. $d : e$.
2. Schritt: $b : c = d : e$. Untersuchung von $b : c$ mit dem Strahlensatz.
3. Schritt: $b : c = a : 2a = 1 : 2$.
4. Schritt: Jede der beiden Strecken wird im Verhältnis $1 : 2$ geteilt.
   Überprüfung z. B. durch Nachmessen an unterschiedlichen Beispielen.

1.4

a) Bezeichnungen gemäß folgender Skizze:

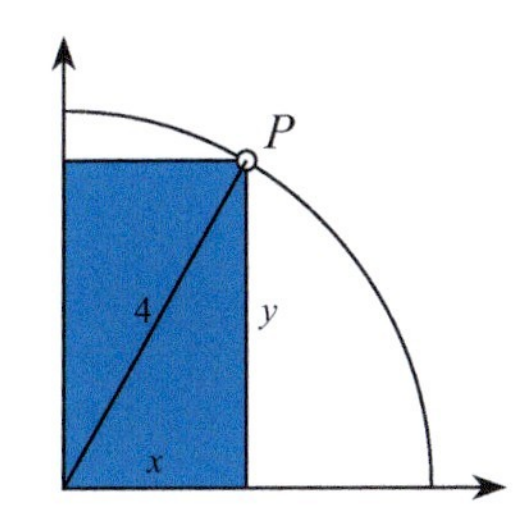

Damit gilt:

$$y = \sqrt{16 - x^2}$$
$$U(x) = 2x + 2\sqrt{16 - x^2} \quad \text{mit } x \in [0; 4]$$
$$U'(x) = 2 - \frac{2x}{\sqrt{16 - x^2}}$$
$$U'(x) = 0 \quad \Leftrightarrow \quad x = 2\sqrt{2}$$
$$U(0) = U(4) = 8 \text{ und } U\left(2\sqrt{2}\right) = 8\sqrt{2} > 8$$

Der Umfang des Rechtecks ist maximal für $P\left(2\sqrt{2}\middle|2\sqrt{2}\right)$.

b) Skizze des Behälters:

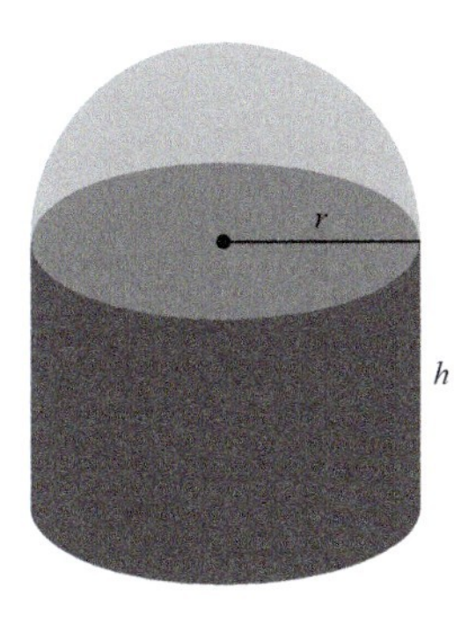

Volumen des Behälters:

$$5 = \pi r^2 h + \frac{2}{3}\pi r^3 \quad \Leftrightarrow \quad h = \frac{5}{\pi r^2} - \frac{2}{3}r$$

Da $h > 0$, gilt $r < \sqrt[3]{\frac{15}{2\pi}} \approx 1{,}3365$.
Oberfläche des Behälters:

$$O = \pi r(3r + 2h)$$
$$O(r) = \frac{10}{r} + \frac{5}{3}\pi r^2 \quad \text{mit } 0 < r < \sqrt[3]{\frac{15}{2\pi}}$$
$$O'(r) = -\frac{10}{r^2} + \frac{10}{3}\pi r$$
$$O'(r) = 0 \quad \Leftrightarrow \quad r = \sqrt[3]{\frac{3}{\pi}}$$
$$O\left(\sqrt[3]{\frac{3}{\pi}}\right) = 5\sqrt[3]{9\pi} \approx 15{,}23$$
$$O(r) \to \infty \text{ für } r \to 0 \quad \text{und} \quad O(r) \to 16{,}835 \text{ für } r \to \sqrt[3]{\frac{15}{2\pi}}$$

Minimale Oberfläche für $r = \sqrt[3]{\frac{3}{\pi}} \approx 0{,}985$.
In diesem Fall ist $h = \frac{5}{\pi r^2} - \frac{2}{3}r = \sqrt[3]{\frac{3}{\pi}} = r$.
Höhe und Radius des optimalen Behälters sind gleich groß, und zwar ungefähr 0,985 m.

Ausführliche Lösungen zu den Aufgaben finden Sie im Online-Material.

tiny.cc/to511y

Systematisch vorgehen

Teil I

Wie kann man komplexe Sachverhalte in einfachere zerlegen?

Was geschieht bei einer Fallunterscheidung?

Wann kann man mit Näherungswerten rechnen, und welche Regeln gelten dann für den Genauigkeitsgrad?

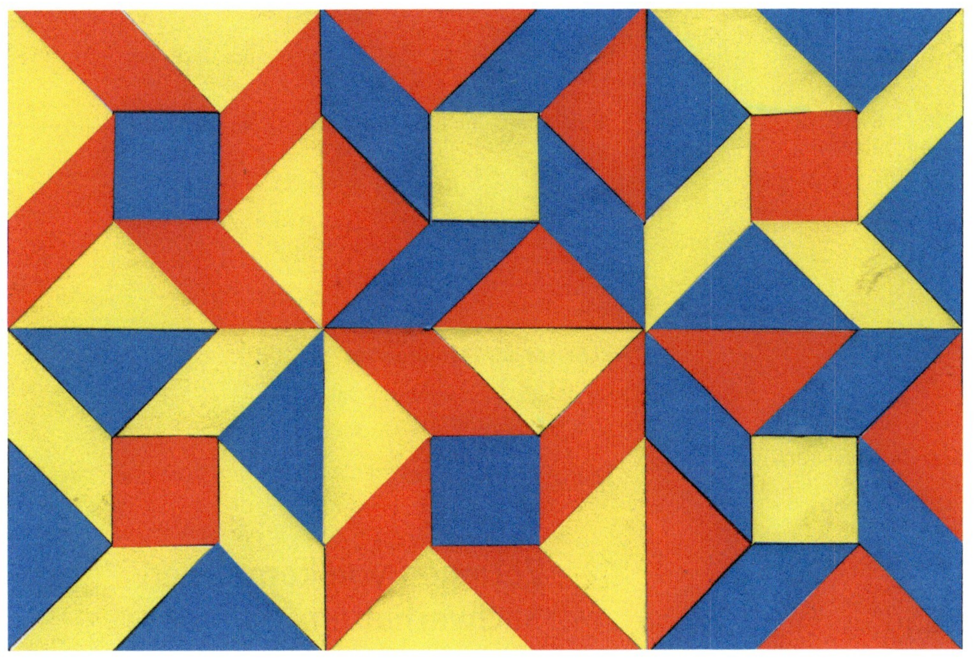

Kombinatorik mit Geometrie (Rolf Dürr). Foto: Rolf Dürr

K. Dürrschnabel et al., *So viel Mathe muss sein!*, https://doi.org/10.1007/978-3-662-57951-0_2

Viele mathematische Probleme erscheinen auf den ersten Blick sehr komplex und oft unlösbar zu sein. Eine wichtige Hilfe ist es dann, wenn man die Lösungsschritte sorgfältig plant, strukturiert durchführt und anschließend den Lösungsweg, selbst wenn er nicht zum Erfolg geführt hat, reflektiert.

In diesem Kapitel machen Sie sich solche Vorgehensweisen an Beispielen bewusst und verbessern so Ihre eigene Arbeitsweise.

Achtung Systematisch vorgehen zu können, gehört zu den allgemeinen mathematischen Kompetenzen. In einigen Beispielen und Übungsaufgaben dieses Kapitels werden auch Rechentechniken und Lösungsverfahren verwendet, die in den späteren Kapiteln eingehend behandelt werden. Bitte folgen Sie in solchen Fällen den Verweisen im Text. ◀

2.1 Selbsteinschätzung

☐ *Ich kann*
komplexe Sachverhalte in einfachere Probleme zerlegen.
→ *Abschn. 2.2*

Test 2.1

Bestimmen Sie den Flächeninhalt der Figur.

3 m
3 m
5 m

☐ *Ich kann*
Fallunterscheidungen vornehmen.
→ *Abschn. 2.3*

Test 2.2

Für welche Werte von a hat die Funktion f mit

$$f(x) = x^4 - x^3 + ax^2 + 1$$

genau eine Extremstelle?

☐ *Ich kann*
sorgfältig und gewissenhaft arbeiten.
→ *Abschn. 2.4*

Test 2.3

Gegeben sind die Funktionen f_1, f_2 und f_3 durch

$$f_1(x) = 1, \quad f_2(x) = x^2 \quad \text{und} \quad f_3(x) = \frac{1}{x}.$$

Bestimmen Sie die Funktionen g_1, g_2 und g_3 mit

$$\begin{aligned} g_1(x) &= f_2\left(f_3(x) + f_1(x)\right) \\ g_2(x) &= f_3\left(f_2(x) + f_1(x)\right) \\ g_3(x) &= f_1\left(f_2\left(f_3(x)\right)\right). \end{aligned}$$

Ergebnisse der Testaufgaben

2.1 etwa $11{,}642\,\text{m}^2$ (→ Abschn. 11.2)

2.2 $a = 0$ oder $a \geq \frac{9}{32}$ (→ Abschn. 13.7)

2.3 $g_1(x) = \left(\frac{1}{x} + 1\right)^2$, $g_2(x) = \frac{1}{x^2+1}$, $g_3(x) = 1$ (→ Abschn. 12.4)

2.2 Zerlegen von komplexen Sachverhalten

Beispiel 2.1

Im Jahre 1830 fuhr das erste Donaudampfschiff die 280 km lange Strecke von Wien nach Budapest. Flussabwärts dauerte die Fahrt 14 Stunden und 15 Minuten. Für die Rückfahrt benötigte das Schiff 48 Stunden und 20 Minuten. Da bei dieser Jungfernfahrt dieselben Fahrgäste sowohl flussabwärts als auch flussaufwärts an Bord waren, kann man davon ausgehen, dass die Eigengeschwindigkeit des Schiffes in beiden Richtungen gleich war. Wie groß war sie?

Die Eigengeschwindigkeit v und die Fließgeschwindigkeit der Donau v_F überlagern sich, sodass für die Geschwindigkeit flussabwärts gilt:

$$\begin{aligned} v_T &= v + v_F \\ &= \frac{280\,\text{km}}{14{,}25\,\text{h}} \approx 19{,}6\,\text{km/h} \end{aligned}$$

und flussaufwärts

$$\begin{aligned} v_B &= v - v_F \\ &\approx \frac{280\,\text{km}}{48{,}33\,\text{h}} \approx 5{,}8\,\text{km/h}. \end{aligned}$$

Durch Addition der beiden Geschwindigkeiten erhält man

$$v_T + v_B = 2v.$$

Die Eigengeschwindigkeit v des Schiffes ist also der Mittelwert von v_T und v_B.

Ergebnis 2.1 $v \approx 12{,}7\,\text{km/h}$. ◀

Beispiel 2.2

Berechnen Sie ohne ein elektronisches Hilfsmittel die Lösungen der Gleichung

$$x^3 + x^2 - 2x - 2 = 0.$$

Durch Faktorisieren des Terms (→ Abschn. 9.5) zerlegt man diese Gleichung in zwei einfachere:

$$\begin{aligned} & x^3 + x^2 - 2x - 2 = 0 \\ \Leftrightarrow\quad & x^2(x+1) - 2(x+1) = 0 \\ \Leftrightarrow\quad & (x^2 - 2)(x+1) = 0 \\ \Leftrightarrow\quad & x^2 - 2 = 0 \text{ oder } x + 1 = 0 \end{aligned}$$

Ergebnis 2.2 $x_1 = \sqrt{2}, \quad x_2 = -\sqrt{2}, \quad x_3 = -1.$ ◀

2.3 Fallunterscheidung

Beispiel 2.3

Die Abbildung zeigt den Graph K der Funktion f mit $f(x) = \frac{1}{4}x(x-4)^2$.

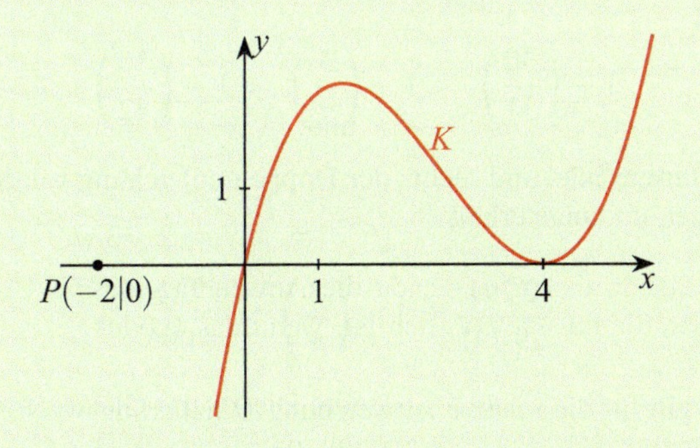

Durch den Punkt $P(-2|0)$ wird eine Gerade g gezeichnet. Wie muss die Steigung von g gewählt werden, damit g mit K genau einen/genau zwei/genau drei gemeinsame Punkte besitzt?

In dieser Aufgabe sind drei Fälle genannt, die untersucht werden sollen. Mit einer Skizze lassen sie sich veranschaulichen. Die beiden Geraden t_1 und t_2 sowie die x-Achse sind Tangenten an K (→ Abschn. 13.5).

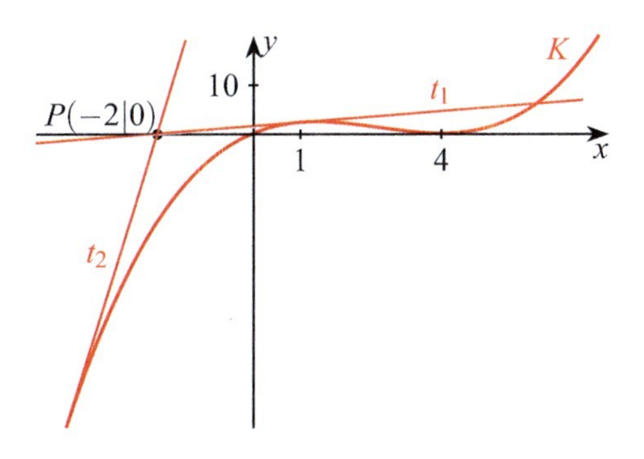

1. Fall: Genau ein gemeinsamer Punkt

g ist parallel zur y-Achse, oder die Steigung von g ist kleiner als 0 oder größer als die von t_1, aber kleiner als die von t_2.

2. Fall: Genau zwei gemeinsame Punkte

g ist die x-Achse oder eine der beiden Tangenten t_1 bzw. t_2. Der zweite gemeinsame Punkt von t_2 und K ist im ersten Quadranten.

3. Fall: Genau drei gemeinsame Punkte

Die Steigung von g ist kleiner als die von t_1, aber größer als 0, oder sie ist größer als die von t_2. Bei der ersten Möglichkeit liegen die drei Schnittpunkte von g und K alle im ersten Quadranten. Bei der zweiten Möglichkeit liegen ein Schnittpunkt im ersten und zwei Schnittpunkte im dritten Quadranten.

Berechnung der Steigungen von t_1 und t_2

Die Gleichung der Tangente an K im Punkt $(a|f(a))$ ist (→ Abschn. 13.3)

$$y = f'(a)(x-a) + f(a).$$

P liegt auf der Tangente, also

$$0 = f'(a)(-2-a) + f(a).$$

Wegen $f'(x) = \frac{1}{4}(x-4)^2 + \frac{1}{2}x(x-4) = \frac{1}{4}(x-4)(3x-4)$ ist $f'(a) = \frac{1}{4}(a-4)(3a-4)$. Man erhält

$$0 = \frac{1}{4}(a-4)(3a-4)(-2-a) + \frac{1}{4}a(a-4)^2$$

und vereinfacht

$$0 = -\frac{1}{2}(a-4)(a^2+3a-4).$$

Die Lösungen dieser Gleichung sind

$$a_1 = 4, \qquad a_2 = 1, \qquad a_3 = -4.$$

Die gesuchten Steigungen sind:

$$f'(4) = 0 \qquad (x\text{-Achse})$$
$$f'(1) = \frac{3}{4} \qquad (t_1)$$
$$f'(-4) = 32 \qquad (t_2)$$

Ergebnis 2.3 Genau ein gemeinsamer Punkt, wenn g die Gerade mit $x = -2$ ist oder für ihre Steigung m gilt: $m < 0$ oder $\frac{3}{4} < m < 32$.

Genau zwei gemeinsame Punkte, wenn $m = 0$ oder $m = \frac{3}{4}$ oder $m = 32$.

Genau drei gemeinsame Punkte, wenn für m gilt: $0 < m < \frac{3}{4}$ oder $m > 32$. ◄

2.4 Sorgfalt und Genauigkeit

Beim Rechnen mit elektronischen Hilfsmitteln ist der Grad der Genauigkeit sehr hoch, wenn man Zwischenergebnisse speichert und mit den gespeicherten Werten weiterrechnet. Wenn das nicht möglich ist, sind viele Berechnungen umso genauer, je weniger man mit gerundeten Dezimalzahlen rechnet und stattdessen die exakten mathematischen Terme, z. B. Brüche, Wurzeln oder Logarithmen verwendet. Beim Rechnen mit gerundeten Dezimalzahlen muss man beachten, dass die Genauigkeit eines Rechenschritts nicht größer werden kann, sondern höchstens gleich groß bleibt. So würde man z. B. das Ergebnis von $\sqrt{12} \cdot \sqrt{3}$ mit den gerundeten Dezimalzahlen $3{,}46 \cdot 1{,}73$ nicht als 5,9858 angeben, sondern gerundet als 5,99. Dieser Wert entspricht besser dem exakten Ergebnis 6, das man mit der folgenden Umformung erhält (→ Abschn. 8.3):

$$\sqrt{12} \cdot \sqrt{3} = 2\sqrt{3} \cdot \sqrt{3} = 6$$

Beispiel 2.4

Mit wie vielen Stellen von π muss man rechnen, um das Volumen einer Kugel mit höchstens 1 % Abweichung vom tatsächlichen Volumen zu berechnen?

Die Formel zur Berechnung des Volumens einer Kugel mit dem Radius r lautet

$$V = \frac{4}{3}\pi r^3.$$

Wenn man π durch einen Wert $c \in \{3; 3{,}1; 3{,}14; 3{,}142; 3{,}1416; \ldots\}$ annähert, ist die relative Abweichung vom tatsächlichen Volumen

$$D = \frac{\pi - c}{\pi}.$$

Für $c = 3{,}1$ ist $D \approx 0{,}013$, also etwa 1,3 %, für $c = 3{,}14$ ist $D \approx 0{,}0005$, also etwa 0,05 %.

Ergebnis 2.4 Mit dem Näherungswert 3,14 für π weicht das berechnete Kugelvolumen vom exakten Wert um weniger als 1 % ab. ◄

Anmerkung: Diese Regel gilt für alle geometrischen Größen, in denen π linear vorkommt.

Beispiel 2.5

Schätzen Sie ohne Benutzung eines Taschenrechners, wie groß die relative Abweichung der berechneten Fläche eines Kreises mit dem Radius π von der tatsächlichen Kreisfläche ist, wenn man π durch 3 annähert?

Ähnlich wie im → Beispiel 2.4 ist die relative Abweichung

$$D = \frac{\pi^3 - 3^3}{\pi^3} = 1 - \left(\frac{3}{\pi}\right)^3.$$

Mit einem Taschenrechner erhält man $D \approx 0{,}129$. Die Abweichung beträgt also etwa 13 %. Da in dem Beispiel die Abweichung aber ohne Taschenrechner geschätzt werden soll, muss man den Wert von $\frac{3}{\pi}$ eingrenzen. Da $3{,}1 < \pi < 3{,}2$ ist, gilt

$$\frac{3}{3{,}2} < \frac{3}{\pi} < \frac{3}{3{,}1},$$

also

$$\frac{30}{32} < \frac{3}{\pi} < \frac{30}{31}$$

und damit

$$\left(\frac{30}{32}\right)^3 < \left(\frac{3}{\pi}\right)^3 < \left(\frac{30}{31}\right)^3,$$

also

$$1 - \left(\frac{30}{31}\right)^3 < 1 - \left(\frac{3}{\pi}\right)^3 < 1 - \left(\frac{30}{32}\right)^3.$$

Die Terme links und rechts der Doppelungleichung werden berechnet, und man erhält

$$\frac{2\,791}{29\,791} < 1 - \left(\frac{3}{\pi}\right)^3 < \frac{721}{4\,096}.$$

Also gilt für die relative Abweichung D näherungsweise

$$0{,}09 < D < 0{,}18.$$

Ergebnis 2.5 Mit dem Näherungswert 3 für π liegt die relative Abweichung der berechneten Kreisfläche vom exakten Wert zwischen 9 und 18 %. ◄

Die verwendeten Rechentechniken können Sie in den folgenden Kapiteln vertiefen, besonders in → Abschn. 5.2, → Abschn. 7.2 und → Abschn. 10.2.

Aufgaben

2.1 Faktorisieren Sie die Terme so weit wie möglich. (→ Abschn. 9.5)

a) $2x^3 + 2x^2 - 8x - 8$
b) $0{,}1x^4 - 0{,}4x^2 + 0{,}4$
c) $3x^6 - 4x^5 - 3x^4 + 4x^3$

2.2 Geben Sie eine innere Funktion g und eine äußere Funktion h an, sodass die Funktion f als Verkettung von h nach g, also durch $f(x) = h(g(x))$ dargestellt werden kann. (→ Abschn. 12.4)

a) $f(x) = e^{-0{,}5x^2}$
b) $f(x) = \frac{1}{1+e^{-0{,}5x}}$
c) $f(x) = \ln\left(x^2 + 1\right)$

2.3 Beschreiben Sie das Verhalten der Werte folgender Funktionen für $x \to \infty$ und für $x \to -\infty$. (→ Abschn. 13.2)

a) $f(x) = x - 1 + e^{-x}$
b) $f(x) = \frac{1}{2}\left(e^x + e^{-x}\right)$

2.4 Erklären Sie an einer Skizze die Formel für das Volumen eines Kegelstumpfes:

$$V = \frac{\pi \cdot h}{3} \cdot \frac{R^3 - r^3}{R - r}$$

Dabei sind R der Radius der Grundfläche, r der Radius der Deckfläche und h die Höhe des Kegelstumpfes.

2.5 Skizzieren Sie die Graphen der durch die folgenden Funktionsterme abschnittsweise definierten Funktionen:

$$f(x) = \begin{cases} x^2 - 4 & \text{für} \quad x \in [-2; 2] \\ 5 & \text{sonst} \end{cases}$$

$$g(x) = \begin{cases} x + 4 & \text{für} \quad x \leq 0 \\ 8 - x & \text{für} \quad 0 < x < 4 \\ (x-2)^2 & \text{für} \quad x \geq 4 \end{cases}$$

$$h(x) = x - k; \quad x \in [k; k+1[, \ k \in \mathbb{Z}$$

2.6 Untersuchen Sie die Anzahl der Lösungen folgender Gleichungen in Abhängigkeit von m.

a) $(x + 2)(x^2 - m^2) = 0$
b) $x(x - 1)(x - m) = 0$
c) $mx^2 + x + m = 0$

2.7 Geben Sie die Fallunterscheidungen an, die zum Lösen der folgenden Ungleichungen notwendig sind.

a) $|2x - 1| < x + 1$
b) $|3 - x| \leq 5 - |x|$
c) $\dfrac{2}{3x + 1} < 5$
d) $\dfrac{1}{x - 1} > \dfrac{3}{2x} + 1$

2.8 Gegeben ist eine integrierbare Funktion, die im Intervall $[a; b]$ eine Nullstelle hat, in der sich ihr Vorzeichen ändert.

Vergleichen Sie die Werte der beiden Ausdrücke $\int_a^b |f(x)|\,dx$ und $\left|\int_a^b f(x)\,dx\right|$. (→ Abschn. 14.6)

2.9 Toni löst eine Gleichung:

$$\begin{array}{rl|l} & x + 4 = 2x + 3 & -5 \\ \Leftrightarrow & x - 1 = 2x - 2 & \\ \Leftrightarrow & x - 1 = 2(x - 1) & :(x-1) \\ \Leftrightarrow & 1 = 2 & \\ & \text{Keine Lösung} & \end{array}$$

Wo liegt der Fehler?

2.10

a) Die Funktion $x \mapsto e^x$ hat an der Stelle $\ln(2) \approx 0{,}693\,147\,2$ den Wert 2. Auf wie viele Stellen kann man $\ln(2)$ runden, wenn der Funktionswert an der Näherungsstelle um höchstens 0,5 % von 2 abweichen soll?
b) Schätzen Sie, ohne ein elektronisches Hilfsmittel zu verwenden, wie groß die relative Abweichung des berechneten Volumens eines Würfels mit der Kantenlänge $\sqrt{3}$ m vom exakten Volumen ist, wenn man für $\sqrt{3} \approx 1{,}732$ den Näherungswert 1,7 verwendet.

Lösungen zu den Aufgaben

2.1

a) $2x^3 + 2x^2 - 8x - 8 = 2(x + 1)(x + 2)(x - 2)$
b) $0{,}1x^4 - 0{,}4x^2 + 0{,}4 = 0{,}1\left(x - \sqrt{2}\right)^2\left(x + \sqrt{2}\right)^2$
c) $3x^6 - 4x^5 - 3x^4 + 4x^3 = x^3(x - 1)(x + 1)(3x - 4)$

2.2

a) $f(x) = h(g(x))$ mit $g(x) = -0{,}5x^2$ und $h(z) = e^z$
b) $f(x) = h(g(x))$ mit $g(x) = 1 + e^{-0{,}5x}$ und $h(z) = \frac{1}{z}$ oder $g(x) = e^{-0{,}5x}$ und $h(z) = \frac{1}{1+z}$
c) $f(x) = h(g(x))$ mit $g(x) = x^2 + 1$ und $h(z) = \ln(z)$

2.3

a) $f(x) \to \infty$ für $x \to \infty$ und für $x \to -\infty$
b) $f(x) \to \infty$ für $x \to \infty$ und für $x \to -\infty$

2.4

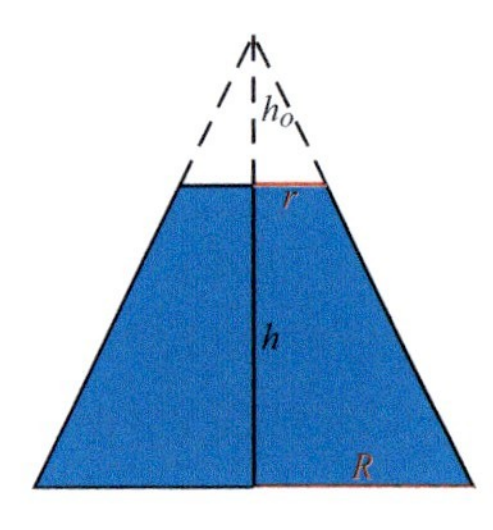

Volumen des Gesamtkegels: $V_g = \frac{\pi}{3} R^2(h + h_o)$

Volumen des abgeschnittenen Kegels: $V_o = \frac{\pi}{3} r^2 h_o$

$$\frac{h_o}{h + h_o} = \frac{r}{R} \quad \Leftrightarrow \quad h_0 = \frac{r}{R - r} h \text{ und } h + h_0 = \frac{R}{R - r} h$$

Volumen des Kegelstumpfes:

$$V = V_g - V_o = \frac{\pi \cdot h}{3} \cdot \frac{R^3 - r^3}{R - r}$$

2.5

a)

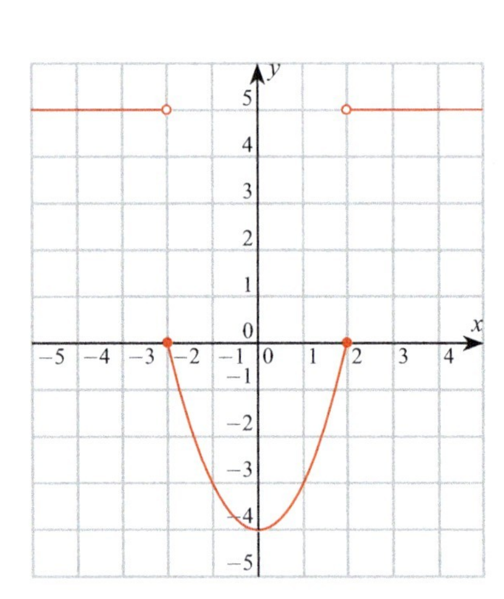

b)

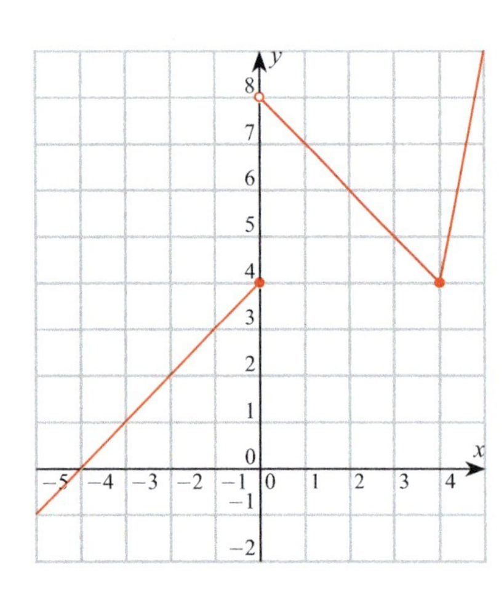

c)

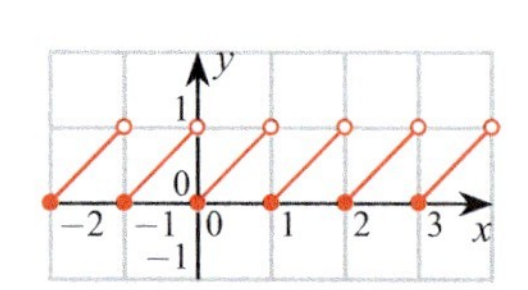

2.6

a) Jeder Klammerterm kann den Wert null haben, also hat die Gleichung
- drei Lösungen für $m \in \mathbb{R} \setminus \{0; 2; -2\}$
- genau zwei Lösungen für $m \in \{0; 2; -2\}$.

b) Wie bei a):
- drei Lösungen für $m \in \mathbb{R} \setminus \{0; 1\}$
- genau zwei Lösungen für $m \in \{0; 1\}$.

c)
- genau eine Lösung für $m \in \left\{0; -\frac{1}{2}; \frac{1}{2}\right\}$
- keine Lösung für $m \in \mathbb{R} \setminus \left[-\frac{1}{2}; \frac{1}{2}\right]$
- zwei Lösungen für $m \in \left]-\frac{1}{2}; \frac{1}{2}\right[\setminus \{0\}$.

2.7

a) 1. Fall: $x \geq 0{,}5$
 2. Fall: $x < 0{,}5$

b) 1. Fall: $0 \leq x \leq 3$
 2. Fall: $x > 3$
 3. Fall: $x < 0$

c) 1. Fall: $x > -\frac{1}{3}$
 2. Fall: $x < -\frac{1}{3}$

d) Multiplikation mit $x(x - 1)$
 1. Fall: $x \in]0; 1[$
 2. Fall: $x \in \mathbb{R} \setminus [0; 1]$

2.8 Links ist ein möglicher Graph von f, rechts der Graph von $|f|$.

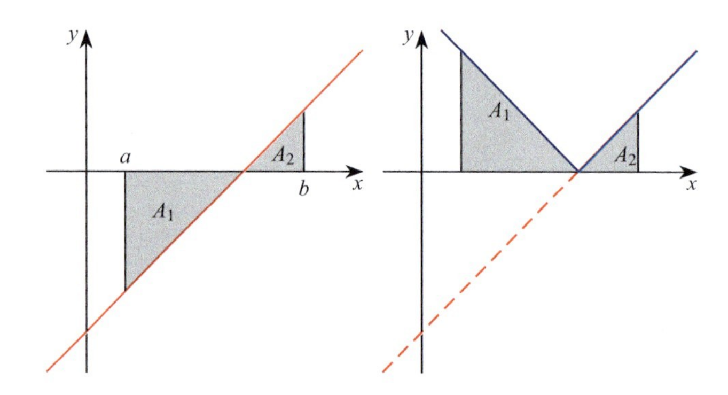

Es gilt $\int_a^b |f(x)|\, dx \geq \left|\int_a^b f(x)\, dx\right| \geq 0$.

2.9 Bei der Division durch $(x - 1)$ muss man ausschließen, dass $x = 1$ ist. 1 ist eine Lösung der Gleichung.

2.10

a) Die relative Abweichung ist

$$D = \left|\frac{2 - e^c}{2}\right|.$$

Für $c = 0{,}69$ ist $D \approx 0{,}003$, also kleiner also $0{,}5\,\%$.

b) Die relative Abweichung ist

$$D = \frac{\sqrt{3}^3 - 1{,}7^3}{\sqrt{3}^3} = 1 - \left(\frac{1{,}7}{\sqrt{3}}\right)^3.$$

Mit $1{,}73 < \sqrt{3} < 1{,}74$ erhält man

$$1 - \left(\frac{1{,}7}{1{,}73}\right)^3 < D < 1 - \left(\frac{1{,}7}{1{,}74}\right)^3,$$

also

$$0{,}051 < D < 0{,}067.$$

Die relative Abweichung liegt zwischen 5,1 und 6,7 %.

Ausführliche Lösungen zu den Aufgaben finden Sie im Online-Material.

tiny.cc/to5l1y

Plausibilitätsüberlegungen anstellen

Teil I

Wie kann man Fehler finden?

Was muss man beim Abschätzen von Größenordnungen beachten?

Wie rechnet man überschlagsweise?

Oloid. Foto: Rita Wurth

K. Dürrschnabel et al., *So viel Mathe muss sein!*, https://doi.org/10.1007/978-3-662-57951-0_3

In diesem Kapitel werden Strategien vorgestellt, die Ihnen dabei helfen sollen, Ihre Lösungen zu überprüfen und Fehler in vielen Fällen zu vermeiden. Insbesondere bei anwendungsbezogenen Aufgaben können Fragen wie „Kann das sein?", „Stimmt die Größenordnung der Lösung?", „Entspricht das Ergebnis meinen Erfahrungen?" helfen, Fehler zu erkennen und zu korrigieren.

Nach der Bearbeitung dieses Kapitel wissen Sie, wie Sie diese und ähnliche Fragen auch auf Aufgaben ohne Anwendungsbezug übertragen können.

Achtung Plausibilitätsüberlegungen anstellen zu können, gehört zu den allgemeinen mathematischen Kompetenzen. In einigen Beispielen und Übungsaufgaben in diesem Kapitel werden auch Rechentechniken und Lösungsverfahren verwendet, die in den späteren Kapiteln eingehend behandelt werden. Bitte folgen Sie in solchen Fällen den Verweisen im Text. ◄

3.1 Selbsteinschätzung

☐ *Ich kann*
Fehler identifizieren und erklären. *→ Abschn. 3.2*

Test 3.1

Wo steckt der Fehler?

$$\begin{aligned} 1\,€ &= 100\,\text{ct} \\ &= 10\,\text{ct} \cdot 10\,\text{ct} \\ &= 0{,}1\,€ \cdot 0{,}1\,€ \\ &= 0{,}01\,€ \\ &= 1\,\text{ct} \end{aligned}$$

☐ *Ich kann*
Größenordnungen abschätzen. *→ Abschn. 3.3*

Test 3.2

Schätzen Sie: Wie viele Schulen gibt es in Stuttgart (etwa 610 000 Einwohner) insgesamt?

☐ 70 ☐ 140 ☐ 280 ☐ 560 ☐ 1 120

☐ *Ich kann*
mittels Überschlagsrechnung meine Ergebnisse kontrollieren. *→ Abschn. 3.4*

Test 3.3

Der Eurotower in Frankfurt ist 148 m hoch. Überschlagen Sie, wie viele Stockwerke er in etwa hat.

Foto: Europäische Zentralbank

Ergebnisse der Testaufgaben

3.1 In der 2. und 4. Zeile wird falsch mit den Einheiten umgegangen. Richtig wäre: $100\,\text{ct} = 10 \cdot 10\,\text{ct}$. Auch ist $0{,}1\,€ \cdot 0{,}1\,€ = 0{,}01\,€^2$.

3.2 280

3.3 Legt man eine Stockwerkshöhe von 3,50 m zugrunde, so erhält man ca. 42 Stockwerke. Exakt hat der Eurotower 40 Stockwerke.

3.2 Fehler identifizieren und erklären

Beispiel 3.1

Der folgende Lösungsweg enthält Fehler. An welchen Stellen wurden fehlerhafte Umformungen vorgenommen?

$$\begin{aligned} & \frac{2}{x} + \frac{2}{x+6} = \frac{8}{9} \\ \Leftrightarrow\quad & 2x + \frac{2x}{x+6} = \frac{8}{9}x \\ \Leftrightarrow\quad & 2x + \frac{2}{6} = \frac{8}{9}x \\ \Leftrightarrow\quad & \frac{10}{9}x = -\frac{2}{6} \\ \Leftrightarrow\quad & x = -\frac{3}{10} \end{aligned}$$

Ob die Lösung einer Gleichung richtig ist, kann man zunächst durch eine Probe erkennen. Im Beispiel setzt man für x in der linken Seite der Ausgangsgleichung $-\frac{3}{10}$ ein:

$$\frac{2}{-\frac{3}{10}} + \frac{2}{-\frac{3}{10}+6} = -\frac{20}{3} + \frac{20}{57} = -\frac{120}{19}$$

Die berechnete Lösung kann also nicht richtig sein. Wenn man den Lösungsweg schrittweise durch Einsetzen der berechneten Lösung zurückverfolgt, kann man erkennen, an welchen Stellen Fehler aufgetreten sind. Im Beispiel liefert die Probe zwar, dass die vorletzte und drittletzte Gleichung erfüllt sind, nicht aber die

Gleichung davor. Hier wurde der zweite Bruch falsch gekürzt (→ Abschn. 6.2). Richtig wäre es, diese Gleichung mit $(x + 6)$ zu multiplizieren:

$$\begin{aligned} & 2x(x+6) + 2x = \frac{8}{9}x(x+6) \\ \Leftrightarrow\quad & \frac{10}{9}x^2 + \frac{26}{3}x = 0 \\ \Leftrightarrow\quad & \frac{10}{9}x\left(x + \frac{39}{5}\right) = 0 \\ \Leftrightarrow\quad & x = 0 \quad \text{oder} \quad x = -\frac{39}{5} \end{aligned}$$

Keine dieser beiden Lösungen erfüllt die Ausgangsgleichung. Beim ersten Umformungsschritt wurde bereits ein Fehler gemacht: Wenn man beide Seiten der Gleichung mit x multipliziert, ergibt sich beim ersten Bruch $\frac{2}{x} \cdot x = 2$, also

$$\begin{aligned} & 2 + \frac{2x}{x+6} = \frac{8}{9}x \\ \Leftrightarrow\quad & 2(x+6) + 2x = \frac{8}{9}x(x+6) \\ \Leftrightarrow\quad & \frac{8}{9}x^2 + \frac{4}{3}x - 12 = 0 \end{aligned}$$

Die Lösungen dieser quadratischen Gleichung sind (→ Abschn. 9.3)

$$x = 3 \quad \text{und} \quad x = -\frac{9}{2}.$$

Da diese Lösungen auch im Definitionsbereich der Ausgangsgleichung liegen, sind dies auch die korrekten Lösungen der ursprünglichen Gleichung.

Ergebnis 3.1 In der ersten Umformung wurde der erste Bruch falsch multipliziert, in der zweiten Umformung der zweite Bruch falsch gekürzt. ◀

3.3 Größenordnungen abschätzen

Beispiel 3.2

Ordnen Sie der Größe nach, ohne ein elektronisches Hilfsmittel zu verwenden:

$$\sqrt{10} \quad \sqrt{0{,}9} \quad \sqrt[3]{20} \quad \sqrt[3]{0{,}2} \quad \sqrt[4]{1\,000} \quad \sqrt[4]{0{,}5}$$

Mithilfe von bekannten Potenzen können die einzelnen Terme abgeschätzt werden (→ Kap. 8):

$$3 < \sqrt{10} < 3{,}5,$$

da 10 zwischen $3^2 = 9$ und $3{,}5^2 = 12{,}25$ liegt.

$$0{,}9 < \sqrt{0{,}9} < 1,$$

da 0,9 zwischen $0{,}9^2 = 0{,}81$ und 1 liegt.

$$2 < \sqrt[3]{20} < 3,$$

da 20 zwischen $2^3 = 8$ und $3^3 = 27$ liegt.

$$0{,}5 < \sqrt[3]{0{,}2} < 0{,}6,$$

da 0,2 zwischen $0{,}5^3 = 0{,}125$ und $0{,}6^3 = 0{,}216$ liegt.

$$5 < \sqrt[4]{1\,000} < 6,$$

da 1 000 zwischen $5^4 = 625$ und $6^4 = 1\,296$ liegt.

$$0{,}8 < \sqrt[4]{0{,}5} < 0{,}9,$$

da $\sqrt[4]{0{,}5} \approx \sqrt{\sqrt{0{,}49}} = \sqrt{0{,}7}$ und 0,7 zwischen $0{,}8^2 = 0{,}64$ und $0{,}9^2 = 0{,}81$ liegt.

Ergebnis 3.2

$$\sqrt[3]{0{,}2} < \sqrt[4]{0{,}5} < \sqrt{0{,}9} < \sqrt[3]{20} < \sqrt{10} < \sqrt[4]{1\,000}$$ ◀

3.4 Ergebnisse überschlägig kontrollieren

In Situationen, in denen man schnell und ohne weitere Hilfsmittel die Größenordnung oder ein grobes Ergebnis einer aufwendigen Berechnung erhalten möchte, verwendet man die Methode der **Überschlagsrechnung**. Überschlagen heißt, Näherungswerte zu verwenden, um ohne Hilfsmittel einfacher rechnen zu können, ohne das Ergebnis gravierend zu verfälschen.

Beispiel 3.3

Stefan wohnt in Konstanz. Dort kostet 1 Liter Benzin zurzeit 1,383 €. An der 6,7 km entfernten Tankstelle in Kreuzlingen (Schweiz) kostet der Liter Benzin 1,417 Schweizer Franken (ChF). Der aktuelle Umrechnungskurs für 1 ChF ist 0,8645 €. Stefans Auto verbraucht 6,1 Liter Benzin auf 100 km. Er ist sicher, dass es sich lohnt, zum Tanken nach Kreuzlingen zu fahren. Hat er recht?

In der Schweiz kostet der Liter Benzin $1{,}417 \cdot 0{,}8645$ €, also etwa $1{,}5 \cdot 0{,}8\,€ = 1{,}2\,€$. Man spart pro Liter also etwa 20 ct.

Mit Stefans Auto kostet ein gefahrener Kilometer mit in Konstanz getanktem Benzin $0{,}061\,\mathrm{l} \cdot 1{,}383\,€/\mathrm{l}$, also etwa

$$0{,}05\,\mathrm{l} \cdot 1{,}5\,€/\mathrm{l} \approx 0{,}08\,€.$$

Die Benzinkosten für die Fahrt nach Kreuzlingen und zurück betragen etwa $13{,}4\,\mathrm{km} \cdot 0{,}08\,€/\mathrm{km}$, also etwa

$$10\,\mathrm{km} \cdot 0{,}1\,€/\mathrm{km} = 1\,€.$$

Die Fahrtkosten werden also schon eingespart, wenn Stefan etwa $1/0{,}2$ Liter $= 5$ Liter tankt.

Teil I

Ergebnis 3.3 Es lohnt sich überschlagsweise, wenn Stefan mehr als 5 Liter tankt. ◄

Das Ergebnis weicht zwar um 30 % von dem Wert 7,15 l ab, den man bei exakter Berechnung erhält, er reicht aber vollständig aus, um die richtige Entscheidung zu treffen.

Aufgaben

3.1 Jeder der folgenden Lösungswege enthält Fehler. Untersuchen Sie, an welcher Stelle/welchen Stellen fehlerhafte Umformungen vorgenommen wurden, und führen Sie die Lösung fehlerfrei zu Ende.

a) (→ Abschn. 5.5 und → Abschn. 9.6)

$$\begin{aligned} & \sqrt{x^4-81} = 16 \quad \text{für } x \le -3 \text{ oder } x \ge 3 \\ \Leftrightarrow\ & \sqrt{(x^2-9)(x^2+9)} = 16 \\ \Leftrightarrow\ & \sqrt{x^2-9}\cdot\sqrt{x^2+9} = 16 \\ \Leftrightarrow\ & (x-3)\cdot(x+3) = 16 \\ \Leftrightarrow\ & x^2-9 = 16 \\ \Leftrightarrow\ & x^2 = 25 \\ \Leftrightarrow\ & x = \pm 5 \end{aligned}$$

b) (→ Abschn. 9.4, → Abschn. 9.5 und → Abschn. 9.8)

$$\begin{aligned} & e^x\cdot\left(1-4e^{-2x}\right) = 4 \\ \Leftrightarrow\ & e^x = 4 \quad \text{oder} \quad 1-4e^{-2x} = 4 \\ \Leftrightarrow\ & x = \ln(4) \quad \text{oder} \quad -4e^{-2x} = 3 \\ \Leftrightarrow\ & x = \ln(4) \quad \text{oder} \quad -2x = -\ln\left(\frac{3}{4}\right) \\ \Leftrightarrow\ & x = \ln(4) \quad \text{oder} \quad x = \frac{1}{2}\ln\left(\frac{3}{4}\right) \end{aligned}$$

3.2 Begründen Sie, warum das Ergebnis der folgenden Rechnung falsch sein muss, und beschreiben Sie den Fehler, der gemacht wurde. (→ Abschn. 14.2, → Abschn. 14.4 und → Abschn. 14.5)

$$\int_{-1}^{1}\frac{1}{x^2}\,dx = \left[-\frac{1}{x}\right]_{-1}^{1} = -2$$

3.3 Schätzen Sie:

a) Wie viele Liter kann der abgebildete Tankwagen transportieren? Der eigentliche Tank ist insgesamt 6,50 m lang, 3 m breit und 2,50 m hoch. (→ Abschn. 11.9)

Foto: Klaus Dürrschnabel

b) Wie viele Dezimalstellen hat $5^{(5^5)}$?

c) Wie viele Kaffeebohnen enthält ein Pfund Kaffee?

3.4 Ordnen Sie der Größe nach, ohne ein elektronisches Hilfsmittel zu verwenden: (→ Abschn. 8.2 und → Abschn. 8.3)

$0{,}002^{-2}$ $\left(\frac{1}{5}\right)^4$ $100\,000^{0{,}2}$ $0{,}5^{-3}$ $(-0{,}25)^{-2}$

$0{,}5^{-0{,}25}$ $2{,}5^5$ $2{,}5^{-5}$ $(-2{,}5)^5$

3.5 Lebende Organismen bauen stets einen nahezu konstanten Anteil radioaktiven Kohlenstoffs ^{14}C in ihren Zellen ein. Die Halbwertszeit des Zerfalls von ^{14}C beträgt 5 600 Jahre. Berechnen Sie überschlagsweise (→ Abschn. 8.2, → Abschn. 8.3 und → Beispiel 12.23).

a) Welchen Anteil der beim Absterben vorhandenen Menge an ^{14}C enthält eine organische Substanz 10 000 Jahre nach ihrem Tod?

b) Vor wie vielen Jahren ist eine organische Substanz abgestorben, die heute noch 80 % der Menge an ^{14}C enthält, die sie zum Zeitpunkt ihres Todes hatte?

Lösungen zu den Aufgaben

3.1

a) Fehler in der 4. Zeile, da

$$\sqrt{x^2-9} \neq x-3 \quad \text{und} \quad \sqrt{x^2+9} \neq x+3.$$

Richtige Lösung:

$$\sqrt{x^4-81} = 16 \quad \Leftrightarrow \quad x = \pm\sqrt[4]{337}$$

b) Fehler in der 2. Zeile, da die Anwendung des Satzes vom Nullprodukt nur möglich ist, wenn das Produkt 0 ist, nicht 4 wie in der Aufgabe.
Weiterer Fehler in der 4. Zeile: Die zweite Gleichung in der dritten Zeile hat keine Lösung, da $e^{-2x} > 0$. Die Auflösung würde $-2x = \ln\left(-\frac{3}{4}\right)$ ergeben. Das ist nicht definiert.
Richtige Lösung:

$$\begin{aligned} & e^x - 4e^{-x} = 4 && |\cdot e^x \\ \Leftrightarrow\ & e^{2x} - 4 = 4e^x && |-4e^x \\ \Leftrightarrow\ & e^{2x} - 4e^x - 4 = 0 && |\text{ Substitution } e^x = z \end{aligned}$$

$$\Leftrightarrow \quad z^2 - 4z - 4 = 0 \wedge z = e^x$$

$$\Leftrightarrow \quad x = \ln\left(2 + \sqrt{8}\right)$$

3.2 Da die Funktion $x \mapsto \frac{1}{x^2}$ überall positiv ist, müsste auch das Integral positiv sein. Alternativ könnte man argumentieren, dass die Funktion für $x = 0$ nicht definiert ist. Sie ist im Intervall $[-1; 1]$ nicht integrierbar.

3.3

a) Volumen eines Quaders mit den angegebenen Maßen $48{,}75\,\text{m}^3$, wegen der Abrundungen des Tanks ca. $40\,\text{m}^3$.

b) $5^5 = 3\,125$;
$5^{10} = \left(5^5\right)^2 \approx 10^7$, also $5^{3\,125} \approx \left(10^7\right)^{312} = 10^{2\,184}$.
Die Zahl hat etwa 2 185 Stellen.

c) 2 500

3.4 $(-2{,}5)^5 \approx -98 < \left(\frac{1}{5}\right)^4 = 0{,}0016 < 2{,}5^{-5} \approx 0{,}01 < 0{,}5^{-0{,}25} \approx 1{,}2 < 0{,}5^{-3} = 8 < 100\,000^{0{,}2} = 10 < (-0{,}25)^{-2} = 16 < 2{,}5^5 \approx 98 < 0{,}002^{-2} \approx 250\,000$

3.5

a) Nach 5 600 Jahren 50 %.
$\frac{10\,000}{5\,600} \approx 1{,}8$, also nach 10 000 Jahren etwa $\left(\frac{1}{2}\right)^{1{,}8}$.
$0{,}25 < \left(\frac{1}{2}\right)^{1{,}8} < 0{,}35$
Nach 10 000 Jahren enthält die Substanz noch etwa 30 % der ursprünglich vorhandenen Menge an ^{14}C.

b) $0{,}8 \approx \left(\frac{1}{2}\right)^{\frac{1}{3}}$
$\frac{1}{3} \cdot 5\,600 \approx 1\,870$
Vor etwa 1 870 Jahren ist die Substanz abgestorben.

Ausführliche Lösungen zu den Aufgaben finden Sie im Online-Material.

tiny.cc/to5l1y

Mathematisch kommunizieren und argumentieren

Plakatfoto der 8. Langen Nacht der Mathematik (Hochschule Karlsruhe). Foto: Tobias Schwerdt

Welche Symbole und Begriffe der mathematischen Fachsprache sollte man kennen?

Wie kann man mathematische Inhalte mit eigenen Worten beschreiben?

Was muss man beachten, wenn man eine Behauptung begründen oder widerlegen will?

Wie kann man einen mathematischen Zusammenhang anschaulich darstellen?

K. Dürrschnabel et al., *So viel Mathe muss sein!*, https://doi.org/10.1007/978-3-662-57951-0_4

In diesem Kapitel erhalten Sie einen Überblick über die wichtigsten Symbole und Begriffe der mathematischen Fachsprache. Zusätzlich vertiefen Sie Ihre Fähigkeiten, mathematische Sachverhalte mit Worten zu beschreiben und zu erklären. Dazu gehören einfache Begründungen, Schlussfolgerungen oder Widerlegungen.

Achtung Auch dieses Kapitel greift allgemeine mathematische Kompetenzen auf. Die in den Beispielen und Aufgaben verwendeten Rechentechniken werden in den folgenden Kapiteln vertieft behandelt. Bitte achten Sie auf die Verweise im Text. ◀

4.1 Selbsteinschätzung

☐ *Ich kann*
die mathematische Fachsprache und Fachsymbolik verstehen und anwenden. → *Abschn. 4.2*

Test 4.1

Welche Zahlenmenge wird beschrieben durch

$$x^2 \leq 4 \quad \wedge \quad x^2 \geq 1?$$

☐ *Ich kann*
mathematische Sachverhalte mit Worten erklären. → *Abschn. 4.3*

Test 4.2

Von einer Funktion f ist bekannt:

$$\begin{aligned} &f(0) = 1 \quad \wedge \quad f'(0) = 1 \quad \wedge \\ &f(2) = 0 \quad \wedge \quad f'(2) = 0 \quad \wedge \quad f''(2) = 1 \end{aligned}$$

Beschreiben Sie die Eigenschaften des Graphen von f in Worten.

☐ *Ich kann*
mathematische Behauptungen mithilfe unterschiedlicher Darstellungsformen, z. B. Worten, Skizzen, Tabellen, Berechnungen, begründen oder widerlegen. → *Abschn. 4.4*

Test 4.3

Behauptung: Für eine Polynomfunktion f gilt

$$\int_a^b f(x)\,dx > 0 \quad \Leftrightarrow \quad f(x) > 0 \text{ für alle } x \in [a; b].$$

Begründen Sie, dass diese Behauptung falsch ist.

☐ *Ich kann*
Zusammenhänge (mit und ohne Hilfsmittel) visualisieren. → *Abschn. 4.5*

Test 4.4

Begründen Sie mittels einer Zeichnung: Für alle $a, b \geq 0$ gilt

$$a^2 + b^2 \leq (a + b)^2.$$

☐ *Ich kann*
eigene sowie fremde Lösungswege nachvollziehbar präsentieren. → *Abschn. 4.6*

Test 4.5

Erklären Sie den folgenden Lösungsweg, und beschreiben Sie mit Worten, welches Problem gelöst wurde.

$$\begin{aligned} &f'(x) = (x + 1) \cdot e^{-x} \\ &f'(x) = 0 \Leftrightarrow x = -1 \\ &f'(x) > 0 \text{ für alle } x > -1 \\ &f'(x) < 0 \text{ für alle } x < -1 \end{aligned}$$

Ergebnisse der Testaufgaben

4.1 $M = [-2; -1] \cup [1; 2]$

4.2 Der Graph von f schneidet die y-Achse im Punkt $(0|1)$. Die Tangente in diesem Punkt hat die Steigung 1. Außerdem hat der Graph einen Tiefpunkt in $(2|0)$.

4.3 Die Skizze zeigt eine Funktion, für die zwar gilt $\int_a^b f(x)\,dx > 0$, für die aber nicht für alle $x \in [a; b]$ gilt $f(x) > 0$.

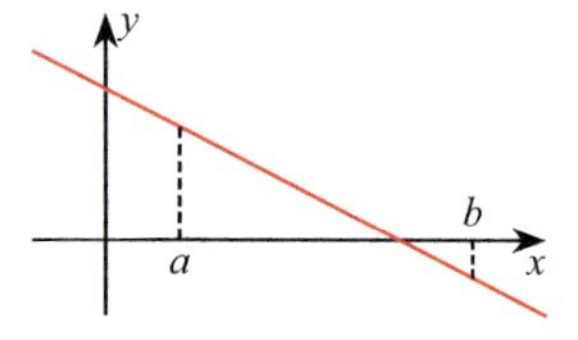

4.4 Die Summe der Flächeninhalte der roten Quadrate $a^2 + b^2$ ist kleiner als der Flächeninhalt des Gesamtquadrats $(a + b)^2$.

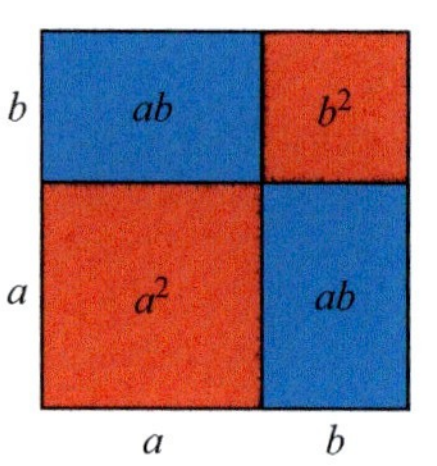

4.5 Die Ableitung einer Funktion f ist gegeben. Die Nullstelle der Ableitung wird berechnet. Da $e^x > 0$, genügt es, $x + 1 = 0$ zu lösen. Anschließend wird das Vorzeichen links und rechts von dieser Nullstelle untersucht. Da ein Vorzeichenwechsel von minus nach plus vorliegt, besitzt die Funktion an der Stelle -1 ein relatives Minimum.

4.2 Fachsprache und Fachsymbolik

Im Laufe des Studiums werden Sie viele neue mathematische Fachbegriffe und Symbole kennenlernen. Einige sind Ihnen bereits bekannt oder sollten Ihnen bekannt sein. In diesem Abschnitt können Sie überprüfen, ob Sie mit den elementaren Fachbegriffen und Fachsymbolen im Umgang mit Mengen und mit Gleichungen vertraut sind.

Beispiel 4.1

Gegeben sind die Mengen

$$A = \{5; 7; 9; 11\}$$

und

$$B = \left\{n \in \mathbb{Z} \mid (n-4)^2 \leq 25 \wedge (n+4)^2 \geq 9\right\}.$$

Bestimmen Sie die Mengen

$$A \cap B, \quad A \cup B \quad \text{sowie} \quad B \setminus A.$$

Das Symbol $\wedge$ ist das **logische UND** und bedeutet „sowohl … als auch“. B enthält daher alle ganzen Zahlen, die beide Ungleichungen in der beschreibenden Darstellung von B erfüllen (→ Abschn. 10.3). In aufzählender Schreibweise ist also

$$B = \{-1; 0; 1; 2; 3; 4; 5; 6; 7; 8; 9\}.$$

Der **Durchschnitt** oder die **Schnittmenge** $\boldsymbol{A \cap B}$ enthält alle Elemente, die sowohl in A als auch in B enthalten sind, d. h.

$$x \in A \cap B \quad \Leftrightarrow \quad x \in A \wedge x \in B.$$

Im Beispiel ist

$$A \cap B = \{5; 7; 9\}.$$

Die **Vereinigung** $\boldsymbol{A \cup B}$ enthält alle Elemente, die in A oder in B oder in beiden Mengen enthalten sind, also

$$x \in A \cup B \quad \Leftrightarrow \quad x \in A \vee x \in B.$$

Das Symbol $\vee$ ist das **logische ODER**. Im Beispiel ist

$$A \cup B = \{-1; 0; 1; 2; \ldots; 9; 11\}.$$

Die **Differenz** $\boldsymbol{B \setminus A}$ enthält alle Elemente, die in B, aber nicht in A enthalten sind, d. h.

$$x \in B \setminus A \quad \Leftrightarrow \quad x \in B \wedge x \notin A.$$

Im Beispiel ist

$$B \setminus A = \{-1; 0; 1; 2; 3; 4; 6; 8\}.$$

Ergebnis 4.1

$$\begin{aligned} A \cap B &= \{5; 7; 9\} \\ A \cup B &= \{-1; 0; 1; 2; 3; 4; 5; 6; 7; 8; 9; 11\} \\ B \setminus A &= \{-1; 0; 1; 2; 3; 4; 6; 8\} \end{aligned}$$

Wenn A **Teilmenge** einer Grundmenge M ist, also $\boldsymbol{A \subset M}$, z. B. $A \subset \mathbb{Z}$, dann gilt:

Das **Komplement** $\bar{A}$ enthält alle Elemente von M, die nicht zu A gehören, d. h.

$$x \in \bar{A} \quad \Leftrightarrow \quad x \notin A.$$

Besonders häufig werden Ihnen Teilmengen der Menge der reellen Zahlen begegnen, die man als Intervalle schreiben kann, z. B.

$$\begin{aligned} \{x \in \mathbb{R} \mid -3 \leq x < 5\} &= [-3; 5[, \\ \{x \in \mathbb{R} \mid x < -3 \vee x \geq 5\} &= \mathbb{R} \setminus [-3; 5[. \end{aligned}$$

Beispiel 4.2

Geben Sie die Definitions- und die Wertemengen der folgenden Funktionen f_1, f_2 und f_3 an. Verwenden Sie, wenn möglich, die Intervallschreibweise (→ Abschn. 12.2).

$$\begin{aligned} f_1(x) &= 2 - \sqrt{x} \\ f_2(x) &= \sqrt{x^2 - 4} \\ f_3(x) &= f_2(x) - f_1(x) \end{aligned}$$

f_1 ist nur definiert, wenn der Term unter der Wurzel nicht negativ ist, also

$$D_1 = \{x \in \mathbb{R} \mid x \geq 0\} = [0; \infty[.$$

Da die Wurzel nicht negativ, aber beliebig groß werden kann, ist $f_1(x) \leq 2$, also

$$W_1 = \{y \in \mathbb{R} \mid y \leq 2\} =]-\infty; 2].$$

Mit derselben Überlegung erhält man für f_2

$$x^2 - 4 \geq 0 \quad \Leftrightarrow \quad x \geq 2 \vee x \leq -2,$$

Teil I

Übersicht: Elementare Mengenoperationen

Bezeichnung	Symbol	Bedeutung	Diagramm
Durchschnitt bzw. Schnittmenge	$A \cap B$	$x \in A \cap B \;\Leftrightarrow\; x \in A \wedge x \in B$	A B
Vereinigung bzw. Vereinigungsmenge	$A \cup B$	$x \in A \cup B \;\Leftrightarrow\; x \in A \vee x \in B$	A B
Differenz	$A \backslash B$	$x \in A \backslash B \;\Leftrightarrow\; x \in A \wedge x \notin B$	A B
Komplement bzgl. M	$\bar{A}$	$x \in \bar{A} \;\Leftrightarrow\; x \in M \wedge x \notin A$	A
Teilmenge	$A \subset B$	$x \in A \;\Rightarrow\; x \in B$	A B

also

$$D_2 = \{x \in \mathbb{R} \mid x \geq 2 \vee x \leq -2\} = \mathbb{R}\backslash]-2;2[$$

und

$$W_2 = \{y \in \mathbb{R} \mid y \geq 0\} = [0;\infty[.$$

Für die Definitionsmenge von f_3 gilt $D_3 = D_1 \cap D_2$, also

$$D_3 = \{x \in \mathbb{R} \mid x \geq 2\} = [2;\infty[.$$

f_3 ist eine wachsende und nach oben unbeschränkte Funktion, daher ist

$$W_3 = \left\{y \in \mathbb{R} \,\middle|\, y \geq \sqrt{2}-2\right\} = \left[\sqrt{2}-2;\infty\right[.$$

Ergebnis 4.2

$$D_1 = [0;\infty[\qquad W_1 =]-\infty;2]$$
$$D_2 = \mathbb{R}\backslash]-2;2[\qquad W_2 = [0;\infty[$$
$$D_3 = [2;\infty[\qquad W_3 = \left[\sqrt{2}-2;\infty\right[$$

◄

Eine Übersicht über die wichtigsten Zahlenmengen finden Sie im Online-Material.

tiny.cc/to5l1y

4.3 Sachverhalte mit Worten erklären

Beispiel 4.3

Beschreiben Sie die Elemente der folgenden Mengen in Worten und interpretieren Sie sie geometrisch:

$$A = \{(x;y) \in \mathbb{Z}\times\mathbb{Z} \mid x+y=3\}$$
$$B = \{(x;y) \in \mathbb{Z}\times\mathbb{Z} \mid |x| \leq 5 \wedge |y| \leq 3\}$$

$\mathbb{Z} \times \mathbb{Z}$ ist die **Produktmenge** von $\mathbb{Z}$ mit sich selbst, also die Menge der **geordneten Paare** $(x; y)$, deren **Komponenten** x und y ganze Zahlen sind, d. h.

$$\mathbb{Z} \times \mathbb{Z} = \{\ldots(-1;-1);(-1;0);(-1;1);(-1;2);\\ \ldots(0;-1);(0;0);(0;1);(0;2);\\ \ldots(1;-1);(1;0);(1;1);(1;2);\ldots\}.$$

Geometrisch interpretiert sind das die Gitterpunkte in der $(x; y)$-Ebene.

Ergebnis 4.3 A ist die Menge der ganzzahligen Paare $(x; y)$, deren Komponenten die Summe 3 haben. Geometrisch interpretiert enthält A die Gitterpunkte der $(x; y)$-Ebene, die auf der Geraden mit der Gleichung $y = 3 - x$ liegen.

Die Elemente der Menge B sind die ganzzahligen Paare, deren erste Komponente Werte von -5 bis 5 annehmen kann und deren zweite Komponente Werte von -3 bis 3 annehmen kann. Geometrisch interpretiert enthält B die Gitterpunkte der $(x; y)$-Ebene, die im Innern oder auf dem Rand des Rechtecks mit den Eckpunkten $(5|3)$, $(-5|3)$, $(-5|-3)$ und $(5|-3)$ liegen. ◀

4.4 Behauptungen begründen oder widerlegen

Beispiel 4.4

Von einer Polynomfunktion f und deren Ableitungen f' und f'' sind folgende Werte bekannt:

x	-2	-1	0	1	2
$f(x)$		4,25		$-4{,}25$	-16
$f'(x)$	0	$-11{,}25$	0		0
$f''(x)$	-60		0	-15	

Begründen Sie bzw. widerlegen Sie die folgenden Aussagen:

- f hat höchstens den Grad 3.
- f hat im Intervall $]-1; 1[$ eine Nullstelle.
- f hat im Intervall $[-2{,}1; 2{,}1]$ genau drei lokale Extremstellen.
- f' hat im Intervall $]-2; 0[$ ein lokales Minimum.

Zur **Begründung** einer Aussage werden aus bekannten Eigenschaften und mithilfe von Regeln Schlüsse gezogen, aus denen die Behauptung hervorgeht.

Für die **Widerlegung** kann ein Gegenbeispiel angeführt oder aus den bekannten Eigenschaften Schlüsse gezogen werden, die im Widerspruch zur Behauptung stehen.

- Die erste Aussage ist falsch. Wenn f den Grad 3 hätte, dann hätte f' den Grad 2 und damit höchstens zwei Nullstellen. In der Tabelle sind aber drei Nullstellen von f' angegeben (→ Abschn. 13.4).
- Die zweite Aussage trifft zu, denn für alle Polynomfunktionen gilt, dass zwischen zwei Stellen, an denen die Funktionswerte unterschiedliche Vorzeichen haben, immer eine Nullstelle liegt. Die Abbildung macht deutlich, dass die beiden Punkte $(-1|4{,}25)$ und $(1|-4{,}25)$ des Graphen von f durch eine durchgehende Linie verbunden sind (→ Beispiel 10.6).

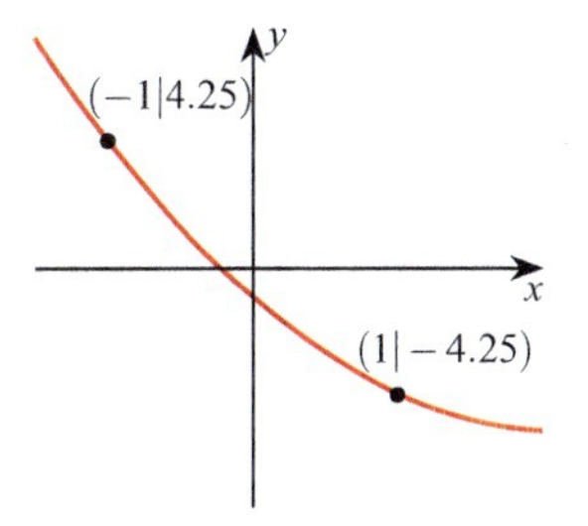

- Die dritte Aussage kann weder eindeutig begründet noch widerlegt werden. Lediglich an der Stelle -2 sind die Eigenschaften eines lokalen Maximums erfüllt, da $f'(-2) = 0$ und $f''(-2) = -60$. An der Stelle 0 kann wegen $f'(0) = 0$ eine lokale Extremstelle vorliegen, falls $f'(x)$ dort einen Vorzeichenwechsel hat, oder es liegt wegen $f''(0) = 0$ eine Wendestelle vor, wenn $f''(x)$ dort einen Vorzeichenwechsel hat (→ Abschn. 13.6).
- Die vierte Aussage ist richtig. Aus der Eigenschaft von Polynomfunktionen, dass zwischen zwei Nullstellen mindestens eine Stelle liegen muss, an der ihre Ableitung 0 ist, und da $f'(-1) < 0$ ist, kann man folgern, dass im Intervall $[-2; 0]$ ein lokales Minimum existiert. Die folgende Skizze für den Graphen von f' macht diesen Zusammenhang deutlich (→ Abschn. 13.4 und → Abschn. 13.6).

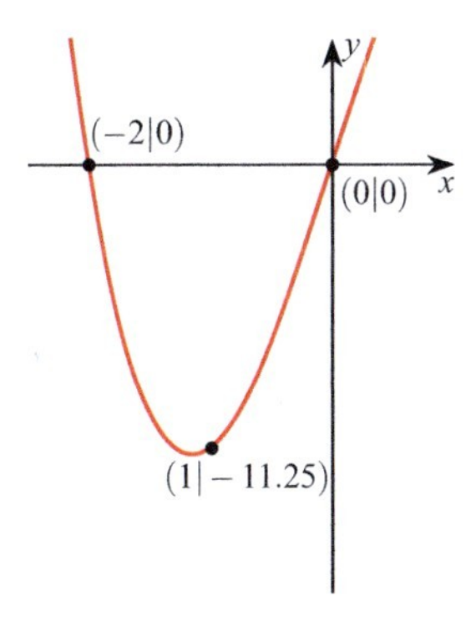

◀

4.5 Zusammenhänge visualisieren

Beispiel 4.5

Stellen Sie die Lösung der Ungleichung grafisch am Zahlenstrahl dar, und geben Sie die Lösungsmenge an (→ Abschn. 9.7 und → Abschn. 10.4).

$$|2x - 5| > 4$$

Um den Betrag geometrisch zu interpretieren, d. h. als Abstand zu einem Punkt auf dem Zahlenstrahl, formen wir zunächst um:

$$
\begin{aligned}
& |2x - 5| > 4 \\
\Leftrightarrow\ & 2|x - 2{,}5| > 4 \\
\Leftrightarrow\ & |x - 2{,}5| > 2
\end{aligned}
$$

Ergebnis 4.5

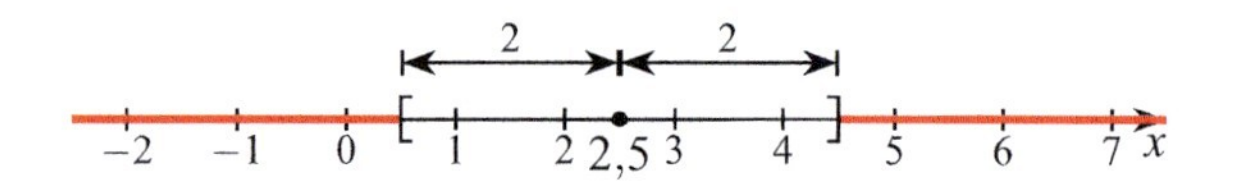

Die Lösungsmenge lautet $L = \mathbb{R}\setminus[0{,}5; 4{,}5]$. ◄

Beispiel 4.6

Die Abbildung zeigt den Graphen der Ableitungsfunktion einer Funktion f. Skizzieren Sie einen möglichen Graphen von f.

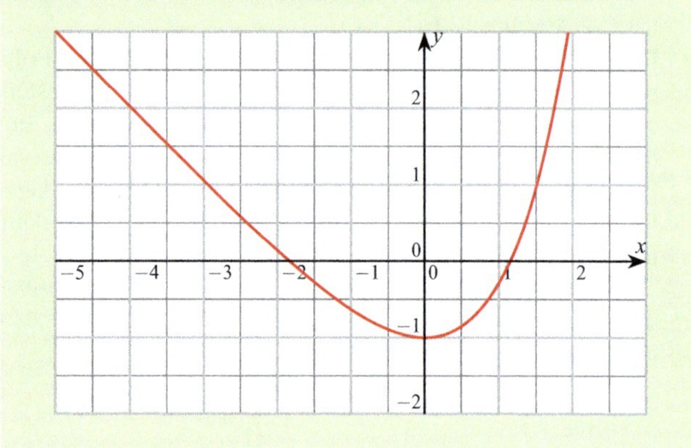

Durch die Aufgabenstellung ist die Form der Visualisierung im Koordinatensystem vorgegeben. Aus dem Graphen von f' kann man folgende Eigenschaften von f ablesen (→ Abschn. 13.6):

- f hat bei etwa $-1{,}8$ ein Maximum, da f' an dieser Stelle eine Nullstelle hat und das Vorzeichen von $f'(x)$ von plus nach minus wechselt, d. h., links von dieser Stelle wächst f monoton, rechts davon fällt f monoton.
- f hat bei etwa 1,2 ein Minimum, da f' dort eine Nullstelle hat und das Vorzeichen von $f'(x)$ von minus nach plus wechselt, d. h., links von dieser Stelle fällt f monoton, rechts davon wächst f monoton.
- f hat bei 0 eine Wendestelle, da f' dort ein Minimum besitzt. Die Tangente im Wendepunkt des Graphen von f hat die Steigung -1.
- Links vom Wendepunkt ist der Graph von f rechtsgekrümmt, da dort die Werte von f' monoton fallen. Rechts vom Wendepunkt ist der Graph von f linksgekrümmt, da dort die Werte von f' monoton steigen.

Ergebnis 4.6 Ein möglicher Graph ist:

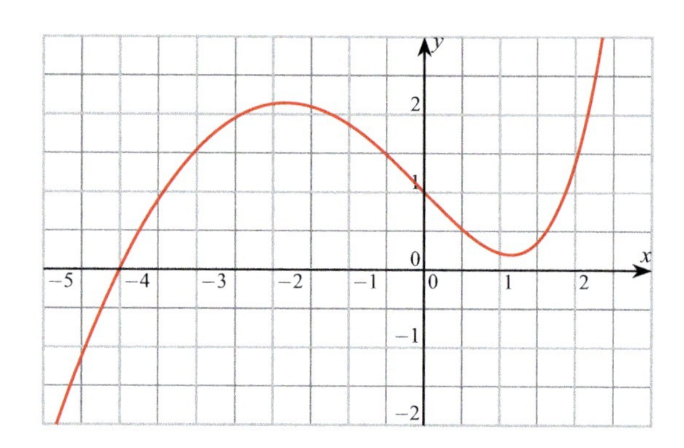

Eine Verschiebung dieses Graphen in y-Richtung liefert weitere Lösungen. ◄

4.6 Lösungswege nachvollziehbar präsentieren

Beispiel 4.7

Frau Stein geht einkaufen. Dabei gibt sie die Hälfte ihres Geldes aus. Nach dem Einkauf hat sie noch so viel Cent, wie sie vor dem Einkauf Euro hatte, und halb so viel Euro, wie sie vorher Cent besaß.

Es liegen die folgenden Notizen zur Lösung vor:

$$x, y \in \{0; 1; \ldots; 99\}$$

$$
\begin{aligned}
& 0{,}5y + 0{,}01x = 0{,}5(x + 0{,}01y) \\
\Leftrightarrow\ & 0{,}495y = 0{,}49x \\
\Leftrightarrow\ & y = \frac{98}{99}x
\end{aligned}
$$

$$
\begin{aligned}
& x, y \in \mathbb{N} \wedge y < 100 \wedge y = \frac{98}{99}x \\
\Leftrightarrow\ & x = 99 \wedge y = 98
\end{aligned}
$$

Präsentieren Sie die Lösung ausführlich.

Bei einer Präsentation werden Sie zunächst die Aufgabe vorstellen und eventuell mit eigenen Worten erläutern. Dabei sollten die Zuhörer aufmerksam und neugierig auf die Lösung werden.

Bevor Sie die Gleichung aufstellen, führen Sie die beiden im Lösungsweg verwendeten Variablen ein. Offensichtlich sind x die Anzahl an Euro und y die Anzahl an Cent vor dem Einkauf. Mit diesen Variablen können Sie die beiden Geldbeträge mathematisch ausdrücken.

Im nächsten Schritt stellen Sie die Gleichung auf. Dazu führen Sie den Vergleich im Text auf, der die beiden Geldbeträge vor und nach dem Einkauf beschreibt. Dieser Vergleich muss durch eine mathematische Gleichung ausgedrückt werden, aus deren Lösung sich die beiden Geldbeträge ergeben.

Vor dem Einkauf:

$$G_{\text{vor}} = x + 0{,}01y$$

Nach dem Einkauf:

$$G_{\text{nach}} = 0{,}5y + 0{,}01x$$

Da sowohl x als auch y für die Anzahl an Cent auftreten, können x und y nur Werte von 0 bis 99 annehmen.

Der Vergleich im Text wird in mathematischer Schreibweise ausgedrückt:

$$G_{\text{nach}} = 0{,}5 \cdot G_{\text{vor}}$$

Sie setzen die obigen Terme in diese Gleichung ein und erhalten die erste Gleichung des in der Aufgabe angegebenen Lösungsweges:

$$0{,}5y + 0{,}01x = 0{,}5(x + 0{,}01y)$$

Sie erklären die beschriebenen Äquivalenzumformungen (→ Abschn. 9.2), das Ausmultiplizieren der Klammer und die Addition von $(-0{,}01x - 0{,}005y)$ auf beiden Seiten der Gleichung, die auf die nächste Gleichung des Lösungsweges führen:

$$0{,}495y = 0{,}49x$$

Die letzte Gleichung entsteht nach der Division durch 0,495 und der Erweiterung des Bruchs $\frac{0{,}49}{0{,}495}$ mit 200.

Die Gleichung $y = \frac{98}{99}x$ hat unendlich viele reellwertige Lösungen. An dieser Stelle erinnern Sie die Zuhörer an die Bedeutung der beiden Variablen und die Einschränkung ihrer Grundmenge. Die einzigen Zahlen aus der Menge $\{0; 1; \ldots; 99\}$, die die Gleichung erfüllen, sind $x = 99$ und $y = 98$.

Am Ende Ihrer Präsentation greifen Sie wieder die Bedeutung der Variablen auf und übertragen das Ergebnis in den Kontext der Aufgabe:

$$G_{\text{vor}} = 99 + 0{,}01 \cdot 98 = 99{,}98$$

und

$$G_{\text{nach}} = 0{,}5 \cdot 98 + 0{,}01 \cdot 99 = 49{,}99.$$

Mit einer Zusammenfassung beenden Sie die Präsentation des Lösungsweges: Frau Stein besaß vor dem Einkauf 99,98 € und danach die Hälfte davon, nämlich 49,99 €.

Es bleibt Ihnen überlassen, ob Sie anschließend eine kurze persönliche Einschätzung der Aufgabe oder der Lösung abgeben wollen.

Aufgaben

4.1 Welche der folgenden Aussagen sind richtig?

a) $[1; 5] \subset \{1; 2; 3; 4; 5\}$
b) $\{1; 5\} \subset [1; 5]$
c) $\{1; 5\} \subset \mathbb{N}$
d) $\{1{,}5\} \subset \mathbb{N}$
e) $[1; 5] \subset \mathbb{N}$
f) $\{1; 5\} \subset \mathbb{R}$
g) $\{1{,}5\} \subset \mathbb{R}$

4.2 A ist die Menge der natürlichen Zahlen, die durch 3 teilbar sind, und B die Menge der natürlichen Zahlen, die durch 5 teilbar sind. Geben Sie die folgenden Mengen in aufzählender Form an.

a) $A \cap B$
b) $A \setminus B$
c) $\bar{A}$

4.3 Was ist an der folgenden Schreibweise falsch?

$$f(x) = x^2 \quad \Leftrightarrow \quad f(2) \to 4$$

4.4 f_1 und f_2 sind im Intervall $[a; b]$ integrierbare Funktionen. Erklären Sie mit Worten.

a) $\int_a^b (f_1(x) + f_2(x))\, dx = \int_a^b f_1(x)\, dx + \int_a^b f_2(x)\, dx$
b) $f_1(x) < f_2(x)$ für alle $x \in [a; b]$
$\Rightarrow \quad \int_a^b f_1(x)\, dx < \int_a^b f_2(x)\, dx$

4.5 Beschreiben Sie mit Worten.

$$y + 10 = 8x \quad \wedge \quad x + 10 = 0{,}5y$$

4.6 Begründen oder widerlegen Sie folgende Aussagen.

a) Eine Zahl, die durch 3 teilbar ist, ist auch durch 6 teilbar.
b) Das Produkt zweier ungerader Zahlen ist ungerade.
c) Die Summe dreier aufeinanderfolgender Zahlen ist durch 3 teilbar.
d) Eine Zahl, die ungerade und keine Primzahl ist, hat mindestens einen echten ungeraden Teiler.

4.7 Ein Fallschirmspringer springt in 2 000 m Höhe über dem Boden aus dem Flugzeug. Zunächst fällt er etwa 40 Sekunden lang mit ungeöffnetem Fallschirm bis auf 500 m Höhe über dem Boden. Während dieser ersten Phase steigt seine Geschwindigkeit zunächst schnell an und erreicht innerhalb der ersten 4 Sekunden knapp 110 km/h. Sie wächst weiter, nähert sich aber wegen des zunehmenden Luftwiderstandes immer mehr dem Wert 148 km/h an, der nach 12 Sekunden praktisch erreicht ist. Nach 40 Sekunden wird der Fallschirm geöffnet. Dadurch reduziert sich die Geschwindigkeit innerhalb von etwa 3 Sekunden auf 18 km/h. Mit dieser Geschwindigkeit landet der Fallschirmspringer auf dem Boden.

Stellen Sie den beschriebenen Zusammenhang zwischen Zeit und Geschwindigkeit grafisch dar. Skizzieren Sie den Zusammenhang zwischen der Zeit und der Höhe.

4.8 Bestimmen Sie die Fläche der abgebildeten Figur und präsentieren Sie den Lösungsweg.

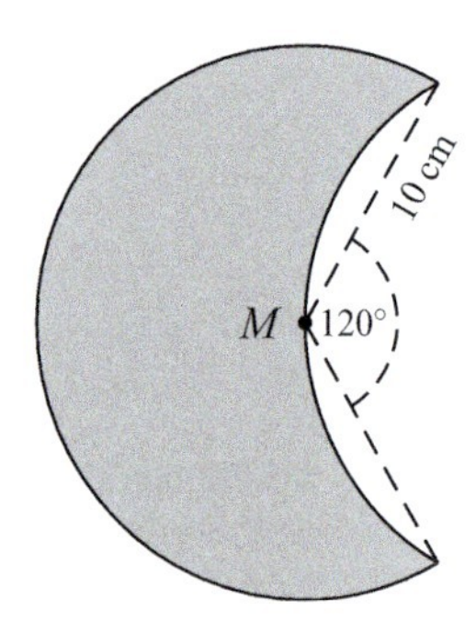

Lösungen zu den Aufgaben

4.1

a) Falsch, das Intervall enthält nicht nur natürliche Zahlen
b) Richtig
c) Richtig
d) Falsch, 1,5 ist keine natürliche Zahl
e) Falsch, das Intervall enthält nicht nur natürliche Zahlen
f) Richtig
g) Richtig

4.2

a) $A \cap B = \{0; 15; 30; 45; \ldots\}$
b) $A \setminus B = \{3; 6; 9; 12; 18; 21; 24; 27; 33; \ldots\}$
c) $\bar{A} = \{1; 2; 4; 5; 7; 8; 10; 11; \ldots\}$

4.3 Der Doppelpfeil ist falsch, da aus der rechten Seite nicht die linke folgt. Richtig wäre der Implikationspfeil $\Rightarrow$.

Die Schreibweise $f(2) \to 4$ ist falsch. Richtig wäre $f(2) = 4$.

4.4

a) Das bestimmte Integral der Summe zweier Funktionen über dem Intervall $[a; b]$ kann man als Summe der Integrale der beiden Funktionen über dem Intervall berechnen.
b) Wenn die Funktionswerte einer Funktion f_1 im Intervall $[a; b]$ stets kleiner sind als die einer zweiten Funktion f_2, dann ist auch das Integral von f_1 über dem Intervall $[a; b]$ kleiner als das von f_2.

4.5 Gesucht ist ein Zahlenpaar $(x; y)$, das folgende beiden Eigenschaften erfüllt:

- Wenn man 10 zu y addiert, erhält man den 8-fachen Wert von x.
- Wenn man 10 zu x addiert, erhält man den halben Wert von y.

4.6

a) Falsch. Gegenbeispiel: 9 ist durch 3, aber nicht durch 6 teilbar.
b) Richtig. Wenn das Produkt gerade wäre, wäre es durch 2 teilbar. Dann müsste mindestens einer der beiden Faktoren durch 2 teilbar sein, was ein Widerspruch zur Voraussetzung wäre.
c) Richtig. Die Summe von drei aufeinanderfolgenden Zahlen ist immer das Dreifache der mittleren Zahl.
d) Richtig. Eine Zahl, die keine Primzahl ist, hat mindestens zwei echte Teiler. Da sie ungerade ist, müssen die Teiler ungerade sein (siehe Aussage b)).

4.7 Zusammenhang zwischen Zeit und Geschwindigkeit

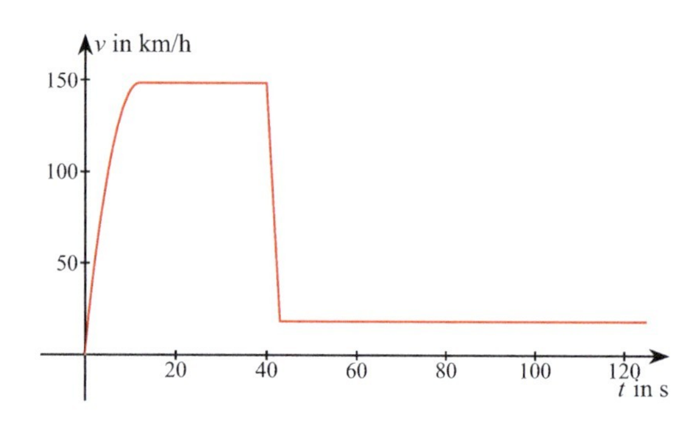

Zusammenhang zwischen Zeit und Höhe

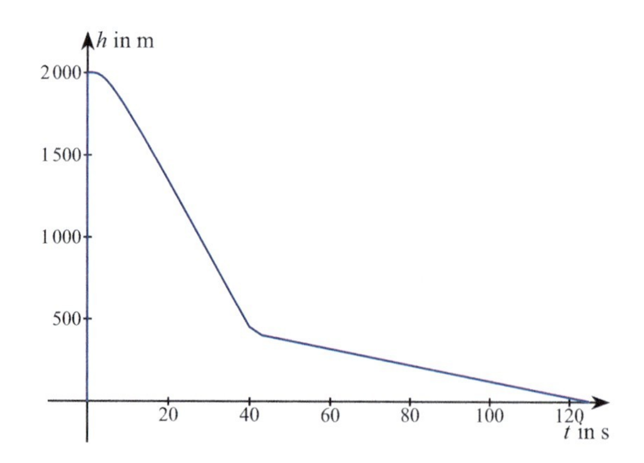

4.8 Aus der Zeichnung kann man entnehmen, dass die abgebildete Figur durch zwei Kreisbögen mit folgenden Eigenschaften begrenzt ist: Der linke Bogen gehört zu einem Kreis mit Mittelpunkt M und Radius 10 cm, der rechte Bogen enthält M und überspannt ein gleichschenkliges Sehnendreieck mit dem Winkel 120° an der Spitze.

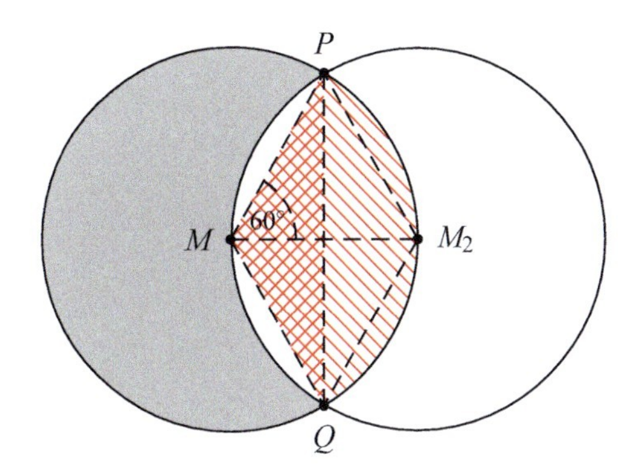

In der Zeichnung ist M_2 der Mittelpunkt des rechten Kreises. Die Strecken PM_2 und MM_2 sind Radien dieses Kreises, und daher ist das Dreieck PMM_2 gleichschenklig mit dem Basiswinkel 60°, also gleichseitig. Daraus folgt, dass auch der rechte Kreis den Radius 10 cm hat und die aus dem linken Kreis ausgeschnittene Fläche doppelt so groß ist wie das 120°-Kreissegment.

Die Fläche des ausgeschnittenen Kreissegments A ist die Differenz des Kreissektors A_s minus die Fläche des Dreiecks A_d:

$$A = A_s - A_d$$

Der Kreissektor macht ein Drittel des Kreises aus, also

$$A_s = \frac{1}{3}\pi r^2 \approx 104{,}72\,\text{cm}^2.$$

Das Dreieck PMQ hat die Grundseite $r \cdot \sqrt{3}$ und die Höhe $\frac{r}{2}$, also

$$A_d = \frac{1}{2} \cdot r\sqrt{3} \cdot \frac{r}{2} = \frac{r^2}{4}\sqrt{3} \approx 43{,}30\,\text{cm}^2.$$

Die Fläche des Kreissegments beträgt damit

$$A \approx 104{,}72\,\text{cm}^2 - 43{,}30\,\text{cm}^2 = 61{,}42\,\text{cm}^2.$$

Die gesuchte Fläche A_F der Figur ist die Kreisfläche minus 2 mal die Fläche des Kreissegments:

$$\begin{aligned} A_F &= \pi r^2 - 2\left(\frac{1}{3}\pi r^2 - \frac{r^2}{4}\sqrt{3}\right) \\ &= \frac{1}{3}\pi r^2 + \frac{r^2}{2}\sqrt{3} \approx 191{,}32\,\text{cm}^2 \end{aligned}$$

Ein Vergleich der Flächen zeigt, dass die Figur etwas größer ist als der halbe Kreis. Dies wird durch die berechneten Werte bestätigt.

Ausführliche Lösungen zu den Aufgaben finden Sie im Online-Material.

tiny.cc/to5l1y

Elementare Algebra

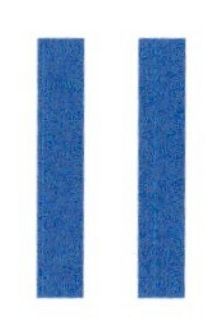

Schloss Chenonceau. Foto: Andrea Erben

Grundrechenarten

Schloss Sanssouci, Potsdam. Foto: Marc Zimmermann

In welchen Zahlenräumen wird gerechnet?

Welche Regeln gelten bei der Kommaverschiebung?

Welche Rechenregeln müssen immer beachtet werden?

Was sind binomische Formeln?

Wie hängen proportionale Größen zusammen und wie funktioniert der Dreisatz?

K. Dürrschnabel et al., *So viel Mathe muss sein!*, https://doi.org/10.1007/978-3-662-57951-0_5

Die Basis mathematischer Handlungen, insbesondere des Lösens von Aufgaben, bilden die Grundrechenarten Addition, Subtraktion, Multiplikation und Division sowie die zugehörigen Rechenregeln. Oft reicht es zunächst aus, eine grobe Vorstellung über die Größenordnung von Ergebnissen zu haben. Gerade das setzt aber die Kenntnis der Grundrechenregeln und deren sichere und korrekte Anwendung voraus. In diesem Kapitel werden diese Grundlagen wiederholt und in Beispielaufgaben angewandt.

5.1 Selbsteinschätzung

☐ *Ich kann*
überschlägig mit Zahlen rechnen. *→ Abschn. 5.2*

Test 5.1

Zwischen welchen zwei aufeinanderfolgenden ganzen Zahlen liegt $(\frac{7}{3})^2$?

☐ *Ich kenne*
die Regeln zur Kommaverschiebung. *→ Abschn. 5.3*

Test 5.2

Schreiben Sie ohne Zehnerpotenz: $7{,}8361 \cdot 10^3$.

☐ *Ich kann*
Terme mithilfe von Kommutativ-, Assoziativ- und Distributivgesetz zielgerichtet umformen. *→ Abschn. 5.4*

Test 5.3

Vereinfachen Sie und nennen Sie jeweils die angewendeten Rechengesetze:

$$2t^2 \cdot (s+3) - t \cdot (4s \cdot t)$$

☐ *Ich kann*
die drei binomischen Formeln für Termumformungen mit beliebigen Variablen anwenden. *→ Abschn. 5.5*

Test 5.4

Vereinfachen Sie:

$$\frac{(t^2 - 6t + 9)(9 + 6t + t^2)}{(t^2 - 9)}$$

☐ *Ich verstehe*
das Konzept der Proportionalität und kann mit dem Dreisatz rechnen. *→ Abschn. 5.6*

Test 5.5

Eine Maschine benötigt 3 Stunden, um 200 Produkte herzustellen.

a) Wie lange benötigt die Maschine für die Herstellung von 750 Produkten?
b) Wie lange benötigen 5 Maschinen für die Produktion der 200 Produkte?

Ergebnisse der Testaufgaben

5.1 Zwischen 5 und 6

5.2 7 836,1

5.3 $6t^2 - 2st^2 = 2t^2(3-s)$

5.4 $t^2 - 9$

5.5 a) 11 h 15 min, b) 36 min

5.2 Größenordnungen

Beispiel 5.1

Zwischen welchen aufeinanderfolgenden ganzen Zahlen liegt $\left(-\frac{5}{3}\right)^3$?

Zuerst muss die dritte Potenz der Bruchzahl berechnet werden, dies ergibt $-\frac{125}{27}$. Anschließend muss man sich den Bruch genau anschauen, zunächst ohne das negative Vorzeichen. Hier erkennt man, dass der Zähler größer als der Nenner des Bruchs ist, somit ist der Wert des Bruchs größer als eins. Zuletzt muss geschaut werden, welches Vielfache des Nenners gerade noch kleiner ist als der Zähler: $4 \cdot 27 = 108$. Es ist $5 \cdot 27 = 135$ größer als der Zähler, d. h., der Wert des Bruchs liegt zwischen 4 und 5. Da aber noch ein Minus vor dem Bruch steht, ergibt sich $-5 < \left(-\frac{5}{3}\right)^3 < -4$.

Ergebnis 5.1 Die Zahl $\left(-\frac{5}{3}\right)^3$ liegt zwischen −5 und −4. ◄

Eine solche Abschätzung benötigt man häufig, um zu überprüfen, ob Ergebnisse in einer sinnvollen Größenordnung liegen können oder nicht. Auch benötigt man oft bei Berechnungen als Ergebnis gar nicht den exakten Wert, sondern ein Ergebnis bezogen auf den Kontext der Aufgabe. (→ Abschn. 3.3 und → Abschn. 3.4).

Beispiel 5.2

Ein Produkt benötigt zur Herstellung 0,75 kg eines Rohstoffs. Es stehen 4,6 kg des Rohstoffs zur Verfügung. Wie viele Produkte können hergestellt werden?

Es wird die Anzahl an Produkten gesucht, die man aus 4,6 kg des Rohstoffs herstellen kann. Man kann sie einerseits exakt ausrechnen, indem man die vorhandenen Rohstoffmengen durch die für ein Produkt benötigte Rohstoffmenge dividiert (4,6 : 0,75). Es reicht hier aber aus, überschlägig zu rechnen, welches Vielfache von 0,75 noch kleiner als 4,6 ist. Das genaue Ergebnis ist eine Zahl zwischen 6 und 7. Da aber nicht 6 Produkte und ein Anteil des Produktes produziert werden können, ist hier nur eine ganzzahlige Lösung möglich und sinnvoll.

Ergebnis 5.2 Es können 6 Produkte hergestellt werden. ◄

5.3 Regeln zur Kommaverschiebung

Sehr große oder sehr kleine Zahlen werden in Fachwissenschaften oft als Kommazahlen im Zahlenbereich von 1 bis 10 oder manchmal auch zwischen 0 und 1 mit den entsprechenden Zehnerpotenzen dargestellt, z. B. $1{,}6 \cdot 10^{-19}$. Dies nennt man die **wissenschaftliche Schreibweise**. Zum einen erspart man sich dadurch viel Schreibarbeit (z. B. von Nullen nach dem Komma), zum anderen können Überschlagsrechnungen einfacher durchgeführt werden. Durch die Kommaverschiebung können Rechnungen oft vereinfacht werden. Entsprechend werden Ergebnisse häufig als Produkt einer Zehnerpotenz und Zahlen im Zahlenraum zwischen 1 und 10 angegeben.

Für die Kommaverschiebung gibt es im Dezimalsystem nur zwei Regeln. Das Komma verschiebt sich immer dann, wenn mit einer Potenz von 10 multipliziert oder dividiert wird. Zum einen verschiebt sich das Komma nach rechts, wenn mit einer Zehnerpotenz mit einem Exponenten größer als 0 multipliziert oder durch eine Zehnerpotenz mit einem Exponenten kleiner als 0 dividiert wird. Wenn bei der Multiplikation der Exponent der Zehnerpotenz kleiner als 0 oder bei der Division der Exponent größer als 0 ist, dann wird das Komma nach links verschoben.

Beispiel 5.3

Berechnen Sie:

a) $2{,}562 \cdot 100$ b) $98{,}42 : 10^{-3}$

a) $2{,}562 \cdot 100 = 2{,}562 \cdot 10^2 = 256{,}2$.
Der Exponent der Zehnerpotenz ist größer als 0, entsprechend muss man das Komma um die Anzahl an Stellen nach rechts verschieben, die im Exponent steht, also 2 Stellen.

b) $98{,}42 : 10^{-3} = 98\,420$.
Der Exponent der Zehnerpotenz ist bei der Division negativ. Entsprechend verschiebt sich das Komma hier um 3 Stellen nach rechts. Da nur 2 Stellen nach dem Komma vorhanden sind, werden fehlende Stellen mit Nullen aufgefüllt.

Ergebnis 5.3

a) $2{,}562 \cdot 100 = 256{,}2$ b) $98{,}42 : 10^{-3} = 98\,420$ ◄

Beispiel 5.4

Berechnen Sie:

a) $20\,000 \cdot 0{,}0001$ b) $123 : 3\,000$

a) $20\,000 \cdot 0{,}0001 = 20\,000 \cdot 10^{-4} = 2$.
Bei der Multiplikation mit einer Zehnerpotenz mit negativem Exponenten wird das Komma um den Betrag des Exponenten nach links verschoben, also um 4 Stellen.

b) $123 : 3\,000 = 123 : (3 \cdot 10^3) = (123 : 3) : 10^3 = 41 : 10^3 = 0{,}041$.
Dividiert man eine Zahl durch eine Zehnerpotenz mit positivem Exponenten, so wird beim Ergebnis das Komma um die Anzahl an Stellen nach links verschoben, die im Exponenten stehen. Wahlweise kann man auch die Division auf eine Multiplikation zurückführen, dann ist der Exponent negativ: $41 : 10^3 = 41 \cdot 10^{-3} = 0{,}041$.

Ergebnis 5.4

a) $20\,000 \cdot 0{,}0001 = 2$ b) $123 : 3\,000 = 0{,}041$ ◄

Beispiel 5.5

Schreiben Sie die Zahlen in wissenschaftlicher Schreibweise:

a) 40 265 622 b) 0,000 000 384 9

a) Die Zahl ist größer als 10^7, d. h., das Komma muss um 7 Stellen nach links verschoben werden, damit vor dem Komma eine Zahl zwischen 1 und 10 steht. Entsprechend muss die Zahl mit einer Zehnerpotenz und dem Exponenten 7 multipliziert werden.

b) Um die gegebene Zahl in wissenschaftlicher Schreibweise zu schreiben, muss das Komma um insgesamt 7 Stellen nach rechts verschoben werden. Die Zahl 3,849 muss dann mit der Zehnerpotenz 10^{-7} multipliziert werden.

Ergebnis 5.5

a) $40\,265\,622 = 4{,}026\,562\,2 \cdot 10^7$

b) $0{,}000\,000\,384\,9 = 3{,}849 \cdot 10^{-7}$ ◄

Oft werden bei Zahlenangaben mit Einheiten Präfixe verwendet, die die Zehnerpotenzen als Faktor ersetzen (z. B. Kilometer oder Milligramm). Die Bedeutung der einzelnen Präfixe und die Umrechnung finden Sie im Online-Material.

tiny.cc/to5l1y

5.4 Rechengesetze

Beim Rechnen in den reellen Zahlen gelten folgende Regeln:

Kommutativgesetze

$$a + b = b + a$$
$$a \cdot b = b \cdot a$$

Assoziativgesetze

$$a + (b + c) = (a + b) + c = a + b + c$$
$$a \cdot (b \cdot c) = (a \cdot b) \cdot c = a \cdot b \cdot c$$

Distributivgesetze

$$a \cdot (b + c) = a \cdot b + a \cdot c$$
$$(b + c) \cdot a = b \cdot a + c \cdot a$$

Beispiel 5.6

Vereinfachen Sie so weit wie möglich:

$$-(a - 2c) \cdot 4 - 5 \cdot (a + 3)$$

Achtung Um Terme wie diesen zu vereinfachen, gilt als übergeordnete Regel immer **Punkt vor Strich**, d. h., Produkte (und Quotienten) müssen vorrangig behandelt werden, sofern Klammern dies nicht unterbinden. ◄

Insofern darf man in diesem Beispiel nicht als Erstes die Differenz (4–5) berechnen, sondern es müssen zunächst die Produkte mit den Klammern aufgelöst werden. Dafür wird hier zunächst das Distributivgesetz benötigt.

$$\begin{aligned} &-(a - 2c) \cdot 4 - 5 \cdot (a + 3) \quad &&| \text{ zweimal Distributivgesetz} \\ &= -(4a - 8c) - (5a + 15) \end{aligned}$$

Anschließend müssen die Klammern aufgelöst werden. Da ein Minus vor den Klammern steht, werden die Vorzeichen und Rechenoperationen in der Klammer vertauscht, d. h., aus einem Additionszeichen wird ein Subtraktionszeichen und umgekehrt. Mathematisch gesehen wendet man hier auch das Distributivgesetz an, da man die Terme in den Klammern mit (-1) multipliziert:

$$\begin{aligned} &-(4a - 8c) - (5a + 15) \quad &&| \text{ minus in Klammer} \\ &= (-4a + 8c) + (-5a - 15) \end{aligned}$$

Da der Term nur noch aus Summen besteht, können die Klammern weggelassen werden. Das hierfür anzuwendende Gesetz ist das Assoziativgesetz. Es besagt, dass bei Summentermen (und Produkttermen) die Klammern beliebig gesetzt oder auch weggelassen werden können.

$$\begin{aligned} &(-4a + 8c) + (-5a - 15) \quad &&| \text{ Assoziativgesetz} \\ &= -4a + 8c + (-5a) + (-15) \end{aligned}$$

Um den Term möglichst weit zusammenzufassen, müssen alle Terme mit gleichen Variablen zusammengefasst werden. In unserem Beispiel enthalten der erste Summand $(-4a)$ und der dritte Summand $(-5a)$ jeweils die Variable a. Um diese zu verknüpfen, bedarf es des Kommutativgesetzes.

$$\begin{aligned} &-4a + 8c + (-5a) + (-15) \quad &&| \text{ Kommutativgesetz} \\ &= -4a + (-5a) + 8c + (-15) \quad &&| \text{ zusammenfassen} \\ &= -9a + 8c - 15 \end{aligned}$$

Die beiden letzten Schritte werden meistens gemeinsam in einem Schritt durchgeführt.

Ergebnis 5.6

$$-(a - 2c) \cdot 4 - 5 \cdot (a + 3) = -9a + 8c - 15$$ ◄

Eine größere Herausforderung stellt die Multiplikation bzw. Division zweier Summen- oder Differenzenterme dar, d. h. das Ausmultiplizieren zweier Klammerausdrücke.

Beispiel 5.7

Stellen Sie folgenden Term ohne Klammern dar:

$$(3f + 4s) \cdot (2t - d)$$

Beim Auflösen der Klammern wendet man das Distributivgesetz zweimal hintereinander an:

$$\begin{aligned}
&(3f+4s)\cdot(2t-d) && \mid \text{Distributivges.}\\
&=(3f+4s)\cdot 2t-(3f+4s)\cdot d && \mid \text{zweimal Distributivges.}\\
&=3f\cdot 2t+4s\cdot 2t-(3f\cdot d+4s\cdot d) && \mid \text{minus in Klammer}\\
&=3f\cdot 2t+4s\cdot 2t-3f\cdot d-4s\cdot d && \mid \text{vereinfachen}\\
&=6ft+8st-3fd-4sd
\end{aligned}$$

Die einzelnen Summanden enthalten alle unterschiedliche Variablen, sodass hier nicht weiter zusammengefasst werden kann. Enthalten die einzelnen Summanden wie in den vorigen Beispielen gleiche Variablen mit gleichen Graden, kann man mithilfe des Kommutativgesetzes die einzelnen Terme umstellen und weiter zusammenfassen.

Ergebnis 5.7

$$(3f+4s)\cdot(2t-d)=8st+6ft-4sd-3fd$$ ◀

5.5 Binomische Formeln

Binomische Formeln sind Spezialfälle des Ausmultiplizierens zweier Klammerausdrücke. Dabei ist entscheidend, dass in den beiden Klammern jeweils eine Summe oder Differenz von Termen mit den gleichen beiden Gliedern (**Binome**) enthalten sind. Man kann hier zwischen drei möglichen Kombinationen der Binome unterscheiden.

Binomische Formeln

Erste binomische Formel:

$$(a+b)^2=a^2+2ab+b^2$$

Zweite binomische Formel:

$$(a-b)^2=a^2-2ab+b^2$$

Dritte binomische Formel:

$$(a+b)\cdot(a-b)=a^2-b^2$$

Beispielhaft soll die dritte binomische Formel durch Rechnung bestätigt werden. Durch das Anwenden des Distributiv- und Kommutativgesetzes ergibt sich:

$$\begin{aligned}
&(a+b)\cdot(a-b) && \mid \text{Distributivgesetz}\\
&=(a+b)\cdot a-(a+b)\cdot b && \mid \text{Distributivgesetz}\\
&=a^2+ba-\left(ab+b^2\right) && \mid \text{minus in Klammer}\\
&=a^2+ba-ab-b^2 && \mid \text{Kommutativgesetz}\\
&=a^2+ab-ab-b^2\\
&=a^2-b^2
\end{aligned}$$

Die Anordnung der beiden Klammern in der dritten binomischen Formel spielt keine Rolle, d. h., es ist egal, ob zuerst die Summe oder die Differenz in den Klammern steht. Mit dem Kommutativgesetz kann die Reihenfolge vertauscht werden:

$$(a-b)\cdot(a+b)=(a+b)\cdot(a-b)=a^2-b^2$$

Beispiel 5.8

Vereinfachen Sie folgenden Term:

$$\frac{-2f^2+16fh-32h^2}{-2f^2+32h^2}$$

Zunächst kann man hier nichts weiter vereinfachen, da zum Kürzen des Bruchs sowohl im Nenner als auch im Zähler Produkte stehen müssen. Mithilfe der binomischen Formeln kann man den Zähler und den Nenner entsprechend faktorisieren:

$$\begin{aligned}
&\frac{-2f^2+16fh-32h^2}{-2f^2+32h^2} && \mid \text{Distributivgesetz}\\
&=\frac{-2\left(f^2-8fh+16h^2\right)}{-2\left(f^2-16h^2\right)} && \mid \text{Kürzen mit } (-2)\\
&=\frac{\left(f^2-8fh+16h^2\right)}{\left(f^2-16h^2\right)} && \mid \text{zweite binom. Formel im Zähler}\\
&=\frac{(f-4h)^2}{f^2-16h^2} && \mid \text{dritte binom. Formel im Nenner}\\
&=\frac{(f-4h)^2}{(f+4h)(f-4h)} && \mid \text{Kürzen mit } (f-4h)\\
&=\frac{(f-4h)}{(f+4h)}
\end{aligned}$$

Bei dem letzten Schritt ist es wichtig, dass vor dem Kürzen geprüft wird, ob der zu kürzende Term nicht null ergibt ($f-4h\neq 0$), vgl. dazu auch → Abschn. 6.2. Da der ursprüngliche Term nur für $f-4h\neq 0$ und $f+4h\neq 0$ definiert ist, kann hier also entsprechend gekürzt werden.

Ergebnis 5.8 Für $f-4h\neq 0$ und $f+4h\neq 0$ gilt

$$\frac{-2f^2+16fh-32h^2}{-2f^2+32h^2}=\frac{f-4h}{f+4h}.$$ ◀

5.6 Proportionalität und Dreisatz

Von **Proportionalität** spricht man, wenn zwei veränderliche Größen immer im gleichen Verhältnis zueinander stehen. Eine Verdopplung der einen Größe führt dann zu einer Verdopplung der zweiten Größe. Man kann über den sogenannten **Dreisatz** die jeweiligen Größen berechnen.

Teil II

Beispiel 5.9

An einem Fahrrad dreht sich das Rad im dritten Gang siebenmal, wenn das Pedal vier Umdrehungen gemacht hat. Wie viele Umdrehungen hat das Rad hinter sich, wenn das Pedal insgesamt 100-mal getreten wurde?

Die Umdrehungen von Pedal und Rad sind proportional zueinander. Der Proportionalitätsfaktor von Radumdrehung (RU) zu Pedalumdrehung (PU) ist hier $\frac{7}{4}$, d. h., bei einer Pedalumdrehung wird das Rad um $\frac{7}{4}$ einer Umdrehung bewegt. Man kann die Radumdrehungen bei 100 Pedalumdrehungen berechnen:

$$\begin{aligned} & 4\,\text{PU entsprechen } 7\,\text{RU} \\ \Leftrightarrow\quad & 1\,\text{PU entspricht } \frac{7}{4}\,\text{RU} \\ \Leftrightarrow\quad & 100\,\text{PU entsprechen } \frac{7}{4}\,\text{RU} \cdot 100 = \frac{700}{4}\,\text{RU} = 175\,\text{RU} \end{aligned}$$

Ergebnis 5.9 Das Rad dreht sich bei 100 Pedalumdrehungen insgesamt 175-mal. ◀

Beispiel 5.10

Innerhalb einer Stunde werden bei einem Produktionsschritt 400 Teile von 5 Personen hergestellt. In welcher Zeit können die Teile hergestellt werden, wenn 9 Personen daran arbeiten?

Im Gegensatz zum vorangegangenen Beispiel handelt es sich hier nicht um eine Proportionalität. Da der Einsatz von doppelt so vielen Personen nur die Hälfte der Arbeitszeit erfordert, spricht man hier von einer **Antiproportionalität**. Hierbei verhalten sich die Veränderungen der beiden Größen immer gegensätzlich. Auch hier kann man das Prinzip des Dreisatzes anwenden. Man muss jedoch darauf achten, dass jeweils die entgegengesetzte Rechnung ausgeführt werden muss.

$$\begin{aligned} & 5\,\text{Personen benötigen } 1\,\text{Stunde} \\ \Leftrightarrow\quad & 1\,\text{Person benötigt } 5\,\text{Stunden} \\ \Leftrightarrow\quad & 9\,\text{Personen benötigen } \frac{5}{9}\,\text{Stunden} \approx 33{,}3\,\text{Minuten} \end{aligned}$$

Ergebnis 5.10 9 Personen benötigen für die 400 Teile ca. 33 Minuten. ◀

Aufgaben

5.1 Zwischen welchen aufeinanderfolgenden ganzen Zahlen liegt die jeweilige Zahl? Berechnen Sie das Ergebnis überschlägig.

a) $\sqrt{190}$
b) $-\sqrt{500}$
c) $-\frac{117}{5}$
d) $\left(\frac{42}{17}\right)^2$
e) $\left(-\sqrt{5}\right)^3$

5.2 Schreiben Sie die Zahlen in wissenschaftlicher Schreibweise

a) 98 538 430
b) $837\,321{,}09 \cdot 10^{-7}$
c) $479 : 10^4$
d) $0{,}0001 \cdot 20\,000$

5.3 Schreiben Sie ohne Klammern und vereinfachen Sie so weit wie möglich.

a) $g - (a + b) + (c - f)$
b) $(u - v) \cdot (x + y)$
c) $(6x)^2$
d) $(2h - 3f)^2$
e) $(g^2 - h)^2$
f) $(x + y)^2 - (x - y)^2$
g) $(m + 2n)^3$
h) $-12s - (s - 3)^2$
i) $(2a + 3 - 5b)^2$

5.4 Lösen Sie folgende Aufgaben.

a) In einer Metzgerei kosten 100 g einer Wurstsorte 1,95 €. Die Bedienung kommt beim Abwiegen auf 110 g. Was muss man dafür bezahlen?
b) Ein Aufzug erreicht eine Höhe von 100 m in 23 Sekunden. Wie lange benötigt der Aufzug vom ersten in den obersten Stock in 272 m Höhe?
c) In ein 350 l fassendes leeres Gefäß fließt 0,03 l Wasser pro Minute. Wann ist das Gefäß zu drei Viertel voll?
d) Ein Reinigungstrupp mit 4 Personen benötigt für die Reinigung von 73 Hotelzimmern 5 Stunden und 20 Minuten. Wie lange benötigen 7 Personen für die Hotelzimmer?
e) 30 Eisenbahnwaggons können 230 t Bauschutt transportieren. Es stehen 5 Güterzüge mit jeweils 18 Waggons zur Verfügung. Reichen diese 5 Züge, um 622 t Bauschutt einer Großbaustelle zu beseitigen?

Lösungen zu den Aufgaben

5.1

a) $13 < \sqrt{190} < 14$
b) $-23 < -\sqrt{500} < -22$
c) $-24 < -\frac{117}{5} < -23$
d) $6 < \left(\frac{42}{17}\right)^2 < 7$
e) $-12 < \left(-\sqrt{5}\right)^3 < -11$

5.2

a) $98\,538\,430 = 9{,}8538430 \cdot 10^7$
b) $837\,321{,}09 \cdot 10^{-7} = 8{,}3732109 \cdot 10^{-2}$
c) $479 : 10^4 = 4{,}79 \cdot 10^{-2}$
d) $0{,}0001 \cdot 20\,000 = 2$

5.3

a) $g - (a + b) + (c - f) = g - a - b + c - f$
b) $(u - v) \cdot (x + y) = ux + uy - vx - vy$
c) $(6x)^2 = 36x^2$
d) $(2h - 3f)^2 = 4h^2 - 12hf + 9f^2$
e) $\left(g^2 - h\right)^2 = g^4 - 2g^2h + h^2$
f) $(x + y)^2 - (x - y)^2 = 4xy$
g) $(m + 2n)^3 = m^3 + 6m^2n + 12mn^2 + 8n^3$
h) $-12s - (s - 3)^2 = -s^2 - 6s - 9$
i) $(2a + 3 - 5b)^2 = 4a^2 + 9 + 25b^2 + 12a - 20ab - 30b$

5.4

a) Die 110 g Wurst kosten 2,14 € (es wird zugunsten des Kunden abgerundet).
b) Der Aufzug benötigt ca. 63 Sekunden.
c) Das Gefäß ist nach 8 750 Minuten (= 145 Stunden und 50 Minuten) zu drei Viertel voll.
d) Hier liegt eine Antiproportionalität vor. Die 7 Personen benötigen für die 73 Hotelzimmer ca. 3 Stunden.
e) Die 5 Züge reichen, wobei die letzte Fahrt nicht voll beladen ist. Zunächst muss mittels Dreisatz berechnet werden, wie viel Bauschutt ein Zug mit 18 Waggons transportieren kann. Anschließend kann man (überschlägig) berechnen, wie viele Züge benötigt werden.

Ausführliche Lösungen zu den Aufgaben finden Sie im Online-Material.

tiny.cc/to511y

Bruchrechnen

Wie werden Brüche gekürzt und erweitert?

Welche Regeln gelten bei der Addition und Subtraktion von Brüchen?

Wie werden Brüche multipliziert und dividiert?

Teil II

Giant's Causeway, Nordirland. Foto: Rüdiger Lunde

K. Dürrschnabel et al., *So viel Mathe muss sein!*, https://doi.org/10.1007/978-3-662-57951-0_6

Teil II

Das Rechnen mit Brüchen bereitet vielen Schülerinnen und Schülern sowie Studierenden große Schwierigkeiten. In diesem Kapitel wird insbesondere auf das Rechnen mit Brüchen sowie die zugehörigen Rechengesetze eingegangen.

6.1 Selbsteinschätzung

☐ *Ich kann Brüche kürzen und erweitern.* *→ Abschn. 6.2*

Test 6.1

Ordnen Sie die Brüche nach ihrer Größe:

$$\frac{7}{12} \quad \frac{10}{16} \quad \frac{3}{7}$$

☐ *Ich kann Brüche addieren und subtrahieren.* *→ Abschn. 6.3*

Test 6.2

Berechnen Sie:

$$7 - \frac{9}{2} - \frac{11}{4}$$

☐ *Ich kann Brüche multiplizieren und dividieren.* *→ Abschn. 6.4*

Test 6.3

Vereinfachen Sie:

$$\frac{3a}{b} \cdot \frac{a}{2b} : \frac{2a}{3b}$$

Ergebnisse der Testaufgaben

6.1 $\frac{3}{7} < \frac{7}{12} < \frac{10}{16} = \frac{5}{8}$

6.2 $-\frac{1}{4}$

6.3 $\frac{9a}{4b}$

6.2 Brüche kürzen und erweitern

Ein Bruch besteht aus dem Quotienten $a : b$, wobei die Zahl oder der Term a als **Zähler** und die Zahl bzw. der Term b als **Nenner** des Bruchs bezeichnet werden. Wichtig ist, immer darauf zu achten, dass der Wert des Nenners nicht null werden darf, da die Division durch null nicht definiert ist.

Brüche kann man **kürzen** und **erweitern**, ohne dass man den Wert des Bruchs verändert. Dies geschieht, indem man den Zähler *und* den Nenner des Bruchs mit demselben, von 0 verschiedenen Term dividiert oder multipliziert. Ziel des Kürzens oder Erweiterns ist es, z. B. Brüche zu vereinfachen, zu addieren, zu subtrahieren oder zu vergleichen.

Beispiel 6.1

Welcher Bruch ist größer, $\frac{7}{9}$ oder $\frac{8}{11}$?

Würde man beide Brüche mit dem Taschenrechner (oder mithilfe der schriftlichen Division) als Dezimalzahl berechnen, könnte man anhand der berechneten Kommazahlen deren Größe vergleichen. Jedoch sind in den meisten Fällen diese Angaben nur Näherungswerte der angegebenen Brüche, manchmal unterscheiden sich die entsprechenden Dezimalzahlen erst in einer Nachkommastelle, die z. B. ein Taschenrechner nicht mehr anzeigt. Exakt und ohne Taschenrechner geht es, indem man durch Kürzen oder Erweitern die Brüche auf denselben Nenner, den sogenannten **Hauptnenner**, bringt. Anschließend vergleicht man die Brüche anhand ihres Zählers.

$$\frac{7}{9} = \frac{7 \cdot 11}{9 \cdot 11} = \frac{77}{99}$$
$$\frac{8}{11} = \frac{8 \cdot 9}{11 \cdot 9} = \frac{72}{99}$$

Da $77 > 72$ ist, gilt also $\frac{77}{99} > \frac{72}{99}$ und damit auch $\frac{7}{9} > \frac{8}{11}$.

Ergebnis 6.1

$$\frac{7}{9} > \frac{8}{11}$$ ◀

Informationen zur Bestimmung des Hauptnenners finden Sie im Online-Material.

tiny.cc/to5l1y

Beispiel 6.2

Vereinfachen Sie den Ausdruck

$$\frac{10x^2 - 5x}{5x}.$$

Durch das Kürzen mit gleichen Faktoren im Zähler und Nenner können Brüche stark vereinfacht werden. In diesem Beispiel muss der Zähler zunächst faktorisiert werden.

$$\begin{aligned} &\frac{10x^2 - 5x}{5x} && \mid \text{Distributivgesetz} \\ =&\frac{5x(2x-1)}{5x} && \mid \text{Kürzen mit } 5x \neq 0 \\ =&\,2x - 1 \end{aligned}$$

Achtung Beachten Sie, dass der angegebene Ausdruck für $x = 0$ nicht definiert ist. Deshalb ist die Vereinfachung nur für $x \neq 0$ zulässig. ◀

Ergebnis 6.2 Für $x \neq 0$ ist

$$\frac{10x^2 - 5x}{5x} = 2x - 1.$$ ◀

6.3 Brüche addieren und subtrahieren

Beispiel 6.3

Berechnen Sie:

$$5 - \frac{9}{20} - \frac{11}{4}$$

Eine der häufigsten Fehlerquellen beim Rechnen mit Brüchen ist die fehlerhafte Addition und Subtraktion. Die korrekte Addition oder Subtraktion von zwei Brüchen setzt voraus, dass die Nenner beider Brüche gleich sind. Dazu werden die Brüche, wie in → Abschn. 6.2 gezeigt, durch geeignete Erweiterung auf den Hauptnenner gebracht. Erst dann können die Zähler addiert oder subtrahiert werden.

$$\begin{aligned} &5 - \frac{9}{20} - \frac{11}{4} && \mid \text{Hauptnenner } 20 \\ =&\frac{5\cdot 20}{20} - \frac{9}{20} - \frac{11\cdot 5}{4\cdot 5} \\ =&\frac{100}{20} - \frac{9}{20} - \frac{55}{20} \\ =&\frac{100 - 9 - 55}{20} \\ =&\frac{36}{20} && \mid \text{Kürzen mit } 4 \\ =&\frac{9}{5} \end{aligned}$$

Ergebnis 6.3

$$5 - \frac{9}{20} - \frac{11}{4} = \frac{9}{5}$$ ◀

6.4 Brüche multiplizieren und dividieren

Beispiel 6.4

Berechnen Sie:

$$\frac{6x^2}{5} \cdot \frac{10}{3x}$$

Einfacher als die Addition ist die Multiplikation von Brüchen. Dabei werden für das Ergebnis lediglich jeweils die Zähler und die Nenner miteinander multipliziert. Vorteilhaft für das Rechnen ist es, wenn Brüche zuerst so weit wie möglich gekürzt werden.

$$\begin{aligned} &\frac{6x^2}{5} \cdot \frac{10}{3x} \\ =&\frac{6x^2 \cdot 10}{5 \cdot 3x} && \mid \text{Kürzen mit } 5\cdot 3x \neq 0 \\ =&\,2x \cdot 2 \\ =&\,4x \end{aligned}$$

Ergebnis 6.4 Für $x \neq 0$ ist

$$\frac{6x^2}{5} \cdot \frac{10}{3x} = 4x.$$ ◀

Beispiel 6.5

Vereinfachen Sie:

$$\frac{25b}{14a} : \frac{10b}{7a}$$

Die Division zweier Brüche kann man auf die Multiplikation zurückführen. Dafür muss man den **Kehrwert** des zweiten Bruchs (Divisor) bilden, indem man Zähler und Nenner vertauscht.

$$\frac{10b}{7a} \rightarrow \frac{7a}{10b}$$

Anschließend kann der erste Bruch mit dem Kehrwert des zweiten Bruchs multipliziert werden.

$$\begin{aligned} &\frac{25b}{14a} \cdot \frac{7a}{10b} && \mid \text{Kürzen mit } 7\cdot 5\cdot a\cdot b \neq 0 \\ =&\frac{5}{2} \cdot \frac{1}{2} \\ =&\frac{5}{4} \end{aligned}$$

Ergebnis 6.5 Für $a \cdot b \neq 0$ ist

$$\frac{25b}{14a} : \frac{10b}{7a} = \frac{5}{4}.$$ ◀

Beispiel 6.6

Berechnen Sie:

$$\frac{\frac{9}{7}\cdot 3}{4+\frac{7}{8}}$$

Häufig treten in der Mathematik und in Anwendungen sogenannte **Doppelbrüche** auf, hierbei sind im Zähler und/oder im Nenner jeweils weitere Bruchterme. Man kann den eigentlichen Bruch als Division auffassen, sodass Doppelbrüche auf den Fall der Division von zwei Brüchen zurückgeführt werden können (→ Beispiel 6.5).

$$\frac{\frac{9}{7}\cdot 3}{4+\frac{7}{8}} = \frac{\frac{27}{7}}{\frac{39}{8}}$$

$$= \frac{27}{7}\cdot\frac{8}{39} \qquad | \text{ Kürzen mit 3}$$

$$= \frac{9}{7}\cdot\frac{8}{13}$$

$$= \frac{72}{91}$$

Ergebnis 6.6

$$\frac{\frac{9}{7}\cdot 3}{4+\frac{7}{8}} = \frac{72}{91}$$

◂

Aufgaben

6.1 Ordnen Sie die Zahlen der Größe nach:

a) $\frac{7}{20}; \frac{5}{14}; \frac{1}{3}; \frac{13}{35}$

b) $\frac{6}{15}; 336{,}4\cdot 10^{-3}; \frac{39}{100}; 0{,}000194\cdot 2\,000$

6.2 Vereinfachen Sie so weit wie möglich.

a) $-\frac{7}{20}-\frac{1}{20}$

b) $\frac{\frac{4}{9}\cdot 3}{10\cdot\frac{91}{7}}$

c) $\frac{7a+7b}{\frac{a+b}{a-b}}$

d) $\frac{a^3+ab+ac}{ax-by}$

e) $\frac{a^2c+2abc+cb^2}{ac+bc}$

f) $\frac{\frac{a^2y}{b}-\frac{bx^2}{y}}{\frac{a}{b}+\frac{x}{y}}$

6.3 Bringen Sie auf den Hauptnenner.

a) $\frac{10}{3a}-\frac{7}{2b}+\frac{5}{6}$

b) $\frac{9}{x-3}-\frac{-2x}{3y}$

Lösungen zu den Aufgaben

6.1

a) $\frac{1}{3}<\frac{7}{20}<\frac{5}{14}<\frac{13}{35}$

b) $336{,}4\cdot 10^{-3} < 0{,}000194\cdot 2\,000 < \frac{39}{100} < \frac{6}{15}$

6.2

a) $-\frac{7}{20}-\frac{1}{20}=-\frac{2}{5}$

b) $\frac{\frac{4}{9}\cdot 3}{10\cdot\frac{91}{7}}=\frac{2}{195}$

c) $\frac{7a+7b}{\frac{a+b}{a-b}}=7(a-b)$

d) $\frac{a^3+ab+ac}{ax-by}=\frac{a(a^2+b+c)}{ax-by}$

e) $\frac{a^2c+2abc+cb^2}{ac+bc}=a+b$

f) $\frac{\frac{a^2y}{b}-\frac{bx^2}{y}}{\frac{a}{b}+\frac{x}{y}}=ay-bx$

6.3

a) $\frac{10}{3a}-\frac{7}{2b}+\frac{5}{6}=\frac{20b-21a+5ab}{6ab}$

b) $\frac{9}{x-3}-\frac{-2x}{3y}=\frac{2x^2-6x+27y}{3y(x-3)}$

Ausführliche Lösungen zu den Aufgaben finden Sie im Online-Material.

tiny.cc/to5l1y

Prozentrechnung

Ostseestrand Warnemünde. Foto: Marc Zimmermann

Was bedeutet eine Angabe in Prozent?

Wie geht man bei der Kombination von mehreren Prozentsätzen vor?

Wie werden Zinsen berechnet?

Wie werden Zinsen mitverzinst?

Teil II

K. Dürrschnabel et al., *So viel Mathe muss sein!*, https://doi.org/10.1007/978-3-662-57951-0_7

Die Prozentrechnung spielt im Alltags- und Geschäftsleben eine zentrale Rolle. Gewinne und Verluste werden in der Regel prozentual angegeben, im Finanzbereich verwendet man die Prozentrechnung, z. B. bei Zinsberechnungen. In diesem Kapitel wiederholen Sie die wichtigsten Begriffe und Grundlagen der Prozent- und Zinsrechnung.

7.1 Selbsteinschätzung

☐ *Ich kann*
Anteile in Prozent angeben. → *Abschn. 7.2*

Test 7.1

Wie viel Prozent sind 25 von 400 Autos?

☐ *Ich kann*
zu einem gegebenen Prozentwert den Grundwert angeben. → *Abschn. 7.2*

Test 7.2

In einem Parkhaus stehen 31 rote Autos. Das sind ca. 11 % aller dort parkenden Autos. Wie viele Autos parken insgesamt in dem Parkhaus?

☐ *Ich kann*
mehrere verschiedene Prozentsätze zu einem Gesamtprozentsatz verrechnen. → *Abschn. 7.3*

Test 7.3

Ein Aktienkurs steigt im ersten Jahr um 7 %, im zweiten Jahr steigt er um weitere 5 %. Um wie viel Prozent hat sich der Kurs insgesamt über die zwei Jahre verändert?

☐ *Ich kann*
die Zinsen zu einem gegebenen Grundkapital berechnen. → *Abschn. 7.4*

Test 7.4

Wie viele Zinsen erhält man nach einem Jahr bei einem Zinssatz von 3,5 % p. a. auf 2 500 €?

☐ *Ich kann*
Zinserträge über mehrere Jahre mit Verzinsung der Zinsen berechnen. → *Abschn. 7.5*

Test 7.5

Ein Guthaben von 500 € wird über einen Zeitraum von 5 Jahren angelegt und verzinst. Wie viel Geld ist am Ende bei einem Zinssatz von 2,5 % p. a. auf dem Konto?

Ergebnisse der Testaufgaben

7.1 6,25 %

7.2 282 Autos

7.3 Er ist um 12,35 % gestiegen.

7.4 87,50 €

7.5 565,70 €

7.2 Elementare Prozentrechnung

Die Prozentrechnung beschäftigt sich mit Größenverhältnissen, die immer zu einer einheitlichen Grundgesamtheit von Hundert ins Verhältnis gesetzt werden. Prozentwerte werden durch das Prozentzeichen % kenntlich gemacht. Dabei ist 1 % der hundertste Teil eines Grundwerts.

Ein **Prozentsatz** $p\,\%$ gibt immer das Verhältnis eines **Prozentwertes** P zu einem **Grundwert** G an. Es gilt folgender proportionaler Zusammenhang:

Grundgleichung der Prozentrechnung

$$\text{Prozentsatz } p\,\% = \frac{p}{100} = \frac{\text{Prozentwert } P}{\text{Grundwert } G}$$

Beispiel 7.1

Ein Smartphone kostete 2008 noch 500 €. Das Nachfolgemodell kostet heute 950 €. Um wie viel Prozent ist der Preis gestiegen?

Bei Aufgaben zur Prozentrechnung stellt sich zunächst immer die Frage, welche der Größen den Grundwert darstellt. In diesem Fall will man die Veränderung zu 2008 berechnen, also ist der Grundwert 500 €. Der zum Prozentsatz gehörende Betrag ist der Prozentwert. In diesem Beispiel ist das die Preisdifferenz 950 € – 500 € = 450 €. Der Prozentsatz ist damit das Verhältnis der beiden Größen:

$$\frac{450\,€}{500\,€} = \frac{9}{10}$$

Teil II

Da man den Prozentsatz gerne in Prozent, also als Anteil vom Hundert, angeben will, müsste man den entstandenen Quotienten durch Kürzen oder Erweitern auf den Nenner 100 bringen:

$$\frac{9}{10} = \frac{90}{100} = 90 \cdot \frac{1}{100} = 90\,\%$$

Ergebnis 7.1 Der Preis des aktuellen Smartphones ist im Vergleich zu 2008 um 90 % gestiegen. ◀

Beispiel 7.2

Für Lebensmittel hat eine Familie im Mai 341 € ausgegeben. Im Juni hat die Familie für Lebensmittel 327 € ausgegeben.

a) Um wie viel Prozent haben sich die Ausgaben der Familie im Juni im Vergleich zum Mai reduziert?
b) Wie viel Prozent hat die Familie im Mai mehr ausgegeben im Vergleich zum Juni?

a) Es soll die Reduktion im Vergleich zum Monat Mai angegeben werden. Deshalb ist der Grundwert 341 €, da man die Veränderung zum Vormonat Mai berechnen möchte. Der Quotient für das Verhältnis ist somit:

$$\frac{327\,€}{341\,€} \approx 0{,}959 = \frac{95{,}9}{100} = 95{,}9\,\%$$

Das Verhältnis gibt an, dass die Ausgaben im Juni ungefähr 95,9 % des Vormonats Mai entsprechen, die Veränderung ist also die Differenz zu 100 %:

$$100\,\% - 95{,}9\,\% = 4{,}1\,\%$$

b) Das Verhältnis der Mehrausgaben im Vormonat (Mai) im Vergleich zu den Ausgaben im aktuellen Monat (Juni) erhält man, wenn man die Ausgaben des Monats Juni als Grundwert nimmt. Die Ausgaben des Monats Mai legen in dieser Situation den Prozentwert fest. Es ergibt sich:

$$\frac{341\,€}{327\,€} \approx 1{,}043 = \frac{104{,}3}{100} = 104{,}3\,\%$$

Das Verhältnis gibt an, dass die Ausgaben im Mai ungefähr 4,3 % über denen des Monats Juni lagen.

Ergebnis 7.2

a) Die Ausgaben im Juni haben sich um ungefähr 4,1 % zum Monat Mai reduziert.
b) Die Familie hat im Mai im Vergleich zum Juni ungefähr 4,3 % mehr ausgegeben. ◀

Achtung Wie man an diesem Beispiel erkennt, ist es wichtig, dass der Grundwert der jeweiligen Situation entsprechend korrekt gewählt wird. Aufgrund der unterschiedlichen Grundwerte (und Prozentwerte) unterscheiden sich auch die Ergebnisse. ◀

7.3 Verknüpfung von mehreren Prozentsätzen

Beispiel 7.3

Ein Autohändler versucht, mit einer Rabattaktion den Absatz anzukurbeln. Er gibt auf Neuwagen einen Rabatt von 10 %. Wenn der Kunde beim Kauf bar zahlt, erhält dieser nochmals 3 % Skonto auf den rabattierten Verkaufspreis. Wie groß ist der Gesamtrabatt?

Bei der Berechnung des Gesamtrabatts müssen die gegebenen Prozentsätze entweder als Brüche oder als Dezimalzahlen geschrieben werden. Ein Nachlass von 10 % (Rabatt) bedeutet, dass der ursprüngliche reguläre Preis (100 %) um 10 % vermindert wird. Zu bezahlen sind nur noch 90 % des Normalpreises G. Der Prozentwert ist damit:

$$P_1 = G \cdot 90\,\% = G \cdot 0{,}9$$

Da in diesem Beispiel der Prozentwert und der Grundwert nicht gegeben sind, bleiben sie als Variablen stehen. Nun kommt auf den rabattierten Kaufpreis (Prozentwert) noch der Nachlass von 3 % Skonto, d. h., der Preis wird nochmals reduziert. Man zahlt also nur 97 % des reduzierten Verkaufspreises:

$$P_2 = P_1 \cdot 0{,}97 = (G \cdot 0{,}9) \cdot 0{,}97$$

Da die Multiplikation assoziativ ist, kann man auch zuerst die beiden Dezimalzahlen miteinander multiplizieren:

$$P_2 = G \cdot (0{,}9 \cdot 0{,}97) = G \cdot 0{,}873$$

Der Preis des Autos entspricht bei Barzahlung also dem 0,873-Fachen des Normalpreises, dies entspricht einem Prozentsatz von 87,3 %. Die Gesamtreduktion ist damit

$$100\,\% - 87{,}3\,\% = 12{,}7\,\%.$$

Ergebnis 7.3 Der Gesamtrabatt beträgt 12,7 % gegenüber dem regulären Preis. ◀

7.4 Zinsrechnung

Beispiel 7.4

Eine Bank gewährt Ihnen einen Kredit in Höhe von 5 000 € über ein Jahr. Am Ende der Laufzeit müssen Sie den Kreditbetrag und 11,5 % Zinsen zurückzahlen. Wie viel müssen Sie insgesamt zurückzahlen?

Die Summe, die zurückgezahlt werden muss, kann mithilfe der Formel zur Prozentrechnung berechnet werden. Statt des Prozentwertes ist hier die gesuchte Größe der Gesamtbetrag, bestehend aus dem Kredit und den Zinsen nach einem Jahr Laufzeit.

$$K_{\text{Ges}} = K_0 + K_0 \cdot \frac{11{,}5}{100} = K_0 \cdot \left(1 + \frac{11{,}5}{100}\right)$$
$$= 5\,000\,€ \cdot 1{,}115 = 5\,575{,}00\,€$$

Wahlweise hätte man auch zunächst die anfallenden Zinsen $Z = 5\,000\,€ \cdot 0{,}115$ separat berechnen und anschließend zum Kreditbetrag addieren können.

Ergebnis 7.4 Der gesamte zurückzuzahlende Betrag beläuft sich auf 5 575 €. ◀

7.5 Zinseszinsrechnung

Bei der Zinseszinsrechnung werden im Unterschied zur einfachen Zinsrechnung die Zinsen bei nachfolgenden Zinsberechnungen mitverzinst, z. B., wenn die Laufzeit länger als ein Jahr ist.

Beispiel 7.5

Ein Kredit wird mit einer Laufzeit von 7 Jahren über 10 000 € abgeschlossen. Der Zinssatz beträgt zunächst 3,8 % pro Jahr, nach 5 Jahren sinkt er auf 3,5 % pro Jahr. Der Kreditnehmer möchte den Kredit am Ende der Laufzeit komplett ablösen. Wie viel muss er nach 7 Jahren insgesamt zurückzahlen?

Die Zinsen können zu jedem Jahr neu berechnet und jeweils zum Kapital addiert werden. Dies ist aber sehr zeitaufwendig und umständlich. Letztendlich ist dieser Fall ähnlich zu mehreren Rabatten bei der Prozentrechnung in → Abschn. 7.3, man kann die jeweiligen Wachstumsfaktoren (1 + Zinssatz) miteinander multiplizieren:

$$K_{\text{Ges}} = K_0 \cdot 1{,}038 \cdot 1{,}038 \cdot 1{,}038 \cdot 1{,}038 \cdot 1{,}038 \cdot 1{,}035 \cdot 1{,}035$$
$$= 10\,000\,€ \cdot 1{,}0385^5 \cdot 1{,}0352^2 \approx 12\,908{,}25\,€$$

Ergebnis 7.5 Nach 7 Jahren muss der Kreditnehmer insgesamt 12 908,25 € zurückzahlen. ◀

Aufgaben

7.1 Berechnen Sie jeweils den fehlenden Wert (Grundwert, Prozentwert oder Prozentsatz).

Grundwert	10 %	25 %	50 %		120 %
50				30	
100					
		40			
200				120	

7.2 Ein Händler gewährt bei Barzahlung 3 % Skonto. Wie hoch ist der nachgelassene Betrag, wenn der ursprüngliche Preis 46 351,46 € beträgt?

7.3 Ein Artikel hat einen Einkaufspreis von 559 €. Er wird für 779 € im Laden verkauft. Wie hoch ist der prozentuale Gewinn des Verkäufers pro Artikel?

7.4 Für eine um 8 % rabattierte Ware zahlt man 432,70 €. Wie viel hat die Ware vor der Rabattierung gekostet?

7.5 Gegeben ist ein Quadrat mit der Seitenlänge 4 cm. Jede Seite wird um jeweils 2 cm verlängert, sodass ein Quadrat mit der Seitenlänge 6 cm entsteht. Um wie viel Prozent nimmt die Fläche zu? Schätzen Sie zuerst und überprüfen Sie dann mit einer Rechnung. Stellen Sie eine Formel auf, mit der Sie für jedes Quadrat und jede entsprechende Vergrößerung den prozentualen Anteil der Vergrößerung berechnen können. *Hinweis: Eine Zeichnung kann helfen.*

7.6 Ein Ladeninhaber möchte eine Aktion mit Gutscheinen im Wert von 10 € durchführen. Um den höchsten Preis für eine 200 € teure Spielkonsole zu erzielen, sollte er den Gutschein vor einem 15 %- Rabatt zulassen oder danach?

7.7 Berechnen Sie jeweils den fehlenden Wert (Grundwert, Prozentwert oder Prozentsatz).

Jahr	Kontostand Jahresbeginn	Zinssatz	Zinsen	Kontostand Jahresende
1	1 000,00 €			1 030,00 €
2	1 030,00 €	3,5 %		
3		2,0 %		
4			35,88 €	
5				1 179,41 €

7.8 Ein Kapital wird 10 Jahre lang auf einem Sparkonto angelegt. In den ersten 5 Jahren liegt der Zinssatz bei 2,7 %, die nächsten 3 Jahre bekommt man 3,1 % und in den letzten 2 Jahren nur noch 2,6 %. Wie groß muss das Anfangskapital sein, damit man nach 10 Jahren mindestens 5 000 € auf dem Konto hat (Zinsen werden verzinst)? Geben Sie zudem den Zinssatz an, den man durchschnittlich in jedem Jahr über die 10 Jahre bekommt.

Lösungen zu den Aufgaben

7.1

Grundwert	10 %	25 %	50 %	60 %	120 %
50	5	12,5	25	30	60
100	10	25	50	60	120
160	16	40	80	96	192
200	20	50	100	120	240

7.2 1 390,54 €. Die Gewährung eines Skontos ist als ein Rabatt zu sehen, folglich erhält man als Prozentsatz hier $p\,\% = 0{,}97$.

7.3 Ca. 39,4 %. Es sind Prozent- und Grundwert gegeben, wobei der Grundwert hier 559 € ist.

7.4 470,33 € ist der gesuchte Grundwert.

7.5 Die Fläche vergrößert sich um 125 %, die Fläche ist also mehr als doppelt so groß. Allgemein gilt: Die Fläche eines Ausgangsquadrats mit der Seitenlänge a nimmt bei einer Verlängerung um x um

$$\frac{2ax + x^2}{a^2}$$

zu.

7.6 Für den Ladeninhaber ist es besser, zuerst den Gutschein zuzulassen, weil dann der Rabatt vom niedrigeren Grundpreis berechnet wird. Es müssen beide Fälle mit der unterschiedlichen Reihenfolge der Rabatte berechnet und dann verglichen werden.

7.7

Jahr	Kontostand Jahresbeginn	Zinssatz	Zinsen	Kontostand Jahresende
1	1 000,00 €	3,0 %	30,00 €	1 030,00 €
2	1 030,00 €	3,5 %	36,05 €	1 066,05 €
3	1 066,05 €	2,0 %	21,32 €	1 087,37 €
4	1 087,37 €	3,3 %	35,88 €	1 123,25 €
5	1 123,25 €	5,0 %	56,16 €	1 179,41 €

7.8 Das Anfangskapital muss mindestens 3 793,56 € betragen. Die für die Berechnung benötigte Gleichung lautet

$$5\,000\,€ = x \cdot 1{,}027^5 \cdot 1{,}031^3 \cdot 1{,}026^2.$$

Der durchschnittliche Jahreszins über die 10 Jahre berechnet sich über

$$3\,793{,}56 \cdot (1 + p)^{10} = 5\,000$$

zu $p = 2{,}8\,\%$.

Ausführliche Lösungen zu den Aufgaben finden Sie im Online-Material.

tiny.cc/to5l1y

Potenzen und Wurzeln

Reiskornparabel. Foto: Rüdiger Lunde

Welche Regeln gelten beim Rechnen mit Potenzen?

Wie rechnet man mit Wurzeltermen?

Wie können Wurzeln auf Potenzen zurückgeführt werden?

K. Dürrschnabel et al., *So viel Mathe muss sein!*, https://doi.org/10.1007/978-3-662-57951-0_8

Neben den Grundrechenarten sind Potenzen und Wurzeln häufige Rechenoperationen in der Mathematik. In diesem Abschnitt wiederholen Sie die wichtigsten Rechenregeln der Potenz- und Wurzelrechnung.

8.1 Selbsteinschätzung

☐ *Ich kann*
mit Potenzen rechnen. *→ Abschn. 8.2*

Test 8.1

Vereinfachen Sie:

$$\left(6x^3\right)^2 + x^{-2}\left(2x^2\right)^4$$

☐ *Ich kann*
mit Wurzeltermen umgehen. *→ Abschn. 8.3*

Test 8.2

Vereinfachen Sie:

$$\sqrt{8x^7} \cdot \sqrt{\frac{2}{x^3}}$$

☐ *Ich kann*
Wurzeln als Potenzen schreiben. *→ Abschn. 8.3*

Test 8.3

Vereinfachen Sie für $k > 0$:

$$\sqrt[4]{k^2} : \sqrt{k^4}$$

Ergebnisse der Testaufgaben

8.1 $52x^6$

8.2 $4x^2$

8.3 $k^{\frac{2}{4}} \cdot k^{\frac{-4}{2}} = k^{-\frac{3}{2}} = \frac{1}{\sqrt{k^3}}$

8.2 Rechnen mit Potenzen

Die mehrfache Addition eines Terms mit sich selbst kann mit der Schreibweise der Multiplikation verkürzt dargestellt werden. In gleicher Weise kann die mehrfache Multiplikation eines Terms mit sich selbst durch **Potenzen** des Terms dargestellt werden, etwa $x \cdot x \cdot x \cdot x \cdot x = x^5$. Bei dieser Schreibweise bezeichnet man das x als **Basis** der Potenz, die Hochzahl (hier 5) ist der **Exponent** der Potenz.

Das Wurzelziehen ist die Umkehroperation des Potenzierens, ähnlich wie die Division die Umkehroperation zur Multiplikation ist. Viele Terme können mithilfe der Rechenregeln für Potenzen und Wurzeln deutlich vereinfacht werden.

Nachfolgende Rechenregeln gelten für das Rechnen mit Potenzen. Aufgrund der Tatsache, dass Potenzen auf die Multiplikation bzw. Division zurückgeführt werden können, können Regeln für die Multiplikation bzw. Division von Potenzen mit gleichen Basen sowie Potenzen mit gleichen Exponenten formuliert werden.

Potenzgesetze

Potenzgesetz der Multiplikation/Division bei gleicher Basis

$$a^p \cdot a^q = a^{p+q}$$
$$\frac{a^p}{a^q} = a^{p-q}$$

Potenzgesetz der Multiplikation/Division bei gleichem Exponenten

$$(a \cdot b)^p = a^p \cdot b^p$$
$$\left(\frac{a}{b}\right)^p = \frac{a^p}{b^p}$$

Potenzgesetz des Potenzierens

$$(a^p)^q = a^{p \cdot q}$$

Beispiel 8.1

Vereinfachen Sie:

$$\left(2x^2 \cdot x\right)^2 \cdot x^{-5}$$

Generell gilt, dass zunächst Potenzen vor der Multiplikation oder Division ausgeführt werden und damit auch vor einer Addition. Beispielsweise ist $2 \cdot x^2$ als $2 \cdot (x^2)$ zu verstehen. In unserem Beispiel muss zunächst der erste Klammerterm vereinfacht werden.

$$\begin{aligned}
& \left(2x^2 \cdot x\right)^2 \cdot x^{-5} && \mid \text{Potenzges. Mult. gleiche Basis} \\
= & \left(2x^{2+1}\right)^2 \cdot x^{-5} \\
= & \left(2x^3\right)^2 \cdot x^{-5} && \mid \text{Potenzges. Mult. gleicher Exponent} \\
= & \left(2^2 \cdot (x^3)^2\right) \cdot x^{-5} && \mid \text{Potenzges. des Potenzierens} \\
= & \left(2^2 \cdot x^{3 \cdot 2}\right) \cdot x^{-5} \\
= & \left(4 \cdot x^6\right) \cdot x^{-5} && \mid \text{Assoziativgesetz} \\
= & \, 4 \cdot \left(x^6 \cdot x^{-5}\right)
\end{aligned}$$

Die Exponenten können entweder formal addiert werden, d. h., im konkreten Fall werden die Exponenten 6 und -5 addiert. Alternativ kann man Potenzen mit negativen Exponenten auch als

Kehrwert der Basis mit positivem Exponenten schreiben. Es ergibt sich:

$$\begin{aligned} &4\left(x^6 \cdot x^{-5}\right) \\ &= 4 \cdot \frac{x^6}{x^5} && \mid \text{Potenzges. Div. gleiche Basis} \\ &= 4 \cdot x^{6-5} \\ &= 4x \end{aligned}$$

Bei diesem Beispiel ist zu beachten, dass der gegebene Term durch den negativen Exponenten für $x = 0$ nicht definiert ist.

Ergebnis 8.1 Für $x \neq 0$ ist

$$\left(2x^2 \cdot x\right)^2 \cdot x^{-5} = 4x.$$

◀

8.3 Rechnen mit Wurzeln

Das Ziehen einer **Wurzel** ist die Umkehroperation des Potenzierens. Für $a, b \geq 0$ und natürliches $m \geq 1$ gilt

$$b = \sqrt[m]{a} \quad \Leftrightarrow \quad a = b^m.$$

Wurzeln können nur aus Zahlen ≥ 0 gezogen werden und sind immer ≥ 0.

Es gelten dieselben Rechenregeln wie für Potenzen. Wurzeln können auch als Potenzen mit Quotienten im Exponenten geschrieben werden.

Wurzeln in Potenzschreibweise

$$\sqrt[m]{a^n} = a^{\frac{n}{m}}, \quad a \geq 0$$

Beispiel 8.2

Vereinfachen Sie für $a, b \geq 0$:

$$\sqrt{\sqrt[3]{a^2} \cdot \sqrt[6]{b^4}}$$

Es gilt:

$$\begin{aligned} &\sqrt{\sqrt[3]{a^2} \cdot \sqrt[6]{b^4}} && \mid \text{Umschreiben als Potenz} \\ &= \left(a^{\frac{2}{3}}\right)^{\frac{1}{2}} \cdot b^{\frac{4}{6}} && \mid \text{Potenzgesetz des Potenzierens} \\ &= a^{\frac{2}{6}} \cdot b^{\frac{4}{6}} && \mid \text{Kürzen des Exponenten} \\ &= a^{\frac{1}{3}} \cdot b^{\frac{2}{3}} && \mid \text{Umschreiben als Wurzel} \\ &= \sqrt[3]{a} \cdot \sqrt[3]{b^2} \\ &= \sqrt[3]{a \cdot b^2} \end{aligned}$$

Ergebnis 8.2

$$\sqrt{\sqrt[3]{a^2} \cdot \sqrt[6]{b^4}} = \sqrt[3]{a \cdot b^2}$$

◀

Achtung Brüche in den Exponenten können zwar prinzipiell gekürzt und erweitert werden. In den reellen Zahlen kann es jedoch immer passieren, dass dadurch Terme entstehen, die nicht mehr definiert sind. Folgendes Beispiel für $a \geq 0$ soll dieses verdeutlichen:

$$\begin{aligned} &\sqrt[4]{a^2} && \mid \text{Umschreiben als Potenz} \\ &= a^{\frac{2}{4}} && \mid \text{Kürzen des Exponenten} \\ &= a^{\frac{1}{2}} \\ &= \sqrt{a} \end{aligned}$$

Wäre a zu Beginn nicht auf positive Zahlenwerte eingeschränkt worden, könnte die Variable auch negative Zahlenwerte annehmen. Der Ursprungsterm $\sqrt[4]{a^2}$ kann für jeden Wert von a ohne Probleme berechnet werden, da durch das Quadrieren die Zahl unter der Wurzel (Radikand) immer positiv ist. Dagegen kann der umgeformte Term $\sqrt{a}$ für negative Zahlenwerte nicht berechnet werden, da der Radikand negativ und die Wurzel nicht mehr definiert ist. Die Umformung ist in diesem Beispiel dann nicht mehr zulässig. ◀

Achtung Es gilt

$$\sqrt{a^2} = |a|.$$

◀

Aufgaben

8.1 Berechnen Sie:

a) $8^{\frac{2}{3}}$

b) $\left(\frac{2}{5}\right)^2 : \left(\frac{5}{2}\right)^2$

c) $4^3 \cdot \sqrt[3]{64} : 8^{-\frac{1}{3}}$

d) $\frac{\sqrt[3]{56}}{\sqrt[3]{7}}$

8.2 Vereinfachen Sie so weit wie möglich.

a) $a^{-2} : a^{-4}$

b) $\left(\frac{x^2 \cdot y}{n \cdot m^3}\right)^3 : \left(\frac{x \cdot y^2}{n^2 \cdot m^2}\right)^4$

c) $\left(\frac{\sqrt[3]{4x^2}}{\sqrt{x^3}}\right)^{-2}$

d) $\frac{\sqrt{v} \cdot \sqrt[4]{v^3}}{\sqrt[4]{v}}$

Teil II

8.3 Formen Sie so um, dass im Nenner keine Wurzeln mehr stehen.

a) $\frac{5}{\sqrt{7}}$

b) $\frac{\sqrt{5}}{\sqrt{5}-\sqrt{3}}$

c) $\frac{2}{\sqrt[3]{4}}$

d) $\frac{\sqrt{n}-\sqrt{m}}{\sqrt{n}+\sqrt{m}}$

Lösungen zu den Aufgaben

8.1

a) $8^{\frac{2}{3}} = 4$

b) $\left(\frac{2}{5}\right)^2 : \left(\frac{5}{2}\right)^2 = \frac{16}{625}$

c) $4^3 \cdot \sqrt[3]{64} : 8^{-\frac{1}{3}} = 4^3 \cdot 4 \cdot \sqrt[3]{8} = 512$

d) $\frac{\sqrt[3]{56}}{\sqrt[3]{7}} = \frac{\sqrt[3]{7}\sqrt[3]{8}}{\sqrt[3]{7}} = 2$

8.2

a) $a^{-2} : a^{-4} = a^{-2} \cdot a^4 = a^2$

b) $\left(\frac{x^2 \cdot y}{n \cdot m^3}\right)^3 : \left(\frac{x \cdot y^2}{n^2 \cdot m^2}\right)^4 = \left(\frac{x^2 \cdot y}{n \cdot m^3}\right)^3 \cdot \left(\frac{n^2 \cdot m^2}{x \cdot y^2}\right)^4 = \frac{x^6 \cdot y^3}{n^3 \cdot m^9} \cdot \frac{n^8 \cdot m^8}{x^4 \cdot y^8} = \frac{x^2 \cdot n^5}{y^5 \cdot m}$

c) $\left(\frac{\sqrt[3]{4x^2}}{\sqrt{x^3}}\right)^{-2} = \left(\frac{\sqrt{x^3}}{\sqrt[3]{4x^2}}\right)^2 = \frac{x^3}{(4x^2)^{\frac{2}{3}}} = \frac{x^{\frac{9}{3}}}{(16x^4)^{\frac{1}{3}}} = \sqrt[3]{\frac{x^5}{16}}$ für alle $x \geq 0$

d) $\frac{\sqrt{v} \cdot \sqrt[4]{v^3}}{\sqrt[4]{v}} = v$; Hinweis: Umschreiben der Wurzeln in Potenzen

8.3

a) $\frac{5}{\sqrt{7}} = \frac{5}{7}\sqrt{7}$

b) $\frac{\sqrt{5}}{\sqrt{5}-\sqrt{3}} = \frac{5+\sqrt{15}}{2}$; Hinweis: 3. binomische Formel

c) $\frac{2}{\sqrt[3]{4}} = \sqrt[3]{2}$; Hinweis: Umschreiben der Wurzeln in Potenzen

d) $\frac{\sqrt{n}-\sqrt{m}}{\sqrt{n}+\sqrt{m}} = \frac{n-2\sqrt{mn}+m}{n-m}$; Hinweis: 3. binomische Formel

Ausführliche Lösungen zu den Aufgaben finden Sie im Online-Material.

tiny.cc/to5l1y

Gleichungen mit einer Variablen

Spezielle Konstellationen der Uhrzeiger. Foto: Wolfgang Erben

Welche Bedeutung haben Äquivalenzumformungen?

Welche Arten von Umformungen gibt es?

Unter welchen Bedingungen sind sie anwendbar?

Wie kann eine geeignete Lösungsmethode gefunden werden?

K. Dürrschnabel et al., *So viel Mathe muss sein!*, https://doi.org/10.1007/978-3-662-57951-0_9

In diesem Kapitel wiederholen Sie, wie Gleichungen mit einer Variablen durch Äquivalenz- und Termumformungen gelöst werden können. Solche Umformungen verändern nämlich die Lösungsmenge der Gleichung nicht. Darüber hinaus reflektieren Sie die Bedingungen, unter denen die Umformungen möglich sind, und können am Ende des Kapitels entscheiden, welche Lösungsverfahren sinnvoll anwendbar sind.

9.1 Selbsteinschätzung

☐ *Ich kann*
lineare Gleichungen lösen. → *Abschn. 9.2*

Test 9.1

Lösen Sie:

$$2(x+3) = 8 - x$$

☐ *Ich kann*
quadratische Gleichungen lösen. → *Abschn. 9.3*

Test 9.2

Bestimmen Sie die Lösungsmenge von

$$3x^2 + 12x = 15.$$

☐ *Ich kann*
Exponentialgleichungen lösen. → *Abschn. 9.4*

Test 9.3

Für welche x ist

$$4e^x = 1?$$

☐ *Ich kann*
Gleichungen durch Faktorisieren lösen. → *Abschn. 9.5*

Test 9.4

Lösen Sie:

$$2x^3 - 8x = 0$$

☐ *Ich kann*
Wurzelgleichungen lösen. → *Abschn. 9.6*

Test 9.5

Lösen Sie:

$$\sqrt{2x+5} - 1 = x$$

☐ *Ich kann*
einfache Betragsgleichungen lösen. → *Abschn. 9.7*

Test 9.6

Lösen Sie:

$$|2x - 5| = 3$$

☐ *Ich kann*
Gleichungen durch Substitution lösen. → *Abschn. 9.8*

Test 9.7

Lösen Sie:

$$2x^4 - 3x^2 - 5 = 0$$

☐ *Ich kann*
(beim Lösen von Gleichungen) die verwendeten Umformungen benennen. → *Abschn. 9.2*

Test 9.8

Lösen Sie die Gleichung

$$(x-1)^3 = 8$$

und benennen Sie die jeweils verwendeten Äquivalenzumformungen.

Ergebnisse der Testaufgaben

9.1 $x = \frac{2}{3}$

9.2 Die Lösungsmenge ist $L = \{-5; 1\}$.

9.3 $x = \ln(\frac{1}{4}) = -2\ln(2)$

9.4 $x \in \{-2; 0; 2\}$

9.5 $x = 2$

9.6 $x \in \{1; 4\}$

9.7 $x = \pm\frac{1}{2}\sqrt{10}$

9.8 $x = 3$ (erst $\sqrt[3]{\ }$, dann $+1$)

9.2 Lineare Gleichungen

Neben **Termumformungen**, also Umformungen einer Gleichungsseite für sich, bilden **Äquivalenzumformungen** die wesentlichsten Schritte zum Lösen einer Gleichung. Besonders häufig wird das Addieren (oder Subtrahieren) desselben Ausdrucks auf beiden Seiten benötigt. Beim Multiplizieren und Dividieren ist Vorsicht geboten.

Achtung Es versteht sich von selbst, dass durch 0 nicht dividiert werden darf. Aber auch die Multiplikation mit 0 ist keine äquivalente Umformung. ◀

Beispiel 9.1

Paul ist 15 und seine Mutter 40 Jahre alt. In wie viel Jahren wird Paul halb so alt sein wie seine Mutter?

Zunächst muss man eine Gleichung aufstellen. Wir bezeichnen die Anzahl von Jahren, bis Paul halb so alt ist wie seine Mutter, mit x. Damit ergibt sich eine lineare Gleichung.

$$15 + x = \frac{1}{2}(40 + x)$$

Ziel ist es, diese Gleichung in eine Gleichung der Form $x = \ldots$ zu überführen, die die Lösung der Ausgangsgleichung anzeigt. Neben der Gleichung kann die verwendete Äquivalenzumformung angegeben werden. Die **Multiplikation beider Seiten mit einer Zahl $\neq 0$** führt zu:

$$\begin{aligned} & 15 + x = \frac{1}{2}(40 + x) \qquad && \mid \cdot \mathbf{2} \\ \Leftrightarrow\ & 30 + 2x = 40 + x \end{aligned}$$

Addieren desselben Terms auf beiden Seiten (hier: $-x - 30$) liefert:

$$\begin{aligned} & 30 + 2x = 40 + x \qquad && \mid -\boldsymbol{x} - \mathbf{30} \\ \Leftrightarrow\ & x = 10 \end{aligned}$$

Ergebnis 9.1 In zehn Jahren ist Paul 25, seine Mutter 50 Jahre alt. Paul ist dann genau halb so alt wie seine Mutter. ◀

Beispiel 9.2

Um 6 Uhr bilden Stunden- und Minutenzeiger eine gerade Linie. Das Bild zu Beginn des Kapitels zeigt, dass dies auch zu anderen Zeiten gilt. Bestimmen Sie eine davon auf die Minute gerundet.

Um 6:00 (bzw. 18:00) ist die Bedingung erfüllt. Ist t die Zeitdifferenz in Minuten, bis dies wieder geschieht, bewegt sich der Stundenzeiger um $\frac{t}{12}$ auf der Minutenskala weiter. Der Minutenzeiger muss zusätzlich einmal ganz herum (60 Minuten). Es gilt also:

$$\begin{aligned} & t = \frac{t}{12} + 60 \\ \Leftrightarrow\ & \frac{11}{12}t = 60 \\ \Leftrightarrow\ & t = \frac{12}{11} \cdot 60 = 60 + \frac{1}{11} \cdot 60 \\ \Leftrightarrow\ & t = 60 + 5 + \frac{5}{11} \end{aligned}$$

Ergebnis 9.2 Nach 6:00 ist die gewünschte Konstellation wieder um ca. 7:05 gegeben. (Vor 6:00 war es zuletzt um ca. 4:55 der Fall.) ◀

9.3 Quadratische Gleichungen

Zum Lösen einer quadratischen Gleichung ist eine Lösungsformel hilfreich. Zur Wahl stehen die abc- und die pq-Formel. An Hochschulen wird häufig die universellere ***abc*-Formel** verwendet.

***abc*-Formel**

Die Lösungen der Gleichung $ax^2 + bx + c = 0$ mit $a \neq 0$ sind:

$$x_{1,2} = \frac{-b \pm \sqrt{b^2 - 4ac}}{2a}$$

Achtung Wird der Ausdruck unter der Wurzel 0, dann gibt es nur eine Lösung. Ist der Ausdruck gar negativ, ist die quadratische Gleichung in den reellen Zahlen unlösbar. ◀

Beispiel 9.3

Lösen Sie folgende Gleichungen:

a) $2x^2 = 2 - 3x$
b) $2x^2 + 6x - 14 = 6$
c) $5 - 4x + x^2 = 0$

a) Vor der Anwendung der Lösungsformel muss die Form $ax^2 + bx + c = 0$ hergestellt werden:

$$\begin{aligned} & 2x^2 = 2 - 3x \qquad && \mid -2 + 3x \\ \Leftrightarrow\ & 2x^2 + 3x - 2 = 0 \end{aligned}$$

Die quadratische Gleichung besitzt die beiden Lösungen:

$$\begin{aligned} x_{1,2} &= \frac{-3 \pm \sqrt{3^2 - 4 \cdot 2 \cdot (-2)}}{2 \cdot 2} \\ &= \frac{-3 \pm \sqrt{25}}{4} = \frac{-3 \pm 5}{4} \end{aligned}$$

Teil II

b) Enthalten die Koeffizienten a, b, c einen gemeinsamen Faktor, sollte vorab durch diesen dividiert werden:

$$\begin{aligned} & 2x^2 + 6x - 14 = 6 && \mid -6 \\ \Leftrightarrow\quad & 2x^2 + 6x - 20 = 0 && \mid :2 \\ \Leftrightarrow\quad & x^2 + 3x - 10 = 0 \end{aligned}$$

Die Gleichung besitzt die beiden Lösungen:

$$\begin{aligned} x_{1,2} &= \frac{-3 \pm \sqrt{3^2 - 4 \cdot 1 \cdot (-10)}}{2} \\ &= \frac{-3 \pm \sqrt{9 + 40}}{2} = \frac{-3 \pm 7}{2} \end{aligned}$$

c) Zur Vermeidung von Flüchtigkeitsfehlern ist die Notation in der *richtigen* Reihenfolge zu empfehlen:

$$x^2 - 4x + 5 = 0$$

Für die Lösungen ergibt sich:

$$\begin{aligned} x_{1,2} &= \frac{4 \pm \sqrt{(-4)^2 - 4 \cdot 1 \cdot 5}}{2} \\ &= \frac{4 \pm \sqrt{16 - 20}}{2} = \frac{4 \pm \sqrt{-4}}{2} \end{aligned}$$

Ergebnis 9.3 In a) und b) gibt es je zwei Lösungen, bei a) -2 und $\frac{1}{2}$, bei b) -5 und 2. Die Gleichung c) ist unlösbar. ◀

Die Wahl der Lösungsformel (abc oder pq) ist prinzipiell egal und weitgehend Geschmackssache. Eine absolut sichere Beherrschung der jeweiligen Formel ist aber unbedingt notwendig, weil sehr viele Berechnungen letztlich in eine quadratische Gleichung münden. In den Online-Materialien finden Sie weitere Beispiele zur Lösung quadratischer Gleichungen, für Liebhaber der pq-Formel in vergleichender Betrachtung der beiden Formeln.

tiny.cc/to5l1y

Bei Anwendungen sind mathematische Gleichungen im Normalfall nicht vorgegeben. Sie müssen aus der Problemstellung erst entwickelt werden. Bei der Lösung stellt dies so gut wie immer die größte Hürde dar, weil dazu Kenntnisse aus dem Anwendungsumfeld benötigt werden. Im folgenden Beispiel geht es um Bewegungen mit konstanter Geschwindigkeit v (sogenannte „gleichförmige Bewegungen"). Aus der Physik benötigt wird das Gesetz, dass dabei die zurückgelegte Strecke s zur verstrichenen Zeit t proportional ist: $s = v \cdot t$.

Beispiel 9.4

Ein Donau-Schiff fährt mit konstanter Eigengeschwindigkeit von Dürnstein zum 4 km entfernten Ort Krems und wieder zurück. Welche Eigengeschwindigkeit muss das Schiff bei einer Strömungsgeschwindigkeit von 9 km/h haben, damit die gesamte Fahrzeit 50 Minuten beträgt?

s sei die (einfache) Entfernung, v_w die Strömungsgeschwindigkeit, $v > v_w$ die Eigengeschwindigkeit des Schiffes, t die gesamte Fahrzeit. t_1 und t_2 seien die Fahrzeiten in den beiden Richtungen. Dann ist:

$$\begin{aligned} & s = (v + v_w)t_1, \quad s = (v - v_w)t_2 \\ \Rightarrow\quad & t = t_1 + t_2 = \frac{s}{v + v_w} + \frac{s}{v - v_w} \end{aligned}$$

Da t (50 min), s (4 km) und v_w (9 km/h) bekannt sind, kann v ermittelt werden.

$$\begin{aligned} & t = \frac{s}{v + v_w} + \frac{s}{v - v_w} && \mid \cdot (v^2 - v_w^2) \\ \Leftrightarrow\quad & t(v^2 - v_w^2) = s(v - v_w) + s(v + v_w) \\ \Leftrightarrow\quad & t(v^2 - v_w^2) = 2sv \\ \Leftrightarrow\quad & tv^2 - tv_w^2 = 2sv \\ \Leftrightarrow\quad & tv^2 - 2sv - tv_w^2 = 0 \\ \Leftrightarrow\quad & v = \frac{2s \pm \sqrt{4s^2 + 4t^2v_w^2}}{2t} \\ \Leftrightarrow\quad & v = \frac{s}{t} \pm \sqrt{\left(\frac{s}{t}\right)^2 + v_w^2} \end{aligned}$$

v muss positiv sein, deshalb ist:

$$v = \frac{s}{t} + \sqrt{\left(\frac{s}{t}\right)^2 + v_w^2}$$

Mit den vorgegebenen Werten ergibt sich:

$$\begin{aligned} \frac{s}{t} &= \frac{4\,\text{km}}{\frac{5}{6}\,\text{h}} = \frac{24}{5}\,\frac{\text{km}}{\text{h}}, \\ v &= \left(\frac{24}{5} + \sqrt{\left(\frac{24}{5}\right)^2 + 9^2}\right)\frac{\text{km}}{\text{h}} \\ &= \left(\frac{24}{5} + \frac{51}{5}\right)\frac{\text{km}}{\text{h}} = 15\,\frac{\text{km}}{\text{h}} \end{aligned}$$

Ergebnis 9.4 Die Eigengeschwindigkeit des Schiffes muss 15 km/h betragen. ◀

9.4 Einfache Exponentialgleichungen

Weitere wichtige Äquivalenzumformungen sind **Logarithmieren** und **Exponieren**. Entscheidend dabei ist die Beziehung

$$e^x = a \quad \Leftrightarrow \quad x = \ln(a).$$

Durch Logarithmieren kann man also nach dem Exponenten auflösen.

Beispiel 9.5

Bestimmen Sie die Lösungen folgender Gleichungen.

a) $4e^{-x^2} = 3$ b) $4e^{-x^2} = 5$

a)

$$\begin{aligned} & 4e^{-x^2} = 3 && \mid :4 \\ \Leftrightarrow\ & e^{-x^2} = \frac{3}{4} && \mid \ln \\ \Leftrightarrow\ & -x^2 = \ln\left(\frac{3}{4}\right) && \mid \cdot(-1) \\ \Leftrightarrow\ & x^2 = -\ln\left(\frac{3}{4}\right) \end{aligned}$$

Wegen $\frac{3}{4} < 1$ ist $\ln\left(\frac{3}{4}\right) < 0$, und es gibt die beiden Lösungen

$$x_{1,2} = \pm\sqrt{-\ln\left(\frac{3}{4}\right)}.$$

b)

$$\begin{aligned} & 4e^{-x^2} = 5 && \mid :4 \\ \Leftrightarrow\ & e^{-x^2} = \frac{5}{4} && \mid \ln \\ \Leftrightarrow\ & -x^2 = \ln\left(\frac{5}{4}\right) && \mid \cdot(-1) \\ \Leftrightarrow\ & x^2 = -\ln\left(\frac{5}{4}\right) \end{aligned}$$

Wegen $\frac{5}{4} > 1$ ist $\ln(\frac{5}{4}) > 0$, und es gibt keine Lösung.

Ergebnis 9.5 Gleichung a) besitzt die zwei Lösungen $\pm\sqrt{-\ln\left(\frac{3}{4}\right)}$, Gleichung b) gar keine. ◀

9.5 Faktorisieren

Beispiel 9.6

Bestimmen Sie die Lösungsmenge der Gleichung

$$x^4 - x^2 = 0.$$

Das **Ausklammern** eines gemeinsamen Faktors (hier x^2) ist eine wichtige Technik zum Lösen von Gleichungen:

$$x^4 - x^2 = 0 \quad \Leftrightarrow \quad x^2(x^2 - 1) = 0$$

Ein Produkt ist genau dann gleich null, wenn einer der Faktoren null ist (**Satz vom Nullprodukt**). Im vorliegenden Fall ist das Produkt $x^2 \cdot (x^2 - 1)$ dann null, wenn x^2 oder $(x^2 - 1)$ gleich null ist. Ersteres ist der Fall für $x = 0$, Zweiteres für $x^2 = 1$, also $x = \pm 1$.

Ergebnis 9.6 Die Lösungsmenge ist

$$L = \{-1; 0; 1\}.$$ ◀

Zum Faktorisieren besonders einfacher quadratischer Gleichungen finden Sie im Online-Material den Satz von Vieta.

tiny.cc/to5l1y

9.6 Wurzelgleichungen

Das Lösen von Wurzelgleichungen erfordert häufig **Quadrieren**.

Achtung Quadrieren erweist sich als sehr gefährlich. Im Allgemeinen ist das keine Äquivalenzumformung, weil zusätzliche Lösungen entstehen können. Aus $a = b$ folgt $a^2 = b^2$, aber nicht umgekehrt. ◀

Beispiel 9.7

Bestimmen Sie für $a = 1$ und $a = 3$ die Lösungsmenge L der Gleichung

$$x = a + \sqrt{x - 1}.$$

Direktes Quadrieren ist nicht zielführend, weil rechts die binomische Formel anzuwenden wäre (→ Abschn. 5.5). Das gemischte Glied enthielte dadurch nach wie vor eine Wurzel:

$$x^2 = a^2 + 2a\sqrt{x-1} + (x - 1)$$

$a = 1$: Vor dem Quadrieren wird die Wurzel isoliert. Beachten Sie, dass im Allgemeinen Quadrieren keine Äquivalenzumformung ($\Leftrightarrow$) ist. Aus der vorherigen Gleichung folgt ($\Rightarrow$) die nächste, aber nicht umgekehrt. Dies erfordert später eine **Probe**:

$$\begin{aligned} & x = 1 + \sqrt{x-1} \\ \Leftrightarrow\quad & x - 1 = \sqrt{x-1} && \mid \text{Quadrieren} \\ \Rightarrow\quad & (x-1)^2 = x - 1 \\ \Leftrightarrow\quad & (x-1)^2 - (x-1) = 0 && \mid \text{Faktorisieren} \\ \Leftrightarrow\quad & (x-1)[(x-1)-1] = 0 \\ \Leftrightarrow\quad & (x-1)(x-2) = 0 \\ \Leftrightarrow\quad & x \in \{1;2\} \end{aligned}$$

Insgesamt ist damit gezeigt:

$$x = 1 + \sqrt{x-1} \quad \Rightarrow \quad x \in \{1;2\}$$

In Worten heißt dies, dass als Lösungen der Gleichung nur $x_1 = 1$ und $x_2 = 2$ infrage kommen. Die nötige Probe in der Ausgangsgleichung $x = 1 + \sqrt{x-1}$ zeigt, dass beide die vorgegebene Gleichung erfüllen.

$a = 3$: Zunächst muss wieder die Wurzel isoliert werden:

$$\begin{aligned} & x = 3 + \sqrt{x-1} \\ \Leftrightarrow\quad & x - 3 = \sqrt{x-1} \end{aligned}$$

Eine Vorzeichenbetrachtung vor dem Quadrieren spart nun die Probe ein: Rechts steht immer etwas Positives (≥ 0), links genau für $x \geq 3$. Wir halten fest, dass $x \geq 3$ sein muss. Für diese x-Werte stimmen die Vorzeichen der beiden Seiten überein, und Quadrieren ist eine Äquivalenzumformung:

$$\begin{aligned} & x - 3 = \sqrt{x-1} && \mid \text{Quadrieren} \\ \Leftrightarrow\quad & (x-3)^2 = x - 1 \\ \Leftrightarrow\quad & x^2 - 6x + 9 = x - 1 \\ \Leftrightarrow\quad & x^2 - 7x + 10 = 0 \end{aligned}$$

Die quadratische Gleichung besitzt die beiden Lösungen

$$x_{1,2} = \frac{7 \pm \sqrt{49-40}}{2} = \frac{7 \pm 3}{2}.$$

Von den möglichen Lösungen $x_1 = 2$ und $x_2 = 5$ erfüllt nur x_2 die Bedingung $x \geq 3$.

Ergebnis 9.7 Die Lösungsmenge lautet

$$\begin{aligned} L &= \{1;2\} && \text{für } a = 1, \\ L &= \{5\} && \text{für } a = 3. \end{aligned}$$

◀

9.7 Einfache Betragsgleichungen

Das Lösen von Betragsgleichungen erfordert im Allgemeinen eine **Fallunterscheidung** (→ Abschn. 2.3). Einfacher geht es, wenn der Betrag als Abstand auf der Zahlengeraden interpretiert werden kann.

Beispiel 9.8

Lösen Sie die Gleichung

$$\left| x + \frac{2}{3} \right| = \frac{3}{4}.$$

$\left|x + \frac{2}{3}\right| = \left|x - (-\frac{2}{3})\right|$ beschreibt den **Abstand** von x und $-\frac{2}{3}$ auf der **Zahlengeraden**. x kann dabei links oder rechts von $-\frac{2}{3}$ liegen. Es gibt also die beiden Lösungen

$$x = -\frac{2}{3} \pm \frac{3}{4} = \frac{-2 \cdot 4 \pm 3 \cdot 3}{3 \cdot 4} = \frac{-8 \pm 9}{12}.$$

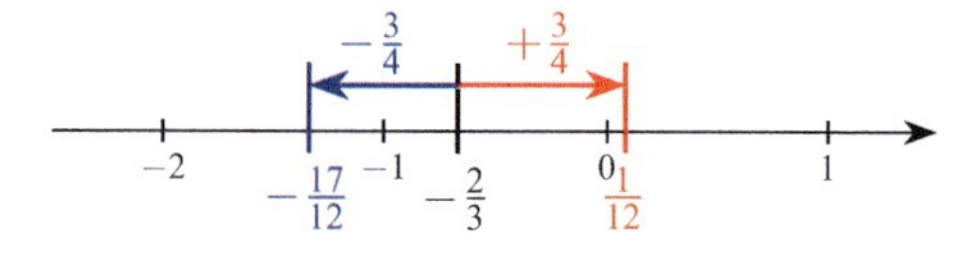

Ergebnis 9.8 Die beiden Lösungen sind $x_1 = -\frac{17}{12}$ und $x_2 = \frac{1}{12}$. ◀

Eine formale Berechnung der Lösungen gelingt mit der eingangs erwähnten Fallunterscheidung oder mittels der Beziehung $\sqrt{a^2} = |a|$ (→ Abschn. 2.3 und → Abschn. 8.3).

Achtung Nur für $a \geq 0$ ist $\sqrt{a^2} = a$. ◀

Die beiden alternativen Lösungsmethoden finden Sie im Online-Material.

tiny.cc/to5l1y

9.8 Substitution

Bei der **Substitution** wird ein Teilterm so durch eine neue Variable ersetzt, dass die alte Variable in der Gleichung nicht mehr auftritt. Angestrebt wird damit eine leichter zu lösende Gleichung.

Beispiel 9.9

Lösen Sie folgende Gleichungen:

a) $4e^x = 1 + e^{2x}$
b) $x^4 - 3x^2 - 10 = 0$

a) Mit der Substitution $u = e^x$ ist $u^2 = (e^x)^2 = e^{2x}$, also:

$$\begin{aligned} & 4u = 1 + u^2 \\ \Leftrightarrow \quad & u^2 - 4u + 1 = 0 \\ \Leftrightarrow \quad & u = \frac{1}{2}\left(4 \pm \sqrt{12}\right) = 2 \pm \sqrt{3} \end{aligned}$$

Wegen $u = e^x \Leftrightarrow x = \ln(u)$ ergibt die Rücksubstitution $x = \ln(2 \pm \sqrt{3})$.

b) Mit der Substitution $z = x^2$ ist $z^2 = (x^2)^2 = x^4$, also:

$$z^2 - 3z - 10 = 0 \quad \Leftrightarrow \quad z = \frac{3 \pm \sqrt{49}}{2} = \frac{3 \pm 7}{2}$$

Für z haben wir damit zwei Lösungen $z_1 = -2$, $z_2 = 5$. Rücksubstitution liefert die Gleichungen $x^2 = z_1 = -2$ und $x^2 = z_2 = 5$. Erstere hat keine Lösung.

Ergebnis 9.9 Es gibt jeweils zwei Lösungen:

a) $x_{1,2} = \ln(2 \pm \sqrt{3})$ b) $x_{1,2} = \pm\sqrt{5}$ ◀

Aufgaben

9.1 Lösen Sie die Gleichungen, und benennen Sie die jeweils verwendeten Umformungen.

a) $5x - (8x - 2) = 4 + (4 + 3x)$
b) $4(2u - 7) = 3u - 5(2 - u)$
c) $e^{3t-1} = 5$
d) $\ln(s^2 + 1) = 1$
e) $\left(\sqrt{2}\right)^p = 0{,}125$

9.2 Lösen Sie die Gleichungen.

a) $x^3 = 4x^2$
b) $(x + 2)^2 = x(x - 4)$
c) $\frac{3}{4}x + \frac{1}{3} = x - \frac{1}{2} \cdot (x - 7)$
d) $x^4 - 13x^2 + 36 = 0$
e) $x^{10} + 3x^5 - 10 = 0$

9.3 Bestimmen Sie die Lösungsmengen.

a) $x^2 + 3x - 4 = 0$
b) $x^2 + 3x + 4 = 0$
c) $x^2 - 4x + 2 = 0$
d) $2x^2 - 4x + 2 = 0$
e) $-6x^2 - 4x + 2 = 0$

9.4 Wie viele Lösungen gibt es?

a) $e^x - 4e^{-x} = 0$
b) $e^x + 4e^{-x} = 4$
c) $e^x + 2e^{-x} = 3$
d) $e^{2x} + e^x = 0$
e) $e^{2x} - e^x = 2$

9.5 Wie viele Lösungen gibt es?

a) $x + \sqrt{30 - x} = 0$
b) $x - \sqrt{30 - x} = 0$
c) $|x| + \sqrt{30 - x} = 0$
d) $|x| - \sqrt{30 - x} = 0$

9.6 Geben Sie die Lösungsmenge an.

a) $|x - 3| = \frac{1}{2} - \frac{1}{3}$
b) $|x + 2| = \frac{1}{6} - \frac{1}{5}$
c) $|x - 3| = |x + 2|$

9.7 Lösen Sie die Gleichungen.

a) $e^{2x} - e^x = 2$
b) $2\sqrt{y - 3} + 10 = 2$
c) $2 \cdot 3^{n+1} = 162$
d) $a \cdot \ln(a + 1) - \ln(a + 1) = 0$
e) $14 + 2e^{-2t} - 16e^{-t} = 0$
f) $2 \cdot |3x - 2| = 5$
g) $2\sqrt{3 - x} = 3\sqrt{2 - x}$

9.8 Max verkauft für seine Eltern an einem Tag 120 Zucchini. Am nächsten Tag verkauft er 135 Zucchini zu einem um 10 Cent niedrigeren Preis und erzielt dieselbe Einnahme. Welchen Preis hat er am ersten Tag genommen?

9.9 Eine Softwarefirma kauft für die Kaffeeküche einen Vorrat an Kaffeebohnen im Wert von 312 €. Nach einer Preiserhöhung um 1 € pro Kilo bekommen die Informatiker für denselben Betrag 2 kg Kaffeebohnen weniger. Wie hoch war der ursprüngliche Preis?

Lösungen zu den Aufgaben

9.1

a) Die einzige Lösung ist $x = -1$:

$$\begin{aligned} & 5x - (8x - 2) = 4 + (4 + 3x) && \mid \text{Termumformungen} \\ \Leftrightarrow \quad & -3x + 2 = 8 + 3x && \mid +3x - 8 \\ \Leftrightarrow \quad & -6 = 6x && \mid :6 \end{aligned}$$

b) Es gibt keine Lösung:

$$\begin{aligned} & 4(2u - 7) = 3u - 5(2 - u) && \mid \text{Termumformungen} \\ \Leftrightarrow \quad & 8u - 28 = 8u - 10 && \mid -8u + 28 \\ \Leftrightarrow \quad & 0 = 18 \end{aligned}$$

c) Die eindeutige Lösung ist $t = \frac{1}{3}(1 + \ln(5))$:

$$\begin{aligned} & e^{3t-1} = 5 && \mid \ln \\ \Leftrightarrow\quad & 3t - 1 = \ln(5) && \mid +1 \\ \Leftrightarrow\quad & 3t = 1 + \ln(5) && \mid :3 \\ \Leftrightarrow\quad & t = \frac{1}{3} \cdot (1 + \ln(5)) \end{aligned}$$

d) Die beiden Lösungen sind $s = \pm\sqrt{e-1}$:

$$\begin{aligned} & \ln(s^2 + 1) = 1 && \mid e^\wedge \\ \Leftrightarrow\quad & s^2 + 1 = e && \mid -1 \\ \Leftrightarrow\quad & s^2 = e - 1 && \mid \sqrt{} \end{aligned}$$

e) Die eindeutige Lösung ist $p = -6$:

$$\begin{aligned} & \left(\sqrt{2}\right)^p = 0{,}125 && \mid \ln \\ \Leftrightarrow\quad & p \cdot \ln(\sqrt{2}) = \ln(0{,}125) && \mid : \ln(\sqrt{2}) \neq 0 \\ \Leftrightarrow\quad & p = \frac{\ln(0{,}125)}{\ln(\sqrt{2})} \end{aligned}$$

Wegen $\sqrt{2} = 2^{\frac{1}{2}}$ und $0{,}125 = \frac{1}{8} = 2^{-3}$ kann das vereinfacht werden.

$$p = \frac{\ln(2^{-3})}{\ln\left(2^{\frac{1}{2}}\right)} = \frac{-3\ln(2)}{\frac{1}{2}\ln(2)} = -6$$

9.2

a) $x \in \{0; 4\}$. Der entscheidende Schritt ist das Faktorisieren $x^3 - 4x^2 = 0 \Leftrightarrow x^2 \cdot (x - 4) = 0$.
b) $x = -\frac{1}{2}$
c) $x = \frac{38}{3}$
d) $x \in \{-3; -2; 2; 3\}$. Die Substitution $u = x^2$ ergibt die quadratische Gleichung $u^2 - 13u + 36 = 0$ mit den beiden Lösungen $u_1 = 4$ und $u_2 = 9$.
e) $x \in \{-\sqrt[5]{5}; \sqrt[5]{2}\}$. Die Substitution $u = x^5$ ergibt die quadratische Gleichung $u^2 + 3u - 10 = 0$ mit den beiden Lösungen $u_1 = -5$ und $u_2 = 2$. Beachten Sie, dass die Schreibweise $\sqrt[5]{-5}$ nicht zulässig ist.

9.3

a) $\{-4; 1\}$
b) $\emptyset$
c) $\{2 \pm \sqrt{2}\}$
d) $\{1\}$
e) $\{-1; \frac{1}{3}\}$

9.4 Bei den ersten drei Teilaufgaben ist es sinnvoll, die Gleichung *zuerst* mit $e^x \neq 0$ zu multiplizieren. In allen Teilaufgaben führt die Substitution $u = e^x$ zum Ziel. Wegen $u^2 = (e^x)^2 = e^{2x}$ entsteht dadurch eine quadratische Gleichung.

a) b) e) Eine Lösung ($\ln(2)$)
c) Zwei Lösungen (0 und $\ln(2)$)
d) Keine Lösung

9.5 Nach dem Isolieren der Wurzel und nachfolgendem Quadrieren führen alle Teilaufgaben zur quadratischen Gleichung $x^2 = 30 - x$ mit den beiden Lösungen $x_1 = -6$ und $x_2 = 5$. Die nötige Probe entscheidet, welche davon auch Lösungen der Ausgangsgleichung sind:

a) Eine Lösung (-6)
b) Eine Lösung (5)
c) Keine Lösung
d) Zwei Lösungen (-6 und 5)

9.6 Entscheidend ist die Kenntnis, dass $|x - a|$ den Abstand der Zahlen x und a auf dem Zahlenstrahl angibt.

a) $\left\{\frac{17}{6}; \frac{19}{6}\right\}$. Der Abstand von x und 3 ist $\frac{1}{6}$. Damit ist x gleich $3 - \frac{1}{6}$ oder $3 + \frac{1}{6}$.
b) $\emptyset$. Der Abstand von x und -2 ist $-\frac{1}{30}$. Negative Abstände sind nicht möglich.
c) $\left\{\frac{1}{2}\right\}$. x hat von 3 den gleichen Abstand wie von -2. x liegt demnach genau in der Mitte zwischen den beiden Zahlen.

9.7

a) $x = \ln(2)$. Die Substitution $u = e^x$ ergibt die quadratische Gleichung $u^2 - u = 2$ mit den Lösungen $u_1 = -1$ und $u_2 = 2$. Für u_1 führt die Rücksubstitution zur unlösbaren Gleichung $e^x = -1$, für u_2 zu $e^x = 2$.
b) Keine Lösung. Weil Wurzeln stets ≥ 0 sind, steht links mindestens 10. Dies zeigt am schnellsten die Unlösbarkeit der Gleichung. Die aufwendige formale Lösung

$$\begin{aligned} & 2\sqrt{y-3} + 10 = 2 && \mid -10 \\ \Leftrightarrow\quad & 2\sqrt{y-3} = -8 && \mid :2 \\ \Leftrightarrow\quad & \sqrt{y-3} = -4 && \mid \text{Quadrieren} \\ \Rightarrow\quad & y - 3 = 16 && \mid +3 \\ \Leftrightarrow\quad & y = 19 \end{aligned}$$

erfordert wegen des Quadrierens noch eine Probe. Diese zeigt, dass $y = 19$ die Ausgangsgleichung nicht erfüllt.
c) $n = 3$. Es ist $3^{n+1} = 81 = 9^2 = 3^4$.
d) $a \in \{0; 1\}$. Unmittelbares Faktorisieren liefert die Gleichung $(a - 1)\ln(a + 1) = 0$.
e) $t \in \{0; -\ln(7)\}$. Die Substitution $u = e^{-t}$ ergibt die quadratische Gleichung $2u^2 - 16u + 14 = 0$ mit den beiden Lösungen $u_1 = 1$ und $u_2 = 7$.
f) $x \in \{-\frac{1}{6}; \frac{3}{2}\}$. Herausziehen von $3 > 0$ aus dem Betrag liefert $6|x - \frac{2}{3}| = 5$. Der Abstand von x und $\frac{2}{3}$ muss demzufolge $\frac{5}{6}$ betragen.
g) $x = \frac{6}{5}$. Da beide Seiten positiv sind, ist Quadrieren hier eine Äquivalenzumformung, wodurch die Probe entfällt.

9.8 90 Cent. Bezeichnet man den Preis in Cent einer Zucchini am ersten Tag mit p, so kann die Aufgabenstellung als Gleichung $120p = 135(p - 10)$ dargestellt werden.

9.9 12 €. Ist p der ursprüngliche Preis in Euro und m die dabei erhaltene Menge an Kaffee in kg, dann ist $m \cdot p = 312$ und $(m - 2) \cdot (p + 1) = 312$. Die erste Gleichung ermöglicht die

Ersetzung von m durch p in der zweiten:

$$\begin{aligned} & \left(\frac{312}{p} - 2\right)(p+1) = 312 && \mid \cdot \frac{p}{2} \\ \Leftrightarrow\quad & (156 - p)(p+1) = 156p \\ \Leftrightarrow\quad & 156p + 156 - p^2 - p = 156p \\ \Leftrightarrow\quad & 156 - p^2 - p = 0 \\ \Leftrightarrow\quad & p^2 + p - 156 = 0 \\ \Leftrightarrow\quad & p = \frac{1}{2} \cdot (-1 \pm \sqrt{1 + 624}) = \frac{1}{2} \cdot (-1 \pm 25) \end{aligned}$$

Als Preis kommt offenbar nur die positive der beiden Lösungen infrage.

Ausführliche Lösungen zu den Aufgaben finden Sie im Online-Material.

tiny.cc/to5l1y

Ungleichungen mit einer Variablen

Schattenwurf von Matrjoschka-Puppen. Foto: Wolfgang Erben

Welche Gemeinsamkeiten besitzen Gleichungen und Ungleichungen?

Welche wesentlichen Unterschiede gibt es?

Wie kann eine geeignete Lösungsmethode gefunden werden?

Teil II

K. Dürrschnabel et al., *So viel Mathe muss sein!*, https://doi.org/10.1007/978-3-662-57951-0_10

In diesem Kapitel wiederholen Sie verschiedene Methoden zur Lösung von Ungleichungen. Sie reflektieren Gemeinsamkeiten und Unterschiede zwischen Ungleichungen und Gleichungen. Am Ende des Kapitels können Sie die Eignung der möglichen Lösungsverfahren beurteilen.

Unabdingbare Voraussetzung bei der Beschäftigung mit Ungleichungen sind Grundkenntnisse über Mengen von reellen Zahlen. Hierzu gehören vor allem die verschiedenen Intervalle und Vereinigungen hiervon (vgl. Abschnitt 4.2).

10.1 Selbsteinschätzung

☐ *Ich kann lineare Ungleichungen lösen.* → *Abschn. 10.2*

Test 10.1

Lösen Sie:

$$8 - x > 2(x + 3)$$

☐ *Ich kann quadratische Ungleichungen lösen.* → *Abschn. 10.3*

Test 10.2

Für welche $x \in \mathbb{R}$ ist

$$3x^2 + 12x > 15?$$

☐ *Ich kann einfache Betragsungleichungen lösen.* → *Abschn. 10.4*

Test 10.3

Lösen Sie:

$$|2x - 5| \leq 3$$

☐ *Ich kann Ungleichungen mit Bruchtermen lösen.* → *Abschn. 10.5*

Test 10.4

Bestimmen Sie die Lösungsmenge von

$$\frac{2x + 3}{3x + 2} \leq 1.$$

Ergebnisse der Testaufgaben

10.1 $x < \frac{2}{3}$

10.2 $x < -5$ oder $x > 1$

10.3 $x \in [1; 4]$

10.4 $x \in]-\infty; -\frac{2}{3}[\cup [1; \infty[$

10.2 Lineare Ungleichungen

Lineare Ungleichungen können wie lineare Gleichungen gelöst werden, solange – was immer möglich ist – **bei Multiplikation und Division nur Zahlen > 0** verwendet werden.

Beispiel 10.1

Für welche $x \in \mathbb{R}$ ist

$$x - 14 \geq 87 - 2x?$$

Durch Addieren von $2x$ und 14 auf beiden Seiten der Ungleichung fasst man alle x enthaltenden Terme auf einer Seite und die Konstanten auf der anderen Seite der Ungleichung zusammen:

$$\begin{aligned} & x - 14 \geq 87 - 2x && | + 14 + 2x \\ \Leftrightarrow\ & 3x \geq 111 \end{aligned}$$

Rechts neben der Ungleichung wird wieder die nächste Äquivalenzumformung angegeben. Wichtig ist der Vermerk, dass durch eine positive Zahl dividiert wird.

$$\begin{aligned} & 3x \geq 111 && \mathbf{| : 3 > 0} \\ \Leftrightarrow\ & x \geq 37 \end{aligned}$$

Ergebnis 10.1 Die Ungleichung ist für $x \geq 37$ erfüllt. ◄

Fehlerträchtig und damit ungeschickt wäre die folgende Alternative:

$$\begin{aligned} & x - 14 \geq 87 - 2x && | - x - 87 \\ \Leftrightarrow\ & -111 \geq -3x \end{aligned}$$

Jetzt muss man die Ungleichung durch (-3) dividieren. Multiplikation oder Division mit negativen Zahlen führt zum Umdrehen des Ungleichheitszeichens, im vorliegenden Falle von $\geq$ zu $\leq$:

$$\begin{aligned} & -111 \geq -3x && \mathbf{| : (-3) < 0} \\ \Leftrightarrow\ & 37 \leq x \end{aligned}$$

Diese Fehlerquelle können Sie vermeiden, indem Sie das Addieren *vorausschauend* so vornehmen, dass der Faktor vor der Variablen positiv wird.

10.3 Quadratische Ungleichungen

Bei quadratischen Ungleichungen ist die **grafische Veranschaulichung** (Parabeln) hilfreich. Insbesondere die Kenntnis, ob die Parabel nach oben oder unten geöffnet ist, hilft immer.

Beispiel 10.2

Für welche x ist

$$x^2 < 3?$$

Grafisch bedeutet die Ungleichung, dass die rot gezeichnete Normalparabel $y = x^2$ (echt) unterhalb der blau gezeichneten Geraden $y = 3$ liegt:

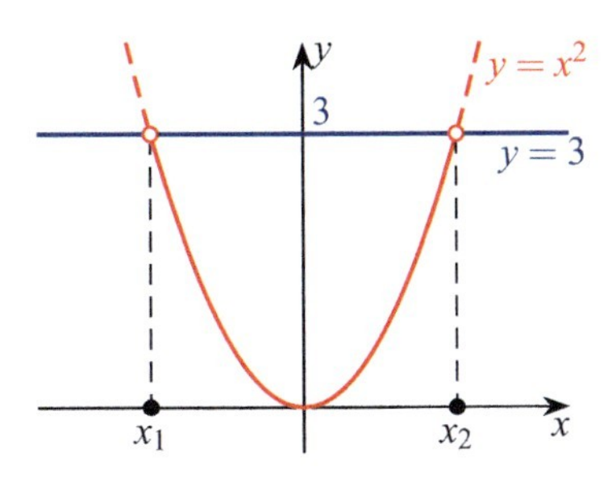

Offenbar ist dies der Fall zwischen den beiden Stellen x_1 und x_2, wo sich Parabel und Gerade schneiden. Dort ist $x^2 = 3$. Weil aber $x^2 < 3$ verlangt ist, gehören die Randpunkte nicht zur Lösungsmenge.

Ergebnis 10.2 Die Ungleichung ist (genau) für

$$x \in \left]-\sqrt{3}; \sqrt{3}\right[$$

erfüllt. ◀

Beispiel 10.3

Bestimmen Sie die Lösungsmenge L der Ungleichungen.

a) $2x(x-1) \geq \frac{3}{2}$ b) $x^2 - 4x + 5 > 0$

a) Wie bei quadratischen Gleichungen wird zunächst alles nach links gebracht:

$$\begin{aligned} & 2x(x-1) \geq \frac{3}{2} \\ \Leftrightarrow\quad & 2x^2 - 2x \geq \frac{3}{2} \\ \Leftrightarrow\quad & 2x^2 - 2x - \frac{3}{2} \geq 0 \end{aligned}$$

Für betragsmäßig große x ist diese Ungleichung sicher erfüllt, da der links stehende Term eine nach oben geöffnete Parabel beschreibt. Die Lösungsmenge wird begrenzt durch die Lösungen der quadratischen Gleichung $2x^2 - 2x - \frac{3}{2} = 0$:

$$x_{1,2} = \frac{2 \pm \sqrt{4+12}}{4} = \frac{2 \pm 4}{4} = \frac{1}{2} \pm 1$$

An diesen Stellen $-\frac{1}{2}$ und $\frac{3}{2}$ besteht Gleichheit. Weil $\geq$ verlangt ist, gehören sie zur Lösungsmenge L dazu:

$$L = \left]-\infty; -\tfrac{1}{2}\right] \cup \left[\tfrac{3}{2}; \infty\right[= \mathbb{R} \setminus \left]-\tfrac{1}{2}; \tfrac{3}{2}\right[$$

Ein Bild bestätigt die Rechenergebnisse:

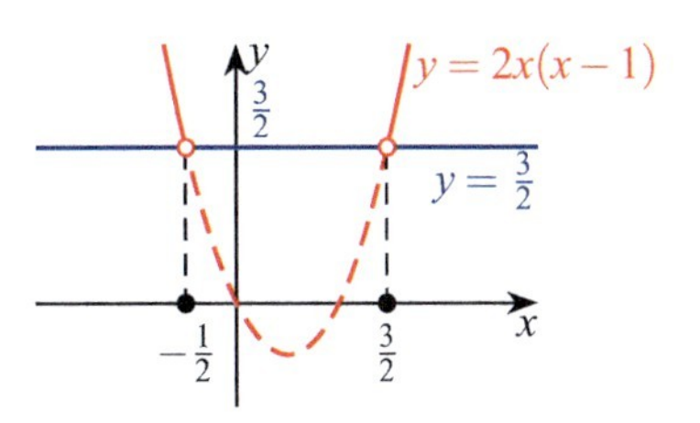

b) Genügend weit außen ist die Ungleichung wegen der nach oben geöffneten Parabel wieder erfüllt. Die Grenzen des Bereichs sind diesmal

$$x_{1,2} = \frac{4 \pm \sqrt{16-20}}{2} = \frac{4 \pm \sqrt{-4}}{2}.$$

Unter der Wurzel steht eine negative Zahl. Dies bedeutet, dass es keine Nullstellen gibt. Da die Parabel nach oben geöffnet ist, liegt sie ganz oberhalb der x-Achse. Die Ungleichung ist also für alle $x \in \mathbb{R}$ erfüllt: $L = \mathbb{R}$. Ein Bild verdeutlicht die Situation:

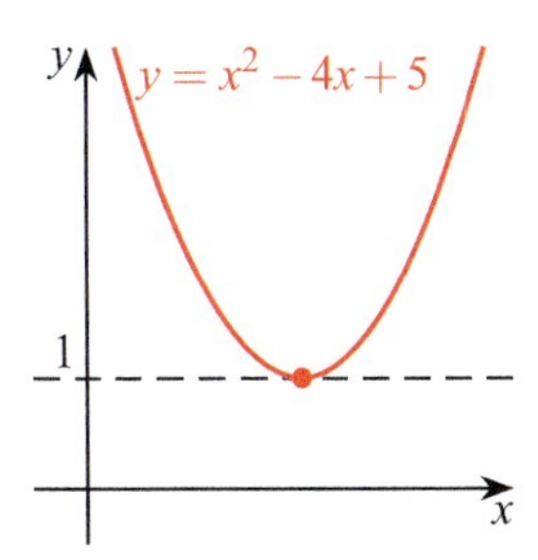

Ergebnis 10.3 Die Lösungsmenge der Ungleichung ist bei a) $L = \left]-\infty; -\frac{1}{2}\right] \cup \left[\frac{3}{2}; \infty\right[$, bei b) $L = \mathbb{R}$. ◀

10.4 Einfache Betragsungleichungen

Wie bei Betragsgleichungen (→ Abschn. 9.7) gelingt die Lösung von Betragsungleichungen in einfachen, aber für die Praxis besonders wichtigen Fällen durch die Interpretation des Betrags $|x - a|$ als Abstand von x und a auf der Zahlengeraden.

Beispiel 10.4

Lösen Sie

$$|x-3| < |x+2|.$$

Gesucht sind diejenigen x-Werte, die auf der Zahlengeraden von 3 einen kleineren Abstand haben als von -2. In der Mitte zwischen -2 und 3, also bei $m = \frac{-2+3}{2} = \frac{1}{2}$ sind die beiden Abstände gleich. Von m zu 3 hin (etwa $x_1 = 1$ im Bild) und darüber hinaus (etwa $x_2 = 4$ im Bild) ist der Abstand zu 3 kleiner als der zu -2.

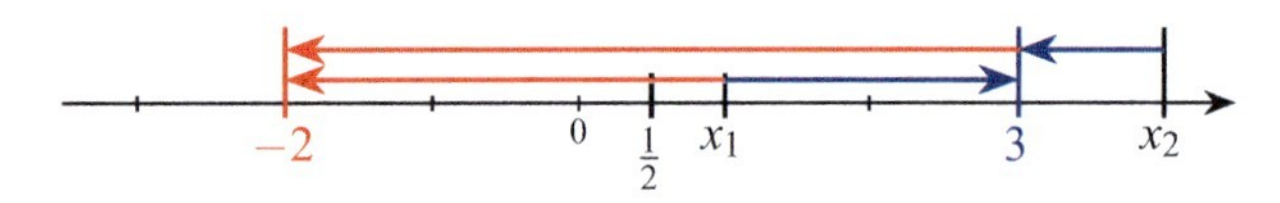

Ergebnis 10.4 Die Ungleichung ist erfüllt für $x > \frac{1}{2}$. ◂

10.5 Ungleichungen mit Bruchtermen

Gleichungen mit einem Bruchterm können durch Multiplikation mit dem Nenner, der ja nicht 0 sein kann, gelöst werden. Bei Ungleichungen ist aber das im Allgemeinen unbekannte Vorzeichen wichtig. Eine Möglichkeit, das Problem zu meistern, besteht in einer **Fallunterscheidung** (→ Abschn. 2.3).

Beispiel 10.5

Bestimmen Sie die Lösungsmenge L von

$$\frac{x+1}{x-1} \leq 3.$$

Zunächst sollte der Definitionsbereich der Ungleichung geklärt werden:

$$\frac{x+1}{x-1} \leq 3, \qquad x \neq 1$$

Nun soll mit $x-1$ multipliziert werden. Das Vorzeichen dieses Ausdrucks ist aber nicht bekannt. Deshalb müssen zwei Fälle unterschieden werden:

Fall 1: $x - 1 > 0$, also $x > 1$. Beim Multiplizieren bleibt das $\leq$ erhalten.

$$\begin{aligned} & \frac{x+1}{x-1} \leq 3 && \mid \cdot (x-1) > 0 \\ \Leftrightarrow\ & x+1 \leq 3(x-1) \\ \Leftrightarrow\ & x+1 \leq 3x-3 \end{aligned}$$

Vorausschauend wird jetzt $-x+3$ addiert (und nicht $-1-3x$), damit der Faktor vor x positiv wird.

$$\begin{aligned} \Leftrightarrow\ & 4 \leq 2x && \mid :2 > 0 \\ \Leftrightarrow\ & \mathbf{2 \leq x} \end{aligned}$$

Die Lösungsmenge L_1 in Fall 1 ist $L_1 =]1;\infty[\cap [2;\infty[= [2;\infty[$.

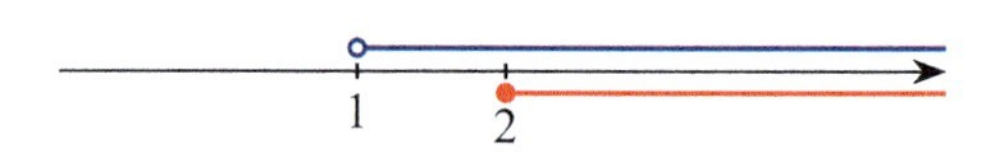

Fall 2: $x - 1 < 0$, also $x < 1$. Beim Multiplizieren wird das $\leq$ zu $\geq$.

$$\begin{aligned} & \frac{x+1}{x-1} \leq 3 && \mid \cdot (x-1) < 0 \\ \Leftrightarrow\ & x+1 \geq 3x-3 && \mid -x+3 \\ \Leftrightarrow\ & 4 \geq 2x && \mid :2 > 0 \\ \Leftrightarrow\ & \mathbf{2 \geq x} \end{aligned}$$

Die Lösungsmenge L_2 in Fall 2 ist $L_2 =]-\infty;1[\cap]-\infty;2] =]-\infty;1[$.

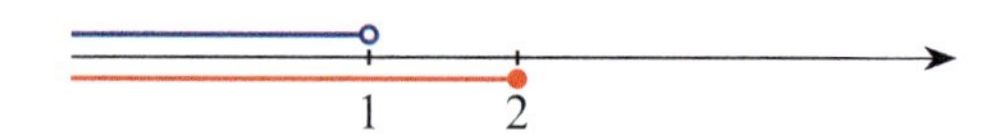

Nun müssen die beiden Fälle zusammengeführt werden. Es könnte (Fall 1) $x \in L_1$ *oder* (Fall 2) $x \in L_2$ zutreffen. Die Lösungsmenge L der Ungleichung ist demnach $L = L_1 \cup L_2 =]-\infty;1[\cup [2;\infty[$. Von ganz $\mathbb{R}$ fehlt gerade das Intervall $[1;2[$. Ebenfalls richtig wäre demnach die Angabe $L = \mathbb{R} \setminus [1;2[$.

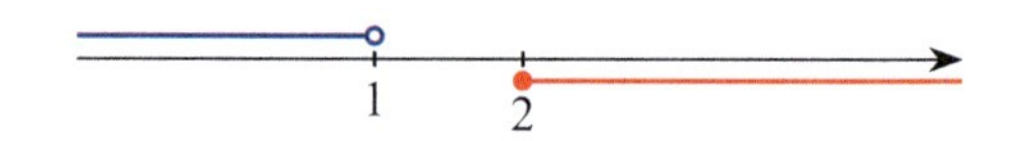

Ergebnis 10.5 Die Lösungsmenge ist

$$L =]-\infty;1[\cup [2;\infty[= \mathbb{R} \setminus [1;2[.$$ ◂

Die Methode der Fallunterscheidung ist bei Bruchungleichungen recht gebräuchlich, aber in mehrerer Hinsicht lästig. Spätestens bei mehreren Brüchen wird sie kaum mehr beherrschbar. Zum Glück gibt es eine Alternative, die sogar so universell ist, dass sie für fast alle Ungleichungen verwendet werden kann. Das Vorgehen bei quadratischen Ungleichungen ist ein Spezialfall dieser Methode. Dabei wird zunächst die zugehörige Gleichung gelöst.

Im nachstehenden Beispiel wird die Methode zunächst an einfacheren Beispielen gezeigt, bevor sie auf eine Bruchungleichung angewandt wird. Lehrreich ist dabei der durch den Bruch entstehende Unterschied.

Beispiel 10.6

Bestimmen Sie die Lösungsmengen der Ungleichungen.

a) $x^3 + 1 \leq 0$
b) $x(x^3 + 1) \leq 0$
c) $\dfrac{x^3+1}{x} \leq 0$

a) Die zugehörige Gleichung lautet

$$x^3 + 1 = 0 \quad \Leftrightarrow \quad x^3 = -1.$$

Hier ist der Graph der Funktion f mit $f(x) = x^3$ hilfreich.

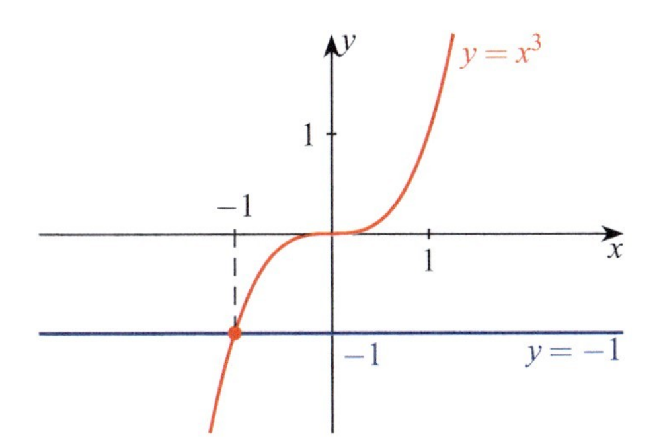

Die streng monoton wachsende Funktion f nimmt jeden Wert nur an einer Stelle an. Die einzige Lösung der Gleichung $x^3 + 1 = 0$ ist demnach $x_1 = -1$.
Ein Wechsel von < 0 zu > 0 (oder umgekehrt) kann bei überall definierten stetigen Funktionen nur an Nullstellen erfolgen, bei der Funktion g_a mit $g_a(x) = x^3 + 1$ nur bei -1. Das Vorzeichen der Funktionswerte links und rechts von -1 wird durch Einsetzen eines beliebigen Wertes in jedem der beiden Bereiche ermittelt.

$$g_a(-2) = -8 + 1 = -7 < 0$$
$$g_a(0) = 0 + 1 = 1 > 0$$

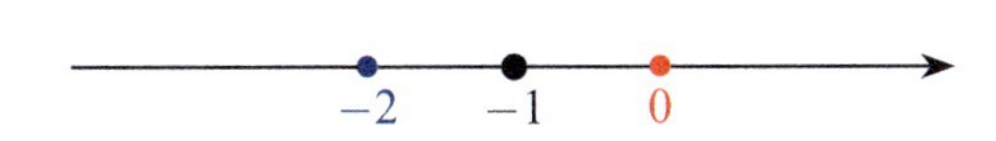

Das ermittelte Vorzeichen gilt dann für den gesamten Bereich:

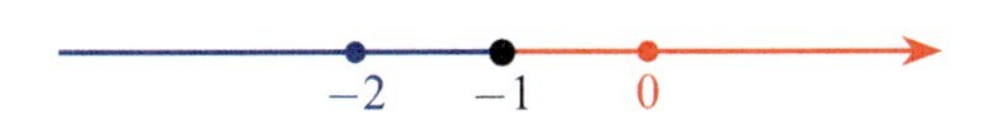

Da $\leq$ gefordert ist, gehört die Nullstelle $x_1 = -1$ ebenfalls zur Lösungsmenge L_a. Es ist $L_a =]-\infty; -1]$.

b) Die zugehörige Gleichung lautet nun

$$x(x^3 + 1) = 0$$
$$\Leftrightarrow \quad x = 0 \quad \text{oder} \quad x^3 + 1 = 0.$$

Ein Vorzeichenwechsel der Funktion g_b mit $g_b(x) = x(x^3 + 1)$ kann außer bei $x_1 = -1$ (siehe a)) auch bei $x_2 = 0$ auftreten. Es müssen folglich drei Stellen betrachtet werden, eine links von -1, eine zwischen -1 und 0, eine rechts von 0.

$$g_b(-2) = \underbrace{-2}_{<0} \cdot \underbrace{(-8 + 1)}_{<0} > 0$$

$$g_b\left(-\frac{1}{2}\right) = \underbrace{-\frac{1}{2}}_{<0} \cdot \underbrace{\left(-\frac{1}{8} + 1\right)}_{>0} < 0$$

$$g_b(1) = 1 \cdot (1 + 1) > 0$$

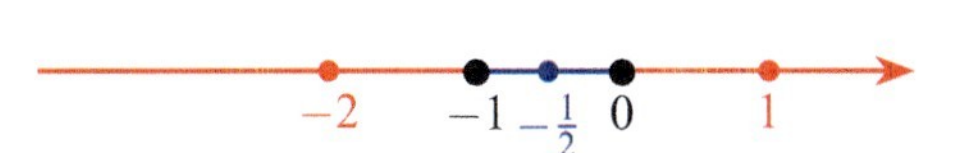

Aufgrund der Forderung $\leq$ gehören die beiden Nullstellen zur Lösungsmenge L_b. Es ist $L_b = [-1; 0]$.

c) Die Funktion g_c mit $g_c(x) = \frac{x^3+1}{x}$ hat wie g_a (siehe a)) die einzige Nullstelle $x_1 = -1$. Sie ist aber bei $x_2 = 0$ nicht definiert. An dieser Stelle kann ebenfalls das Vorzeichen wechseln. Es müssen wie in b) drei Stellen untersucht werden.

$$g_c(-2) = \frac{-7}{-2} = \frac{7}{2} > 0$$

$$g_c\left(-\frac{1}{2}\right) = \frac{\overbrace{-\frac{1}{8} + 1}^{>0}}{\underbrace{-\frac{1}{2}}_{<0}} < 0$$

$$g_c(1) = \frac{1 + 1}{1} > 0$$

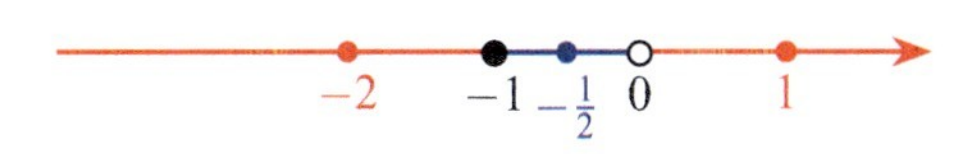

Die Nullstelle $x_1 = -1$ gehört zur Lösungsmenge L_c, die Definitionslücke $x_2 = 0$ natürlich nicht. Es ist $L_c = [-1; 0[$.

Ergebnis 10.6 Die Lösungsmengen der Ungleichungen sind

a) $L_a =]-\infty; -1]$, b) $L_b = [-1; 0]$, c) $L_c = [-1; 0[$. ◄

Aufgaben

10.1 Lösen Sie die Ungleichungen.

a) $3x + 3 < 5x + 5$
b) $(x + 2)^2 \geq (x - 3)^2$

10.2 Bestimmen Sie die Lösungsmengen.

a) $3(x+2)^2 \leq 2(x+3)^2$
b) $3(x+2)^2 > 2(x+3)^2$

10.3 Bestimmen Sie die Lösungsmengen.

a) $(3-x)^2 + x^2 \leq 0$
b) $(3-x)^2 + x^2 > 4$
c) $(3-x)^2 + x^2 \leq \frac{9}{2}$

10.4 Welche $x \in \mathbb{R}$ erfüllen die Ungleichungen?

a) $|x-2| < 3$
b) $|5-x| \geq 7$
c) $|x| + |x-1| \leq 1$

10.5 Welche x erfüllen die Ungleichungen?

a) $2x + 3 \geq x^2$
b) $\dfrac{2x+3}{x} \geq x$
c) $\dfrac{2x+3}{x+1} \geq \dfrac{x^2}{x+1}$

10.6 Gesucht ist jeweils eine quadratische Ungleichung $ax^2 + bx + c \leq 0$ $(a \neq 0)$ mit der vorgegebenen Lösungsmenge L.

a) $L = \mathbb{R}$
b) $L = \emptyset$
c) $L = \{7\}$
d) $L = [0; 1]$

Lösungen zu den Aufgaben

10.1

a) $x > -1$
b) $x \geq \frac{1}{2}$: Zweifache Anwendung der binomischen Formel ergibt $x^2 + 4x + 4 \geq x^2 - 6x + 9$ und durch Subtraktion von x^2 auf beiden Seiten $4x + 4 \geq -6x + 9$, also eine lineare Ungleichung.

10.2

a) $[-\sqrt{6}; \sqrt{6}]$. Die binomischen Formeln führen zur Ungleichung $3x^2 + 12x + 12 \leq 2x^2 + 12x + 18$, also $x^2 \leq 6$.
b) $]-\infty; -\sqrt{6}[\cup]\sqrt{6}; \infty[$. Die Ungleichung ist genau dort erfüllt, wo es die vorige nicht ist, also für $x \in \mathbb{R} \setminus [-\sqrt{6}; \sqrt{6}]$.

10.3 Die linke Seite $(3-x)^2 + x^2 = 9 - 6x + x^2 + x^2 = 2x^2 - 6x + 9$ beschreibt eine nach oben geöffnete Parabel.

a) $\emptyset$. Für Schnittpunkte der Parabel mit der x-Achse $y = 0$ müsste $x = \frac{6 \pm \sqrt{36-72}}{4}$ gelten.
b) $\mathbb{R}$. Für Schnittpunkte mit $y = 4$, also Nullstellen von $2x^2 - 6x + 5$, müsste $x = \frac{6 \pm \sqrt{36-40}}{4}$ gelten.
c) $\{\frac{3}{2}\}$. Für Schnittpunkte mit $y = \frac{9}{2}$, also Nullstellen von $2x^2 - 6x + \frac{9}{2}$, gilt $x = \frac{6 \pm \sqrt{36-36}}{4} = \frac{3}{2}$.

10.4

a) $x \in]-1; 5[$. Gesucht sind diejenigen x-Werte, deren Abstand von 2 auf der Zahlengeraden kleiner als 3 ist.
b) $x \in]-\infty; -2] \cup [12; \infty[$. Gesucht sind diejenigen x-Werte, deren Abstand von 5 auf der Zahlengeraden größer oder gleich 7 ist.
c) $x \in [0; 1]$. Gesucht sind diejenigen x-Werte, deren Abstand auf der Zahlengeraden von 0 und 1 zusammen höchstens 1 beträgt. Für $x \in [0; 1]$ ist diese Summe genau gleich 1. Außerhalb ist bereits einer der Abstände größer als 1.

10.5

a) $x \in [-1; 3]$. Die Ungleichung ist äquivalent zur Ungleichung $x^2 - 2x - 3 \leq 0$. Sie ist erfüllt zwischen den Schnittpunkten der nach oben geöffneten Parabel $y = x^2 - 2x - 3$ mit der x-Achse (inklusive der Schnittpunkte).
b) $x \in]-\infty; -1] \cup]0; 3]$. Für $x > 0$ ergibt die Multiplikation mit x die vorherige Ungleichung, also die Lösungen $x \in]0; 3]$. Für $x < 0$ dreht sich bei der Multiplikation mit x das Ungleichheitszeichen um, was die Lösungen $x \in]-\infty; -1]$ ergibt. Für $x = 0$ ist die Ungleichung gar nicht definiert.
c) $x \in]-\infty; 3] \setminus \{-1\}$. Für $x + 1 > 0$ ergibt die Multiplikation mit $x + 1$ die Ungleichung aus Teilaufgabe a), also die Lösungen $x \in]-1; 3]$. Für $x + 1 < 0$ dreht sich bei der Multiplikation mit $x + 1$ das Ungleichheitszeichen um, was die Lösungen $x \in]-\infty; -1[$ ergibt. Für $x + 1 = 0$, also $x = -1$, ist die Ungleichung gar nicht definiert.

10.6 Beispiele für derartige Ungleichungen:

a) $-x^2 \leq 0$
b) $x^2 + 1 \leq 0$
c) $(x-7)^2 = x^2 - 14x - 49 \leq 0$
d) $x(x-1) = x^2 - x \leq 0$

Ausführliche Lösungen zu den Aufgaben finden Sie im Online-Material.

tiny.cc/to511y

Elementare Geometrie/ Trigonometrie

Pont du Gard, Südfrankreich. Foto: Rüdiger Lunde

Teil III

Elementare Geometrie

Pyramide in Ammerbuch-Entringen (Lutz Ackermann). Foto: Andrea Falkenberg

Was sind elementargeometrische Objekte?

Wie kann man aus bekannten Winkeln auf andere Winkel schließen?

Welche Zusammenhänge zwischen verschiedenen Streckenlängen sowie zwischen Winkeln und Streckenlängen gibt es?

Wie kann man Umfang, Flächeninhalt und Volumen berechnen?

K. Dürrschnabel et al., *So viel Mathe muss sein!*, https://doi.org/10.1007/978-3-662-57951-0_11

In diesem Kapitel wiederholen Sie die wichtigsten Sätze der Geometrie und die grundlegenden trigonometrischen Beziehungen, mit deren Hilfe Sie Strecken und Winkel berechnen können.

11.1 Selbsteinschätzung

☐ *Ich kann*
elementargeometrische Objekte anhand ihrer definierenden Eigenschaften identifizieren. → *Abschn. 11.2*

Test 11.1

Welche der folgenden Aussagen sind richtig?

a) Jedes Quadrat ist eine Raute.
b) Es gibt Parallelogramme, die ein Rechteck sind.
c) Es gibt Drachen, die ein Rechteck, aber kein Quadrat sind.
d) Ein Trapez ist immer achsensymmetrisch.
e) Es gibt achsensymmetrische Trapeze.

☐ *Ich kann*
Winkel mithilfe des Satzes über Stufen- und Wechselwinkel an Parallelen berechnen. → *Abschn. 11.3*

Test 11.2

Berechnen Sie die Winkel α, β, γ und δ.

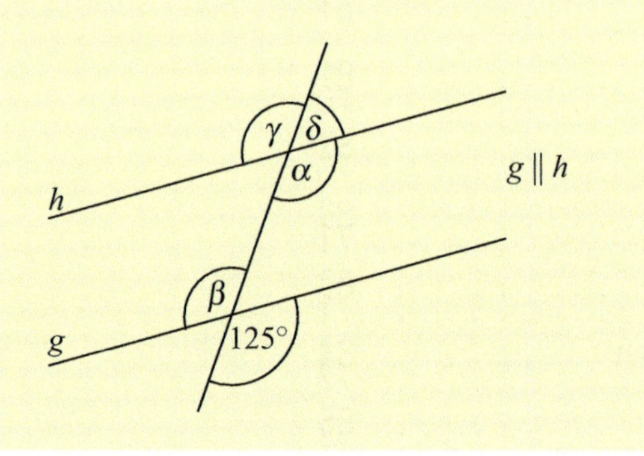

☐ *Ich kann*
Strecken mithilfe der Strahlensätze berechnen. → *Abschn. 11.4*

Test 11.3

Berechnen Sie die Strecken x und y.

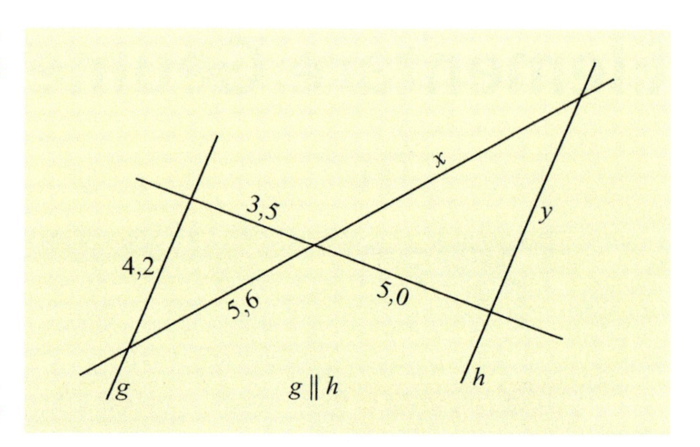

☐ *Ich kann*
Winkel mithilfe der Sätze über Winkelsummen in Vielecken berechnen. → *Abschn. 11.5*

Test 11.4

In dem Drachen sind die Winkel $\alpha = 110°$ und $\gamma = 50°$ bekannt. Berechnen Sie die Winkel β und ε.

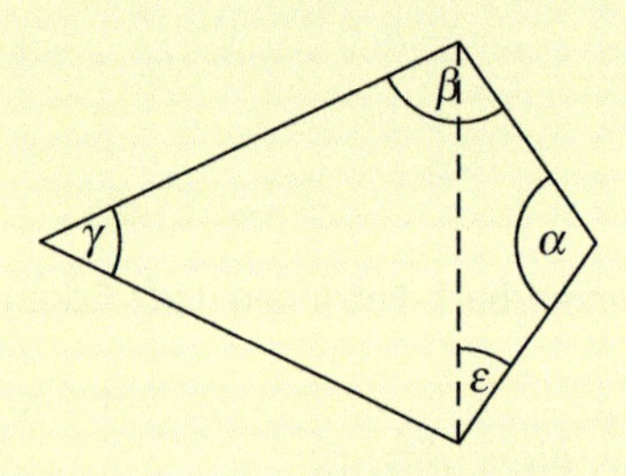

☐ *Ich kann*
die Gleichheit von Strecken und Winkeln mithilfe der Kongruenzsätze für Dreiecke nachweisen. → *Abschn. 11.6*

Test 11.5

Bei einem Quadrat der Seitenlänge 5 cm werden auf den Seiten von allen 4 Ecken im Uhrzeigersinn jeweils Strecken der Länge 2 cm abgetragen. Beweisen Sie, dass die Endpunkte dieser vier Strecken ein Quadrat bilden.

☐ *Ich kann*
Strecken mithilfe des Satzes von Pythagoras berechnen. → *Abschn. 11.7*

Test 11.6

In einem gleichseitigen Dreieck sind die Höhen 3 cm lang. Berechnen Sie die Seitenlänge des Dreiecks.

☐ *Ich kann*
Umfang und Flächeninhalt von Kreisen und einfachen Vielecken berechnen. → *Abschn. 11.8*

Test 11.7

Berechnen Sie den Flächeninhalt und die Gesamtlänge des Rands der grau schattierten Figur, wenn die Durchmesser der beiden Kreise 12 cm bzw. 4 cm sind.

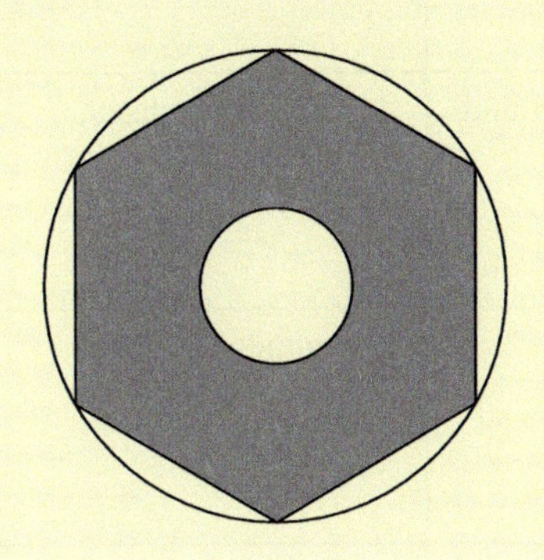

☐ *Ich kann*
Oberfläche und Volumen einfacher Körper (Prisma, Zylinder, Pyramide, Kegel, Kugel) berechnen. → *Abschn. 11.9*

Test 11.8

a) Auf einen Drehzylinder mit Grundkreisradius 2 cm und Höhe 8 cm wird ein Kegel mit demselben Grundkreisradius und der Höhe 3 cm aufgesetzt. Berechnen Sie das Volumen des Gesamtkörpers. Wie groß ist der Radius einer Kugel mit demselben Volumen?
b) Ein Prisma hat als Grundfläche ein gleichseitiges Dreieck mit der Seitenlänge 8 cm und ist 5 cm hoch. Berechnen Sie seine Oberfläche.

☐ *Ich kann*
Gradmaß und Bogenmaß unterscheiden und ineinander umrechnen. → *Abschn. 11.10*

Test 11.9

Berechnen Sie die fehlenden Werte

Gradmaß α	90°		45°		315°
Bogenmaß x		$\frac{\pi}{3}$		$-\frac{2}{3}\pi$	

☐ *Ich kann*
Sinus, Kosinus und Tangens als Seitenverhältnisse in rechtwinkligen Dreiecken interpretieren und damit fehlende Größen bestimmen. → *Abschn. 11.11*

Test 11.10

Die südliche Fläche eines Hausdachs ist 5,85 m breit und um 57° gegen die Horizontale geneigt. Die nördliche Dachfläche ist 7,10 m breit. Berechnen Sie die Höhe des Dachs sowie den Neigungswinkel der nördlichen Dachfläche.

☐ *Ich kann*
Sinus und Kosinus als Koordinaten der Punkte des Einheitskreises identifizieren. → *Abschn. 11.12*

Test 11.11

Zeichnen Sie auf einem Einheitskreis alle Punkte mit der x-Koordinate $-\frac{1}{2}$ ein. Welche Winkel gehören zu diesen Punkten? Bestimmen Sie die zu diesen Winkeln gehörenden Sinuswerte.

Ergebnisse der Testaufgaben

11.1 Richtig sind a), b) und e).

11.2 $\alpha = \beta = \gamma = 125°$, $\delta = 55°$

11.3 $x = 8{,}0$, $y = 6{,}0$

11.4 $\beta = 100°$, $\varepsilon = 35°$

11.5

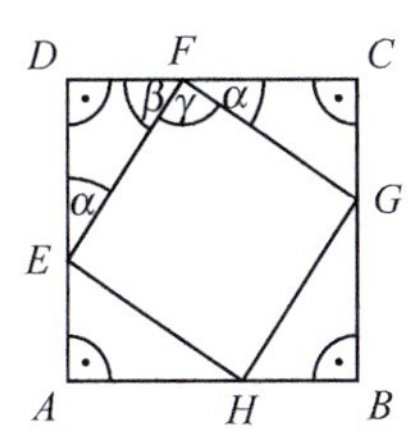

Wegen des Kongruenzsatzes sws sind die Dreiecke EDF, FCG, GBH und HAE kongruent. Daher sind die Strecken EF, FG, GH und HE gleich lang. $\alpha + \beta = 180° - 90° = 90°$ (Winkelsumme im Dreieck), also $\gamma = 180° - (\alpha + \beta) = 90°$. Das Viereck $EFGH$ ist damit ein Quadrat.

11.6 $a = \sqrt{12} = 2\sqrt{3}$

11.7 Flächeninhalt: $\left(54\sqrt{3} - 4\pi\right)\,\text{cm}^2 \approx 81{,}0\,\text{cm}^2$,
Randlänge: $(36 + 4\pi)\,\text{cm} \approx 48{,}6\,\text{cm}$

11.8 a) $V = 36\pi\,\text{cm}^3 \approx 113{,}1\,\text{cm}^3$, $r = 3{,}0\,\text{cm}$;

b) $O = \left(32\sqrt{3} + 120\right)\,\text{cm}^2 \approx 175{,}4\,\text{cm}^2$

11.9 $\frac{\pi}{2}$, $60°$, $\pi/4$, $240°$, $\frac{7}{4}\pi$

11.10 Höhe: $\approx 4{,}91$ m, Neigungswinkel: $\approx 44°$

11.11 $\alpha_1 = 120°$, $\alpha_2 = 240°$, $\sin(\alpha_1) = \frac{1}{2}\sqrt{3}$, $\sin(\alpha_2) = -\frac{1}{2}\sqrt{3}$

Übersicht: Elementargeometrische Objekte

Figur	Definition	Symmetrie
Kreis (r, M)	Menge aller Punkte, die von einem festen Punkt M (Mittelpunkt) den Abstand r (Radius) haben	Unendlich viele Symmetrieachsen (alle durch M), 1 Symmetriezentrum
Quadrat (S)	Viereck mit 4 gleich langen Seiten und 4 rechten Winkeln	4 Symmetrieachsen, 1 Symmetriezentrum
Raute (S)	Viereck mit 4 gleich langen Seiten	2 Symmetrieachsen, 1 Symmetriezentrum
Rechteck (S)	Viereck mit 4 rechten Winkeln	2 Symmetrieachsen, 1 Symmetriezentrum
Parallelogramm (S)	Viereck mit 2 Paaren paralleler Seiten	1 Symmetriezentrum
Drachen	Viereck mit 2 Paaren benachbarter gleich langer Seiten	1 Symmetrieachse
Trapez	Viereck mit 2 parallelen Seiten	Im Allgemeinen keine Symmetrie

Eine Übersicht zum Zusammenhang der verschiedenen Arten von Vierecken finden Sie im Online-Material.

tiny.cc/to5l1y

11.2 Eigenschaften ebener geometrischer Objekte

Beispiel 11.1

Ist ein Quadrat ein Drachen?

Bei einem Quadrat sind alle vier Seiten gleich lang. Also hat es zwei Paare benachbarter gleich langer Seiten.

Ergebnis 11.1 Ein Quadrat ist ein Drachen. ◀

Beispiel 11.2

Unter welcher Bedingung ist ein Parallelogramm eine Raute?

Bei einer Raute müssen alle Seiten gleich lang sein.

Ergebnis 11.2 Ein Parallelogramm, bei welchem alle Seiten gleich lang sind, ist eine Raute. ◀

11.3 Stufen- und Wechselwinkel an Parallelen

Situation: Zwei Geraden g und h werden von einer weiteren Geraden geschnitten.

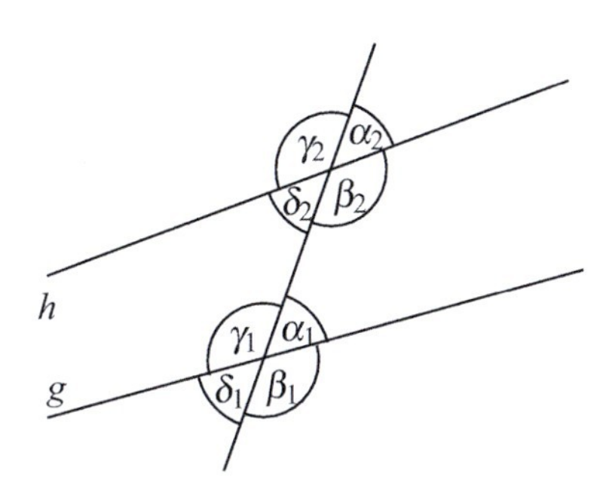

Paare von **Stufenwinkeln** sind

$$(\alpha_1;\alpha_2),\ (\beta_1;\beta_2),\ (\gamma_1;\gamma_2) \text{ und } (\delta_1;\delta_2).$$

Paare von **Wechselwinkeln** sind

$$(\alpha_1;\delta_2),\ (\beta_1;\gamma_2),\ (\gamma_1;\beta_2) \text{ und } (\delta_1;\alpha_2).$$

Sind die Geraden g, h parallel, so sind Stufen- bzw. Wechselwinkel gleich groß.

Es gilt auch die Umkehrung. Sind Stufen- bzw. Wechselwinkel gleich groß, so sind die Geraden g und h parallel.

Beispiel 11.3

Berechnen Sie die Winkel β, δ und ε, wenn $\alpha = 50°$ und $\gamma = 70°$ ist.

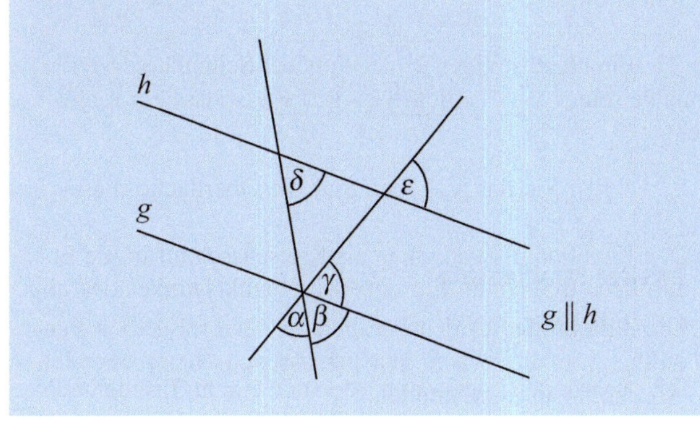

Der Winkel ε ist Stufenwinkel zu γ, d. h.

$$\varepsilon = 70°.$$

Weiter ist

$$\beta = 180° - \alpha - \gamma = 60°.$$

Der Winkel δ ist Stufenwinkel zu β, also

$$\delta = 60°.$$

Ergebnis 11.3 $\beta = 60°, \delta = 60°, \varepsilon = 70°$ ◀

11.4 Strahlensätze

Situation: Zwei von einem Punkt ausgehende Halbgeraden („Strahlen“) werden von einem Paar paralleler Geraden geschnitten.

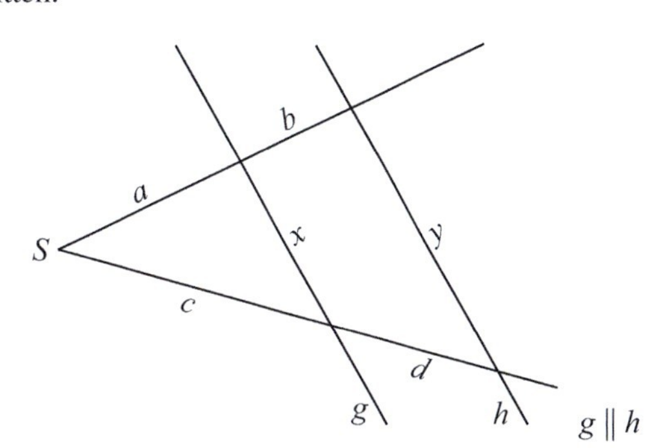

Dann gilt:

Erster Strahlensatz

Die Abschnitte auf dem einen Strahl stehen im gleichen Verhältnis wie die Abschnitte auf dem anderen Strahl.

$$\frac{a}{b} = \frac{c}{d}$$
$$\frac{a+b}{a} = \frac{c+d}{c}$$
$$\frac{a+b}{b} = \frac{c+d}{d}$$

Zweiter Strahlensatz

Die Abschnitte auf den Parallelen stehen im selben Verhältnis wie die von S aus gemessenen entsprechenden Abschnitte auf den Strahlen.

$$\frac{y}{x} = \frac{a+b}{a} = \frac{c+d}{c}$$

Beispiel 11.4

Eine 1,80 m große Person wirft einen 2,10 m langen Schatten. Sie steht direkt neben einem Baum, der einen 14,70 m langen Schatten wirft. Berechnen Sie die Höhe des Baums.

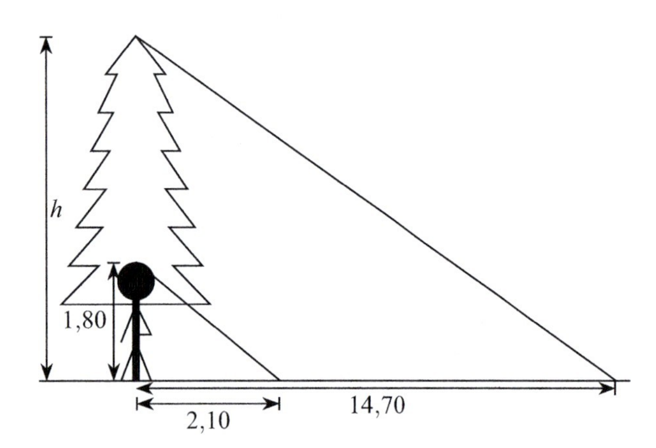

Der Baumstamm und die ebene Erdoberfläche bilden zwei von einem Punkt ausgehende Strahlen. Die beiden Sonnenstrahlen, die die Schatten begrenzen, sind parallel. Nach dem ersten Strahlensatz gilt

$$\frac{h}{1{,}80} = \frac{14{,}70}{2{,}10}.$$

Also ist

$$h = \frac{14{,}70 \cdot 1{,}80}{2{,}10} = 12{,}60.$$

Ergebnis 11.4 Der Baum ist 12,60 m hoch. ◀

Es gilt die Umkehrung des ersten Strahlensatzes, nicht aber die Umkehrung des zweiten Strahlensatzes. Details dazu finden Sie im Online-Material.

tiny.cc/to51ly

11.5 Winkelsummensatz

Über die Winkelsumme in einem 3-, 4- oder allgemein n-Eck lässt sich folgende Aussage formulieren.

Winkelsummensatz

In einem ebenen n-Eck beträgt die Summe aller Innenwinkel („Winkelsumme")

$$(n-2) \cdot 180°.$$

Beispiel 11.5

In dem skizzierten Trapez sind die Winkel $\alpha = 65°$ und $\delta = 45°$ bekannt.

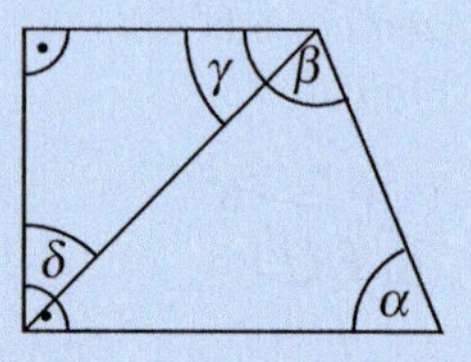

Wie groß sind die Winkel β und γ?

Wegen der Winkelsumme von 360° im Viereck gilt

$$\beta = 360° - 90° - 90° - \alpha = 360° - 90° - 90° - 65° = 115°.$$

Wegen der Winkelsumme von 180° im Dreieck gilt

$$\gamma = 180° - 90° - \delta = 180° - 90° - 45° = 45°.$$

Ergebnis 11.5 $\beta = 115°, \gamma = 45°$ ◀

11.6 Kongruente Dreiecke

Zwei Dreiecke sind genau dann **kongruent** („deckungsgleich"), wenn sie in allen Seiten und Winkeln übereinstimmen. Zum Nachweis der Kongruenz genügen aber schon weniger Übereinstimmungen.

Kongruenzsätze im Dreieck

Kongruenzsatz	Zwei Dreiecke sind kongruent, wenn sie...
sss	...in allen drei Seiten übereinstimmen.
sws	...in zwei Seiten und dem eingeschlossenen Winkel übereinstimmen.
wsw	...in einer Seite und den zwei anliegenden Winkeln übereinstimmen.
sww	...in einer Seite, einem anliegenden Winkel und dem gegenüberliegenden Winkel übereinstimmen.
Ssw	...zwei Seiten und dem Winkel, der der größeren Seite gegenüberliegt, übereinstimmen.

Beispiel 11.6

Zeigen Sie: Ist M der Mittelpunkt der Strecke AB, so sind die Strecken AP und QB gleich lang.

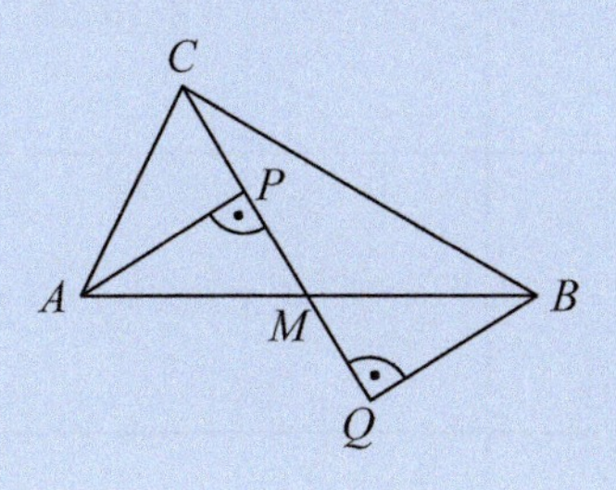

Die Dreiecke APM und BMQ stimmen in einer Seite ($\overline{AM}$ und $\overline{MB}$), einem anliegenden gleichen Winkel (Scheitelwinkel) und einem gegenüberliegenden rechten Winkel überein, sind also nach sww kongruent. Daher gilt:

$$\overline{AP} = \overline{QB}.$$ ◄

11.7 Satz des Pythagoras

Satz des Pythagoras

In einem rechtwinkligen Dreieck gilt: Das Quadrat über der Hypotenuse (dem rechten Winkel gegenüberliegende Seite) hat den gleichen Flächeninhalt wie die beiden Quadrate über den Katheten zusammen:

$$a^2 + b^2 = c^2$$

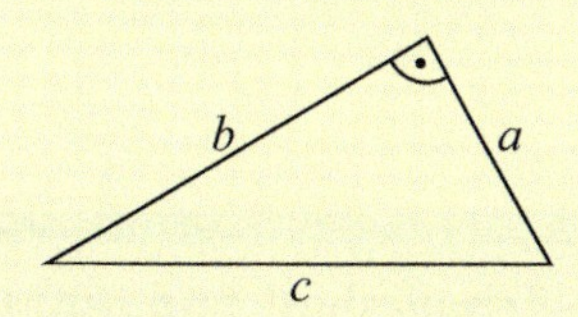

Mithilfe dieses Satzes kann man im rechtwinkligen Dreieck aus zwei bekannten Seitenlängen die dritte berechnen.

Beispiel 11.7

Der Balken BC soll im Punkt S im Abstand 2,00 m vom Punkt B orthogonal abgestützt werden. Wie lang muss der Stützbalken AS sein?

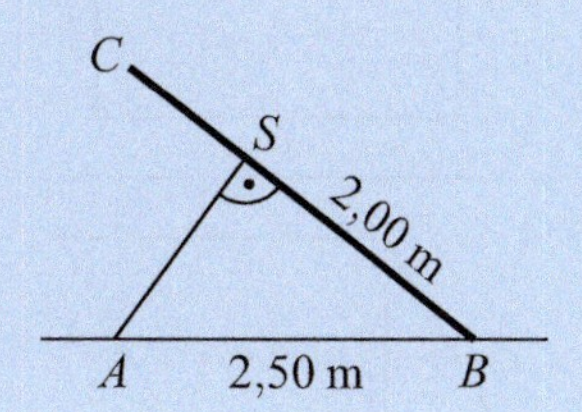

Nach dem Satz von Pythagoras gilt $2{,}00^2 + \overline{AS}^2 = 2{,}50^2$ und damit

$$\overline{AS} = \sqrt{2{,}50^2 - 2{,}00^2} = \sqrt{6{,}25 - 4{,}00} = \sqrt{2{,}25} = 1{,}50.$$

Ergebnis 11.7 Der Stützbalken muss 1,50 m lang sein. ◄

Im Umfeld des Satzes des Pythagoras gibt es weitere Sätze (Kathetensatz, Höhensatz, Kehrsatz des Pythagoras), die unter dem Oberbegriff „Satzgruppe des Pythagoras" zusammengefasst werden. Details dazu finden Sie im Online-Material.

tiny.cc/to5l1y

Teil III

11.8 Flächeninhalt und Umfang von Kreisen und Vielecken

Den Flächeninhalt eines beliebigen Vielecks kann man bestimmen, indem man es in lauter Dreiecke zerlegt.

Beispiel 11.8

Wie groß ist der Flächeninhalt des Vierecks $ABCD$ mit $A(2|0)$, $B(7|0)$, $C(7|6)$ und $D(3|4)$?

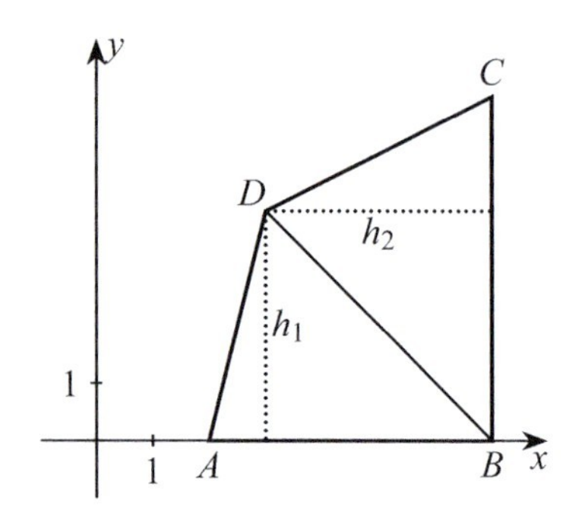

Die Strecke BD zerlegt das Viereck in zwei Dreiecke: Dreieck ABD mit der Grundseite $\overline{AB} = 5$ und der Höhe $h_1 = 4$ sowie

Übersicht: Flächeninhalt und Umfang

Figur	Flächeninhalt	Umfang
Dreieck	$A = \frac{1}{2} \cdot c \cdot h$	$U = a + b + c$
Rechteck	$A = a \cdot b$	$U = 2 \cdot (a + b)$
Parallelogramm	$A = a \cdot h$	$U = 2 \cdot (a + b)$
Drachen	$A = \frac{1}{2} \cdot e \cdot f$	$U = 2 \cdot (a + b)$
Trapez	$A = \frac{a + c}{2} \cdot h$	$U = a + b + c + d$
Kreis	$A = \pi \cdot r^2$	$U = 2\pi \cdot r$

Dreieck BCD mit der Grundseite $\overline{BC} = 6$ und der Höhe $h_2 = 4$. Damit gilt für den Flächeninhalt

$$A = A_1 + A_2 = \frac{1}{2} \cdot \overline{AB} \cdot h_1 + \frac{1}{2} \cdot \overline{BC} \cdot h_2$$
$$= \frac{1}{2} \cdot 5 \cdot 4 + \frac{1}{2} \cdot 6 \cdot 4 = 22.$$

Ergebnis 11.8 Der Flächeninhalt des Vierecks $ABCD$ beträgt $A = 22$ Flächeneinheiten. ◀

Allgemeiner lässt sich der Flächeninhalt eines ebenen Objekts dann bestimmen, wenn sich das Objekt in einfache geometrische Figuren zerlegen lässt.

Beispiel 11.9

Wie groß sind der Flächeninhalt und der Umfang der folgenden Figur?

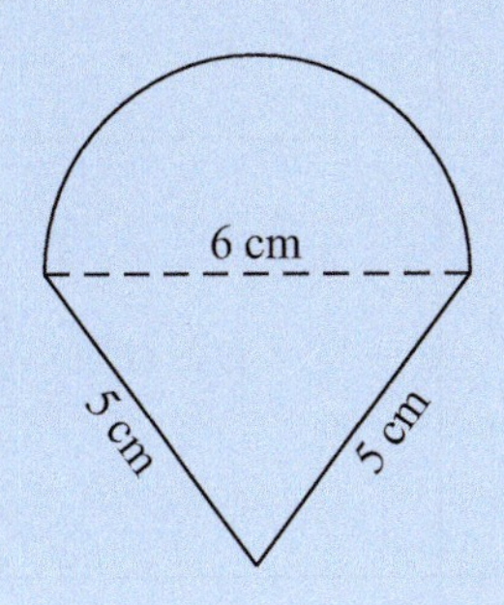

Die Fläche setzt sich aus einem Dreieck und einem Halbkreis zusammen. Damit gilt für den Flächeninhalt

$$A = A_{\text{Dreieck}} + A_{\text{Halbkreis}}.$$

Die Höhe des Dreiecks ergibt sich über den Satz des Pythagoras zu

$$h = \sqrt{5^2 - 3^2} = 4.$$

Damit berechnen sich Flächinhalt und Umfang der Figur als:

$$A = \frac{1}{2} \cdot 6 \cdot 4 + \frac{1}{2} \cdot \pi \cdot 3^2 = 12 + 4{,}5\pi \approx 26{,}1$$
$$U = 2 \cdot 5 + \frac{1}{2} \cdot 2\pi \cdot 3 = 10 + 3\pi \approx 19{,}4$$

Ergebnis 11.9 Der Flächeninhalt der Figur beträgt

$$A = (12 + 4{,}5\pi)\,\text{cm}^2 \approx 26{,}1\,\text{cm}^2,$$

der Umfang

$$U = (10 + 3\pi)\,\text{cm} \approx 19{,}4\,\text{cm}.$$ ◀

11.9 Oberfläche und Volumen einfacher Körper

Beispiel 11.10

Ein kegelförmiger Messbecher ist 24 cm hoch und hat einen Durchmesser von 12 cm.

a) Wie groß ist die maximale Füllmenge des Messbechers?
b) In den Messbecher werden 0,5 Liter Wasser eingefüllt. Wie weit steht das Wasser unter dem Rand?

a) Das Volumen des Messbechers in cm^3 ergibt sich über das Volumen eines Drehkegels:

$$V = \frac{1}{3}\pi \cdot r^2 \cdot h = \frac{1}{3}\pi \cdot 6^2 \cdot 24 = 288\pi \approx 905$$

b) Das Volumen des Wassers in cm^3 beträgt

$$V_1 = \frac{1}{3}\pi \cdot r_1^2 \cdot h_1 = 500.$$

Nach dem zweiten Strahlensatz gilt

$$\frac{r_1}{h_1} = \frac{r}{h} = \frac{6}{24} = \frac{1}{4}$$

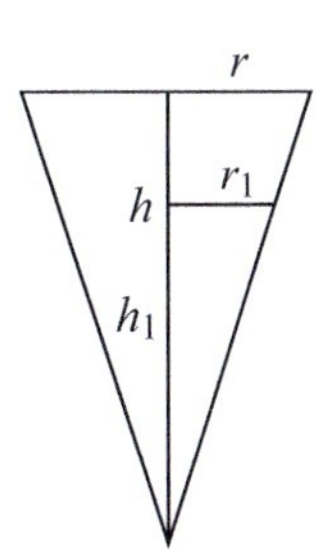

und damit

$$r_1 = \frac{1}{4}h_1.$$

Setzt man dies in die Formel für V_1 ein, so ergibt sich

$$\frac{1}{3}\pi \cdot \frac{1}{16}h_1^2 \cdot h_1 = \frac{1}{48}\pi \cdot h_1^3 = 500$$
$$\Rightarrow \quad h_1 = \sqrt[3]{\frac{500 \cdot 48}{\pi}} = \sqrt[3]{\frac{24\,000}{\pi}} \approx 19{,}7.$$

Ergebnis 11.10 a) Der Messbecher hat eine maximale Füllmenge von ca. $905\,\text{cm}^3 = 0{,}905$ Liter.

b) Das Wasser steht ca. 4,3 cm unter dem Rand des Messbechers. ◀

Übersicht: Volumen und Oberfläche

Köper	Volumen	Oberfläche
Senkrechtes Prisma mit Grundfläche G und Seitenflächen s_k	$V = G \cdot h$	$O = 2G + s_1 + s_2 + \ldots s_n$
Drehzylinder	$V = \pi r^2 \cdot h$	$O = 2 \cdot \pi r^2 + 2\pi r \cdot h$
Senkrechte Pyramide mit Grundfläche G, n Seiten der Länge a, Höhe h der Pyramide sowie Höhe h_1 der Seitenflächen	$V = \frac{1}{3} \cdot G \cdot h$	$O = G + n \cdot \frac{1}{2} a h_1$
Drehkegel	$V = \frac{1}{3} \pi \cdot r^2 \cdot h$	$O = \pi r^2 + M$ mit der Mantelfläche $M = \pi \cdot r \cdot s$
Kugel	$V = \frac{4}{3} \pi \cdot r^3$	$O = 4\pi \cdot r^2$

11.10 Gradmaß und Bogenmaß

Die Größe eines Winkels kann auf verschiedene Weisen beschrieben werden.

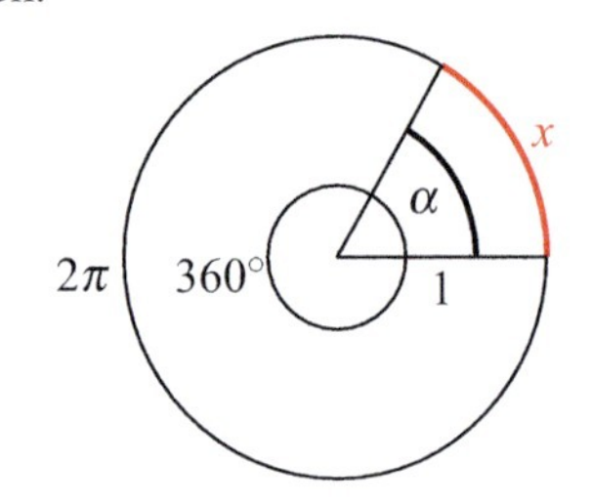

Ein Winkel mit der Größe 1° ist $\frac{1}{360}$ des Vollwinkels. Das **Gradmaß** α gibt an, welches Vielfache des 1°-Winkels dieser Winkel ist.

Das **Bogenmaß** x eines Winkels ist die zum Winkel α gehörende Bogenlänge im Einheitskreis.

Damit gilt:

$$\frac{x}{2\pi} = \frac{\alpha}{360°}$$

Beispiel 11.11

a) Wie groß ist das Bogenmaß des Winkels mit dem Gradmaß 48°?
b) Wie groß ist das Gradmaß des Winkels mit dem Bogenmaß $\frac{5\pi}{12}$?

a) $x = \pi \cdot \frac{\alpha}{180°} = \pi \cdot \frac{48°}{180°} = \pi \cdot \frac{4}{15} \approx 0{,}8378$

b) $\alpha = \frac{x \cdot 180°}{\pi} = \frac{5\pi \cdot 180°}{12 \cdot \pi} = 75°$

Ergebnis 11.11 a) Dem Gradmaß 48° entspricht das Bogenmaß $x = \frac{4}{15}\pi \approx 0{,}8378$.

b) Dem Bogenmaß $\frac{5\pi}{12}$ entspricht das Gradmaß $\alpha = 75°$. ◄

11.11 Sinus, Kosinus und Tangens im rechtwinkligen Dreieck

Trigonometrische Ausdrücke

In einem rechtwinkligen Dreieck gilt:

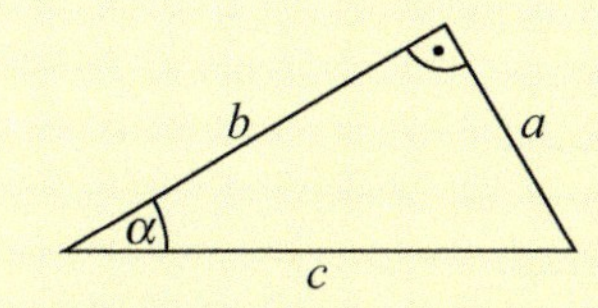

$$\sin(\alpha) = \frac{\text{Gegenkathete}}{\text{Hypotenuse}} = \frac{a}{c} \quad \text{(Sinus)}$$
$$\cos(\alpha) = \frac{\text{Ankathete}}{\text{Hypotenuse}} = \frac{b}{c} \quad \text{(Kosinus)}$$
$$\tan(\alpha) = \frac{\text{Gegenkathete}}{\text{Ankathete}} = \frac{a}{b} \quad \text{(Tangens)}$$

Achtung Sinus-, Kosinus- und Tangenswerte erhält man mit dem Taschenrechner. Man muss aber darauf achten, dass dieser auf das für das vorliegende Problem korrekte Winkelmaß (Gradmaß oder Bogenmaß) eingestellt ist. ◄

Mithilfe der trigonometrischen Beziehungen kann man aus bekannten Seitenlängen Winkel berechnen und umgekehrt.

Beispiel 11.12

Eine Person steht 20 m vor einem Turm. Sie sieht die Turmspitze unter einem Winkel von 58° gegen die Horizontale. Ihre Augenhöhe beträgt 1,60 m.

a) Wie hoch ist der Turm?
b) Unter welchem Winkel sieht die Person die Turmspitze, wenn sie die Entfernung zum Turm verdoppelt?

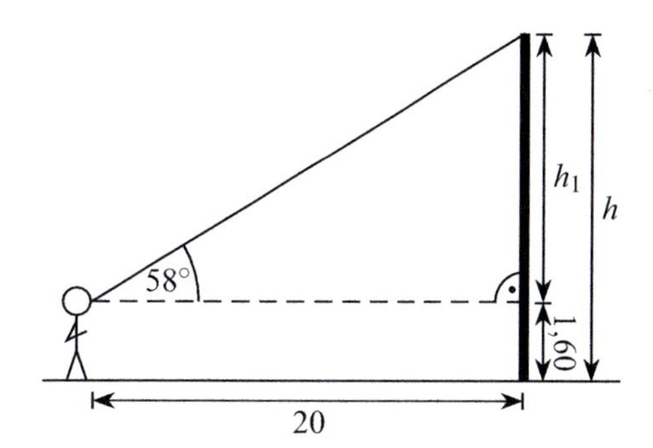

a) Es gilt

$$\tan(58°) = \frac{h_1}{20},$$

also

$$h_1 = 20 \cdot \tan(58°) \approx 32{,}0.$$

Damit ergibt sich als Turmhöhe

$$h = h_1 + 1{,}60 = 33{,}60.$$

b) Für den gesuchten Winkel α gilt

$$\tan(\alpha) = \frac{h_1}{2 \cdot 20} = \frac{32}{40} = 0{,}8.$$

Damit ergibt sich

$$\alpha \approx 38{,}7°.$$

Ergebnis 11.12 a) Der Turm ist ca. 33,60 m hoch.

b) Bei Verdoppelung des Abstands zum Turm sieht die Person die Turmspitze unter einem Winkel von ca. 39°. ◄

11.12 Sinus und Kosinus im Einheitskreis

Zu jedem Winkel α gehört genau ein Punkt P auf dem Einheitskreis mit den Koordinaten $P\,(\cos(\alpha)|\sin(\alpha))$. Diese Regel kann man über den ersten Quadranten hinaus für alle Winkel verallgemeinern.

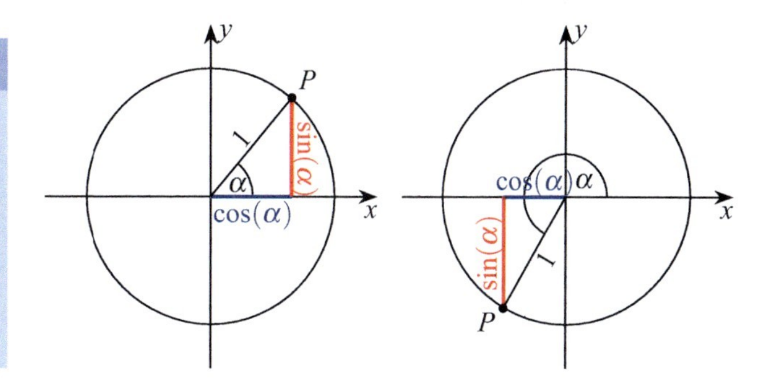

Beispiel 11.13

a) Welcher Punkt P auf dem Einheitskreis gehört zu dem Winkel $\alpha = 30°$?
b) Der Punkt P wird an der y-Achse gespiegelt. Welcher Winkel gehört zu dem gespiegelten Punkt P'? Wie groß sind die entsprechenden Sinus- und Kosinuswerte?

Ergebnis 11.13 a) $\sin(30°) = \frac{1}{2}$, $\cos(30°) = \frac{1}{2}\sqrt{3}$, also $P\left(\frac{1}{2}\sqrt{3}|\frac{1}{2}\right)$.

b) Zu $P'\left(-\frac{1}{2}\sqrt{3}|\frac{1}{2}\right)$ gehört der Winkel $\beta = 180° - \alpha = 150°$. $\sin(\beta) = \frac{1}{2}$, $\cos(150°) = -\frac{1}{2}\sqrt{3}$. ◀

Aufgaben

11.1 Für welche der Vierecke Parallelogramm, Raute, Rechteck, Quadrat, Drachen gilt die Aussage?

a) Alle Winkel sind gleich groß.
b) Die Diagonalen sind orthogonal.
c) Die Diagonalen halbieren sich.
d) Die Diagonalen sind gleich lang.
e) Das Viereck hat im Allgemeinen keine Symmetrieachse.

11.2 Ein Viereck ist sowohl ein Parallelogramm als auch ein Drachen. Welche Aussagen sind richtig?

a) Das Viereck ist ein Trapez.
b) Das Viereck ist ein Quadrat.
c) Das Viereck ist eine Raute.
d) Das Viereck hat genau eine Symmetrieachse.
e) Das Viereck ist punktsymmetrisch.

11.3 Berechnen Sie den Winkel α.

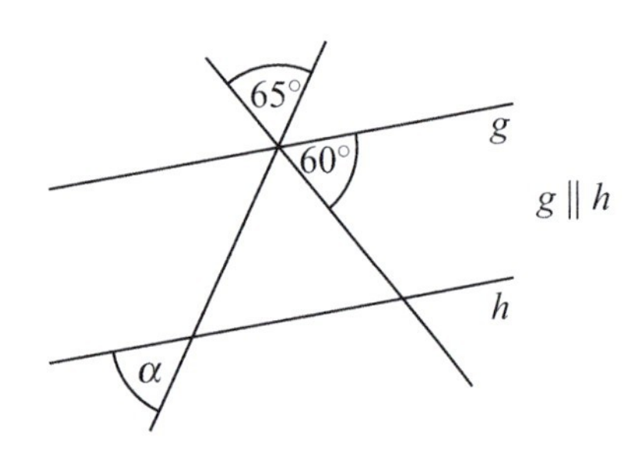

11.4 Berechnen Sie den Winkel α und prüfen Sie, ob die Geraden g und h parallel sind.

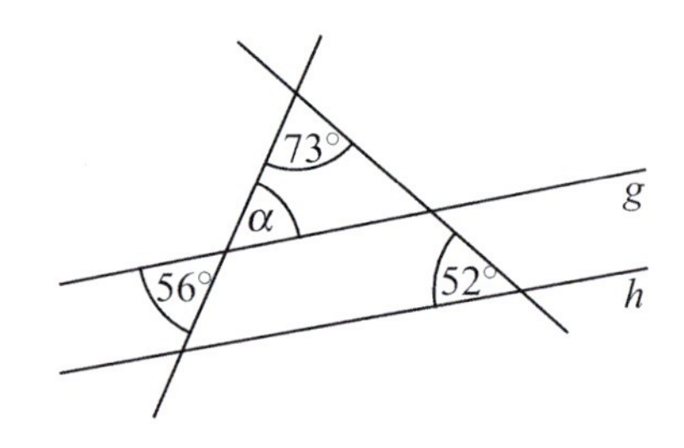

11.5 Geben Sie für die skizzierte Strahlensatzfigur jeweils gleiche Streckenverhältnisse an.

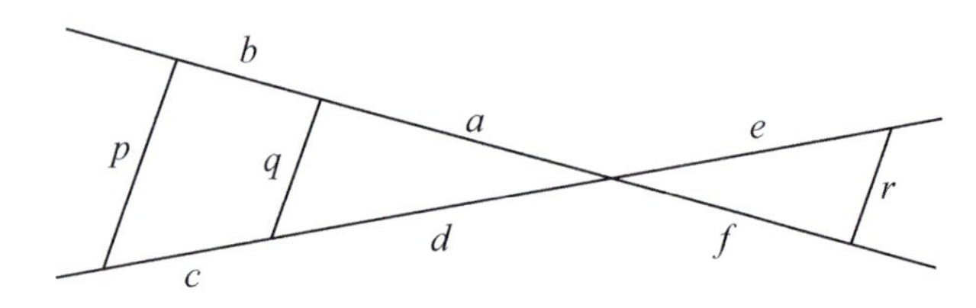

a) $\frac{d}{c} = \text{——}$
b) $\frac{a+b}{a} = \text{——} = \text{——}$
c) $\frac{e}{d} = \text{——} = \text{——}$
d) $\frac{q}{r} = \text{——} = \text{——}$
e) $\frac{r}{p} = \text{——} = \text{——}$
f) $\frac{q}{d} = \text{——} = \text{——}$

11.6

a) In der skizzierten Figur ist $h \parallel k$. Berechnen Sie die Streckenlängen x und y.
b) Ist die Gerade g parallel zur Geraden k? Begründen Sie Ihre Aussage.

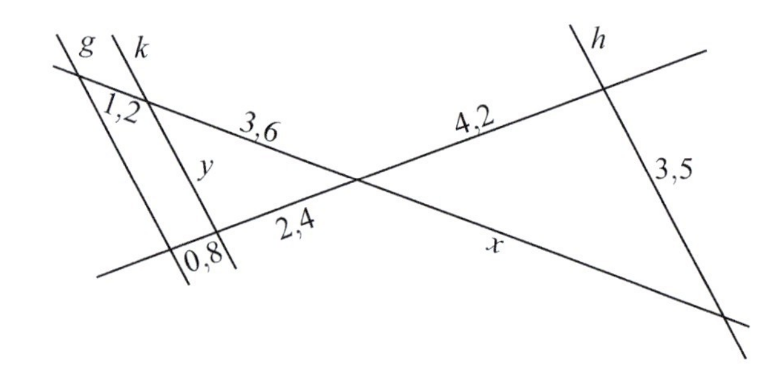

11.7 Ein 54 m hoher Fabrikschornstein wirft auf dem ebenen Erdboden einen 81m langen Schatten. Ein Stück unterhalb der Schornsteinspitze befindet sich ein eiserner Haken. Der Schatten des Hakens ist vom Schatten der Schornsteinspitze 13,5 m entfernt. Fertigen Sie eine Skizze an und berechnen Sie, in welcher Höhe über dem Erdboden sich der Haken befindet.

Teil III

11.8 Berechnen Sie jeweils den Winkel α.

a)

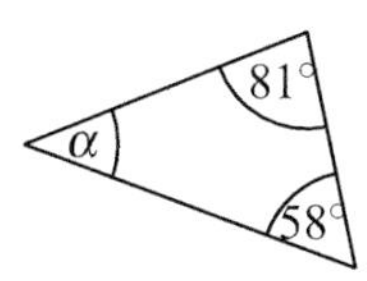

b)

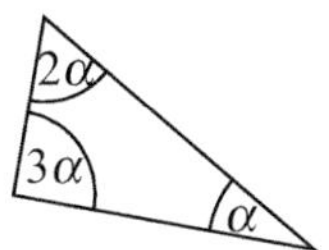

c) Drachen

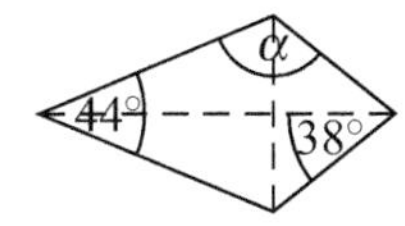

11.9 Berechnen Sie die Innenwinkel eines regelmäßigen Neunecks.

11.10 M ist der gemeinsame Mittelpunkt der beiden Kreise. Begründen Sie, dass die Strecken AB und CD gleich lang sind.

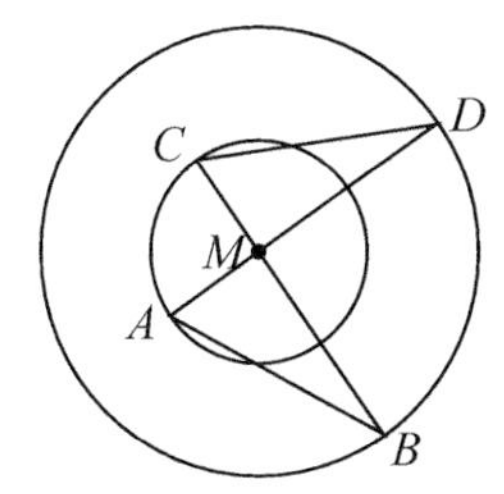

11.11

a) In einem rechtwinkligen Dreieck ist die Hypotenuse 13 cm und eine Kathete 5 cm lang. Berechnen Sie die Länge der zweiten Kathete.
b) In einem rechtwinkligen Dreieck mit der Hypotenusenlänge c gilt für die erste Kathete $a = \frac{1}{3}c$. Berechnen Sie die Länge der zweiten Kathete in Abhängigkeit von c.

11.12 Die Flächendiagonale eines Würfels ist 10 cm lang. Berechnen Sie die Länge seiner Raumdiagonalen.

11.13 Die Abbildung zeigt eine senkrechte quadratische Pyramide.

a) Berechnen Sie die Höhe h der Pyramide, wenn die Länge der Grundkante $a = 100$ m und die der Seitenkante $s = 140$ m beträgt.
b) Bei manchen Pyramiden ist $a = s$. Stellen Sie eine Formel auf, mit der sich die Höhe h direkt aus a bzw. s berechnen lässt.

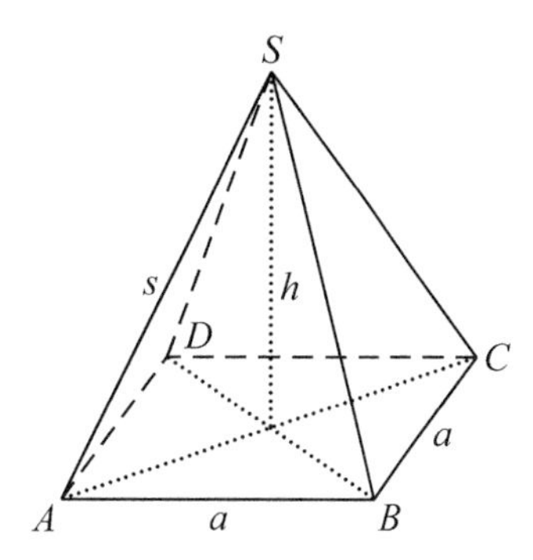

11.14 Sind folgende Aussagen wahr oder falsch?

a) Ein Kreis mit dem Radius 10 cm hat einen Flächeninhalt, der viermal so groß ist wie der Flächeninhalt eines Kreises mit dem Radius 5 cm.
b) Ein Kreis mit Radius 10 cm hat einen Umfang, der viermal so groß ist wie der Umfang eines Kreises mit dem Radius 5 cm.
c) Vier Kreise mit dem Radius 1 m haben zusammen den gleichen Umfang wie ein Kreis mit dem Radius 2 m.
d) Vergrößert man den Radius eines Kreises um 1 m, so vergrößert sich sein Umfang um 1 m.
e) Verdoppelt man den Radius des Grundkreises eines Zylinders, so verdoppelt sich dabei auch sein Volumen.
f) Verdoppelt man den Radius des Grundkreises eines Zylinders, so verdoppelt sich dabei auch sein Oberflächeninhalt.
g) Halbiert man die Höhe eines Zylinders, so halbiert sich dabei auch sein Volumen.
h) Verdoppelt man die Höhe eines Zylinders, so verdoppelt sich dabei auch sein Oberflächeninhalt.

11.15 Zeichen Sie in ein Koordinatensystem das Viereck $ABCD$ mit $A(1|3)$, $B(6|2)$, $C(4|6)$ und $D(1|5)$. Berechnen Sie den Flächeninhalt des Vierecks.

11.16

a) Ein Kreis hat den Umfang 8π cm. Geben Sie seinen Flächeninhalt an.
b) Ein Kreisausschnitt hat die Bogenlänge 3π m und den Radius 2 m. Berechnen Sie seinen Mittelpunktswinkel α im Gradmaß.

11.17 Einem Quadrat mit der Seitenlänge 10 cm wird ein Kreis einbeschrieben und ein Kreis umbeschrieben. Berechnen Sie den Flächeninhalt des dabei entstandenen Kreisrings.

11.18 Berechnen Sie den Flächeninhalt und den Umfang der grauen Figur, wenn das Quadrat die Seitenlänge a hat.

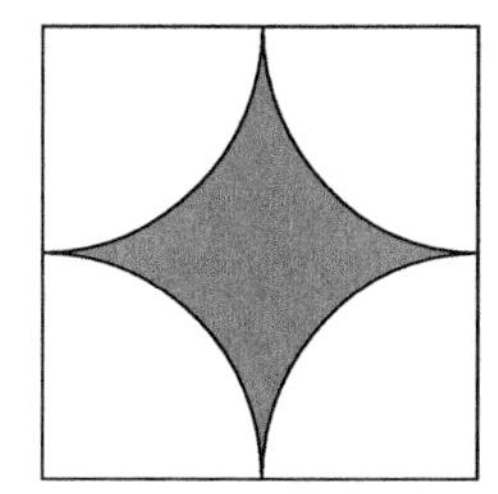

11.19 Vier Bleikugeln mit dem Radius 1 cm werden eingeschmolzen; daraus wird eine neue Kugel gegossen.

a) Berechnen Sie den Radius der neuen Kugel.
b) Um wie viel Prozent ist die Oberfläche der neuen Kugel kleiner als die Oberflächen der vier kleinen Kugeln zusammen?

11.20 Ein hohler Würfel mit der äußeren Kantenlänge 10 cm hat als Begrenzungen Aluminiumplatten der Dicke 1 cm.

a) Berechnen Sie die Masse des Würfels (Dichte von Aluminium: $2{,}71\,\mathrm{g/cm^3}$).
b) Der Würfel wird ins Wasser geworfen. Schwimmt er oder geht er unter?

11.21 Ein gleichseitiges Dreieck mit der Seitenlänge 8 cm wird um eine seiner Symmetrieachsen gedreht, sodass ein Kegel entsteht.

a) Berechnen Sie das Volumen und die Oberfläche dieses Kegels.
b) Den Kegelmantel kann man als Kreisausschnitt in die Ebene abrollen. Berechnen Sie den Mittelpunktswinkel des abgerollten Kegelmantels.

11.22 Begründen Sie, warum der mit einem Taschenrechner berechnete Wert $\sin(0{,}49\pi) = 0{,}02686$ nicht stimmen kann. Welcher Fehler wurde gemacht?

11.23 Jedes öffentliche Gebäude benötigt einen behindertengerechten Zugang, der mit einem Rollstuhl befahrbar ist. An einer Schule muss dafür eine Treppe mit drei Stufen à 20 cm Höhe durch eine Rampe überwunden werden. Eine solche Rampe darf maximal eine Steigung von 8 % haben. Berechnen Sie den Steigungswinkel und die kleinstmögliche Länge der Rampe.

11.24 Berechnen Sie die Länge der Strecke AC, wenn gilt:

$$\overline{AQ} = 5{,}0\,\mathrm{cm} \qquad \overline{AB} = 3{,}0\,\mathrm{cm} \qquad \overline{BP} = 1{,}0\,\mathrm{cm}$$

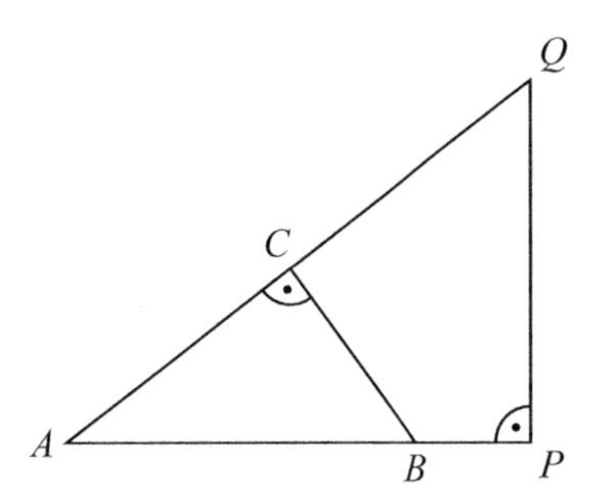

11.25 Die beiden parallelen Seiten a und b eines gleichschenkligen Trapezes sind $a = 8\,\mathrm{cm}$ und $b = 14\,\mathrm{cm}$ lang. Die Höhe h beträgt 4 cm.

a) Wie lang ist der Schenkel s?
b) Wie groß ist der Winkel α?

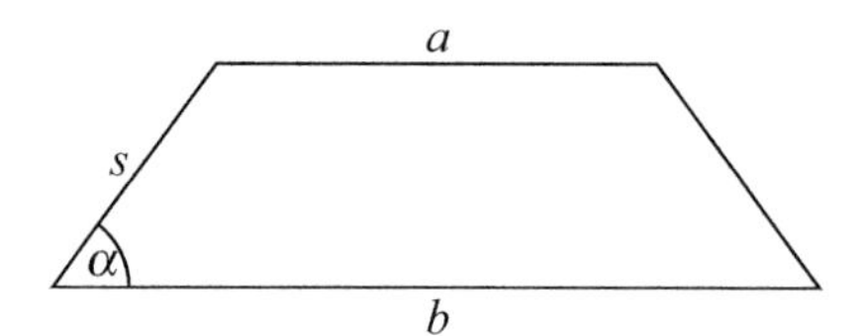

11.26 Ein Damm hat als Querschnitt ein gleichschenkliges Trapez. Der Böschungswinkel α beträgt 42°, die Länge der Böschung s ist 12 m, die untere Dammbreite beträgt 54 m.

Berechnen Sie die Höhe des Damms und die Breite der Dammkrone.

11.27 Der Punkt $P(1|2)$ wird um den Ursprung O gegen den Uhrzeigersinn um 80° gedreht. Berechnen Sie den Winkel α, den die Strecke OP mit der x-Achse einschließt und die Koordinaten des gedrehten Punktes P'.

11.28

a) Geben Sie die Koordinaten des Punktes P auf dem Einheitskreis an, der zum Winkel $x_1 = \frac{\pi}{6}$ gehört.
b) Bestimmen Sie einen weiteren Winkel x_2 ($x_2 \in [0, 2\pi]$) mit $\sin(x_2) = \sin(x_1)$.
c) Bestimmen Sie einen weiteren Winkel x_3 ($x_3 \in [0, 2\pi]$) mit $\cos(x_3) = \cos(x_1)$.

Lösungen zu den Aufgaben

11.1 Die Aussage gilt für

a) Rechteck, Quadrat
b) Raute, Quadrat, Drachen
c) Parallelogramm, Raute, Rechteck, Quadrat
d) Rechteck, Quadrat
e) Parallelogramm

11.2 Es sind nur die Aussagen a), c) und e) richtig.

11.3 $\alpha = 55°$

11.4 $\alpha = 56°$ (Scheitelwinkel), $\beta = 180° - 73° - 56° = 51°$ (Winkelsumme im Dreieck). Der Stufenwinkel zu β ist 52°, also um 1° größer, d. h., g und h sind nicht parallel.

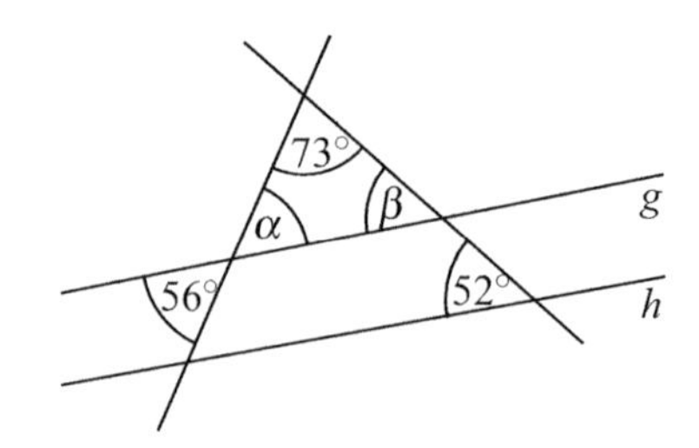

11.5

a) $\frac{d}{c} = \frac{a}{b}$
b) $\frac{a+b}{a} = \frac{d+c}{d} = \frac{p}{q}$
c) $\frac{e}{d} = \frac{f}{a} = \frac{r}{q}$
d) $\frac{q}{r} = \frac{a}{f} = \frac{d}{e}$
e) $\frac{r}{p} = \frac{e}{c+d} = \frac{f}{a+b}$
f) $\frac{q}{d} = \frac{p}{c+d} = \frac{r}{e}$

11.6

a) $x = \frac{4{,}2 \cdot 3{,}6}{2{,}4} = 6{,}3$; $y = \frac{2{,}4 \cdot 3{,}5}{4{,}2} = 2{,}0$
b) Verhältnis auf dem 1. Strahl: $\frac{2{,}4}{0{,}8} = 3$
Verhältnis auf dem 2. Strahl: $\frac{3{,}6}{1{,}2} = 3$
Die Geraden sind also parallel.

11.7

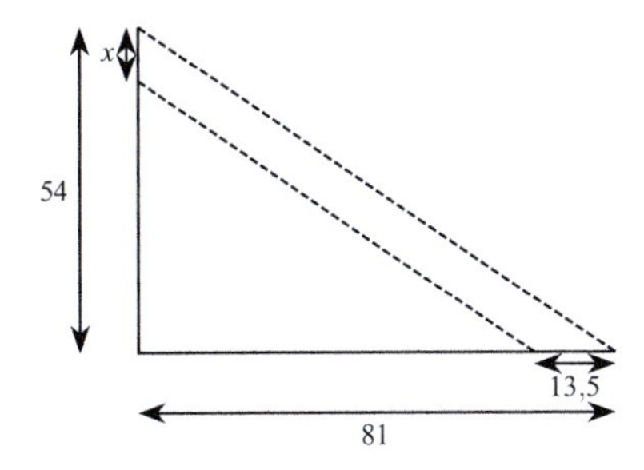

Der Haken befindet sich 45 m über dem Erdboden.

11.8

a) $\alpha = 180° - 81° - 58° = 41°$
b) $6\alpha = 180°$, also $\alpha = 30°$
c) $\alpha = 180° - 38° - 22° = 120°$

11.9 Größe eines Innenwinkels: 140°

11.10 Es gilt:

$\overline{MD} = \overline{MB}$	Radius des äußeren Kreises
$\overline{MC} = \overline{MA}$	Radius des inneren Kreises
$\sphericalangle DMC = \sphericalangle AMB$	Scheitelwinkel

Nach dem Kongruenzsatz *sws* sind die Dreiecke MDC und MAB kongruent. Also ist $\overline{AB} = \overline{CD}$.

11.11

a) Länge der zweiten Kathete: 12 cm
b) Länge der zweiten Kathete: $\sqrt{\frac{8}{9}c^2} = \frac{2}{3}\sqrt{2}c$

11.12

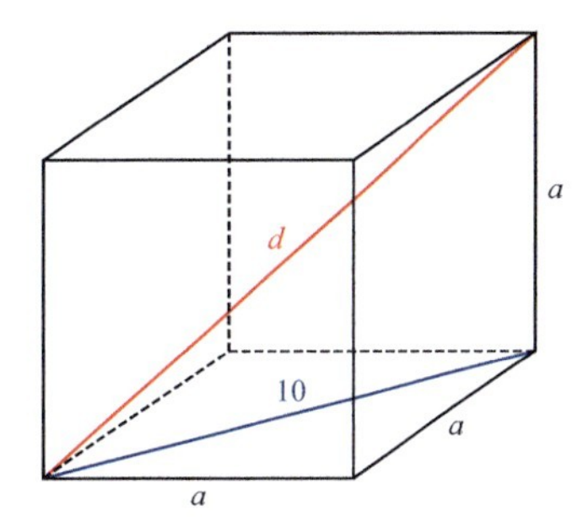

Kantenlänge des Würfels: $a = \sqrt{50}\,\text{cm} = 5\sqrt{2}\,\text{cm}$
Länge der Raumdiagonalen: $5\sqrt{6}\,\text{cm} \approx 12{,}2\,\text{cm}$

11.13

a) Die Höhe der Pyramide beträgt $\sqrt{14\,600}\,\text{m} \approx 120{,}8\,\text{m}$.
b) Höhe der Pyramide: $\frac{a}{2}\sqrt{2}$

11.14 Richtig sind a) und g).

11.15

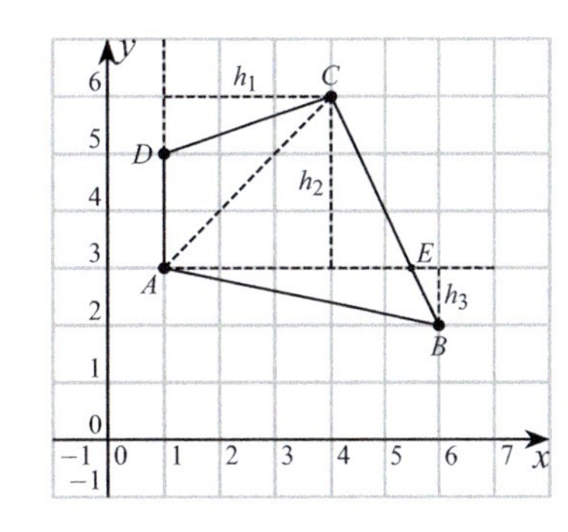

$$A_{\text{ges}} = A_1 + A_2 + A_3 = \frac{1}{2}\overline{AD} \cdot h_1 + \frac{1}{2}\overline{AE} \cdot h_2 + \frac{1}{2}\overline{AE} \cdot h_3$$
$$= \frac{1}{2} \cdot 2 \cdot 3 + \frac{1}{2} \cdot 4{,}5 \cdot 3 + \frac{1}{2} \cdot 4{,}5 \cdot 1 = 12$$

11.16

a) $U = 2\pi r = 8\pi$ [cm]; $r = 4$ [cm] $\Rightarrow$ $A = \pi r^2 = 16\pi$ [cm^2]
b) $3\pi = 2\pi \cdot 2 \cdot \frac{\alpha}{360°} \Rightarrow \alpha = \frac{3}{4} \cdot 360° = 270°$

11.17

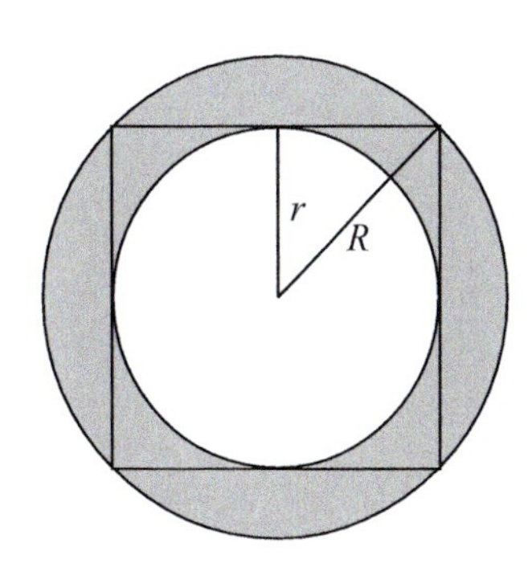

Flächeninhalt des Kreisrings: $A = 25\pi$ [cm^2]

Teil III

11.18 Flächeninhalt: $A = a^2 \cdot \left(1 - \frac{\pi}{4}\right) \approx 0{,}215a^2$

Umfang: $U = \pi \cdot a$

11.19

a) Volumen der vier Kugeln: $V_{\text{ges}} = \frac{16}{3}\pi$ [cm³]
   Radius R der neuen Kugel: $R = \sqrt[3]{4}$ [cm] $\approx 1{,}59$ [cm]
b) Oberfläche der vier kleinen Kugeln zusammen:
   $O_{\text{ges}} = 16\pi$ [cm²]
   Oberfläche der großen Kugel:
   $O_{\text{neu}} = 8\pi \cdot \sqrt[3]{2}$ [cm²]
   Differenz: $8\pi \cdot \left(2 - \sqrt[3]{2}\right)$ [cm²]
   Prozentuale Verkleinerung: $\approx 37\,\%$

11.20

a) Volumen des Aluminiums: $488\,\text{cm}^3$
   Masse des Aluminiums: $\approx 1\,322{,}5\,\text{g}$
b) Gewicht des Würfels: $G_{\text{Al}} \approx 12{,}97\,\text{N}$
   Auftrieb des völlig eingetauchten Würfels (= Gewicht des von ihm verdrängten Wassers): $\approx 9{,}81\,\text{N}$
   Da das Gewicht des Würfels größer ist als die auf ihn einwirkende Auftriebskraft, geht der Würfel unter.

11.21

a) Das Volumen des Kegels beträgt $\frac{64}{3}\pi \cdot \sqrt{3}\,\text{cm}^3 \approx 116{,}1\,\text{cm}^3$, die Oberfläche des Kegels beträgt $48\pi\,\text{cm}^2 \approx 150{,}8\,\text{cm}^2$.
b) Bogenlänge des Kreisausschnitts (= Umfang des Grundkreises): $b = 2\pi r = 8\pi$ [cm]
   Radius des Kreisausschnitts: $s = 8$ [cm]
   Mittelpunktswinkel: $\alpha = 180°$

11.22 $\sin(0{,}49\pi) \approx \sin\left(\frac{\pi}{2}\right) = 1$, also ist der Wert von 0,02686 viel zu klein. Fehler: Der Taschenrechner wurde nicht vom Grad- ins Bogenmaß umgestellt. Es ist $\sin(0{,}49\pi°) \approx 0{,}02686$.

11.23 Der Steigungswinkel der Rampe beträgt ca. 4,6°, ihre Länge ca. 7,524 m.

11.24 $\overline{AC} = 2{,}4\,\text{cm}$

11.25

a) Der Schenkel ist 5 cm lang.
b) $\tan(\alpha) = \frac{4}{3}$, also $\alpha \approx 53{,}1°$

11.26 Der Damm ist ca. 8 m hoch, die Dammkrone ca. 36,2 m lang.

11.27

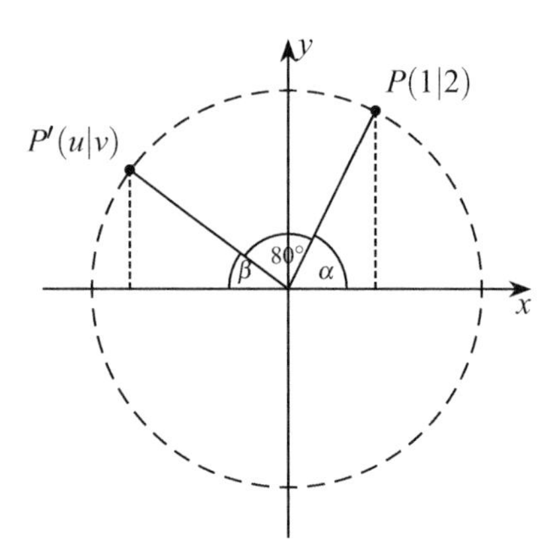

$\tan(\alpha) = 2$, also $\alpha \approx 63{,}43°$; $P'(-1{,}80|1{,}33)$

11.28

a) $P\left(\frac{1}{2}\sqrt{3}\middle|\frac{1}{2}\right)$
b) $x_2 = \frac{5}{6}\pi$
c) $x_3 = \frac{11}{6}\pi$

Ausführliche Lösungen zu den Aufgaben finden Sie im Online-Material.

tiny.cc/to511y

Analysis

Ponte Dom Luis I, Porto. Foto: Rüdiger Lunde

Funktionen

Mit welchen elementaren Funktionen wird gearbeitet?

Wie sehen die Graphen der elementaren Funktionen aus?

Wie wirken sich Summanden und Faktoren auf die Graphen elementarer Funktionen aus?

Wie kann man aus Bedingungen einen Funktionsterm mit vorgegebenem Typ bestimmen?

Regenbogen über Bietigheim (Baden). Foto: Fabian Gärtner

K. Dürrschnabel et al., *So viel Mathe muss sein!*, https://doi.org/10.1007/978-3-662-57951-0_12

In diesem Kapitel wiederholen Sie die wichtigsten elementaren Funktionen und deren Eigenschaften. Sie erfahren, wie man diese Funktionen modifiziert und neue Funktionen erzeugt. Sie können konkrete Funktionsterme aus vorgegebenen Bedingungen aufstellen.

12.1 Selbsteinschätzung

☐ *Ich kann*
die Graphen der elementaren Funktionen skizzieren.
→ *Abschn. 12.2*

Test 12.1

Skizzieren Sie die Graphen folgender Funktionen:

$$x \mapsto x^3 \qquad x \mapsto \sqrt{x} \qquad x \mapsto \frac{1}{x}$$
$$x \mapsto e^x \qquad x \mapsto \ln(x)$$
$$x \mapsto \sin(x) \qquad x \mapsto \cos(x) \qquad x \mapsto \tan(x)$$

☐ *Ich kenne*
die Funktionen, die durch einfache Transformationen aus den elementaren Funktionen hervorgehen.
→ *Abschn. 12.2*

Test 12.2

Skizzieren Sie den Graphen der Funktion f mit

$$f(x) = 3\sin(2x) - \frac{3}{2}.$$

Geben Sie Definitionsbereich, Wertebereich, Symmetrieeigenschaften, Periode, Nullstellen der Funktion sowie die Extrem- und Wendepunkte des Graphen an.

☐ *Ich kann*
die Funktionsvorschriften von Funktionen angeben, deren Graphen durch Streckung/Stauchung und Verschiebung in Richtung der Koordinatenachsen aus den elementaren Funktionen entstehen.
→ *Abschn. 12.3*

Test 12.3

Die Parabel mit der Gleichung $y = x^2$ wird mit dem Faktor 3 in y-Richtung gestreckt und um 1 in x- sowie -2 in y-Richtung verschoben. Wie lautet die Gleichung der transformierten Parabel?

☐ *Ich kann*
Funktionen addieren, multiplizieren und verketten.
→ *Abschn. 12.4*

Test 12.4

Gegeben sind die Funktionen

$$f_1 : x \mapsto x^2, \quad f_2 : x \mapsto \sin\left(\frac{\pi}{2}x\right), \quad f_3 : x \mapsto \frac{x}{2}.$$

Wie lautet die Abbildungsvorschrift der Funktion

$$g : x \mapsto f_1(f_2(x) + 2f_3(x))?$$

Wie groß ist $g(1)$?

☐ *Ich kann*
mir den ungefähren Verlauf der Graphen nichtelementarer Funktionen herleiten.
→ *Abschn. 12.5*

Test 12.5

Skizzieren Sie den Graphen der Funktion f mit

$$f(x) = |\cos(x)|.$$

☐ *Ich kann*
aus gegebenen Bedingungen einen Funktionsterm vom vorgegebenen Typ bestimmen.
→ *Abschn. 12.6*

Test 12.6

Bestimmen Sie die Funktion f mit $f(x) = ae^{-\lambda x}$, deren Graph durch die Punkte $P(0|10)$ und $Q(10|1)$ geht.

Ergebnisse der Testaufgaben

12.1 Die Graphen können aus Platzgründen hier nicht gezeichnet werden; Überprüfung z. B. mit einem elektronischen Hilfsmittel.

12.2

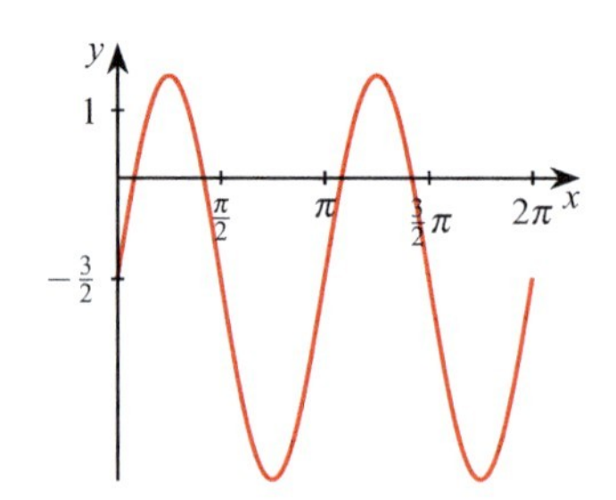

Definitionsbereich $D_f = \mathbb{R}$, Wertebereich $W_f = [-\frac{9}{2}; \frac{3}{2}]$, Periode $p = \pi$, Nullstellen bei $x = \frac{\pi}{12} + k\pi$ und $x = \frac{5}{12}\pi + k\pi$, Hochpunkte in $(\frac{\pi}{4} + k\pi|\frac{3}{2})$, Tiefpunkte in $(\frac{3}{4}\pi + k\pi|-\frac{9}{2})$, Wendepunkte in $(k\frac{\pi}{2}|-\frac{3}{2})$ $(k \in \mathbb{Z})$.

Teil IV

12.3 $f(x) = 3(x-1)^2 - 2$

12.4 $g(x) = \left(\sin\left(\frac{\pi}{2}x\right) + x\right)^2$, $g(1) = 4$

12.5 Es handelt sich um die Kosinuskurve, wobei die Abschnitte unterhalb der x-Achse nach oben gespiegelt werden:

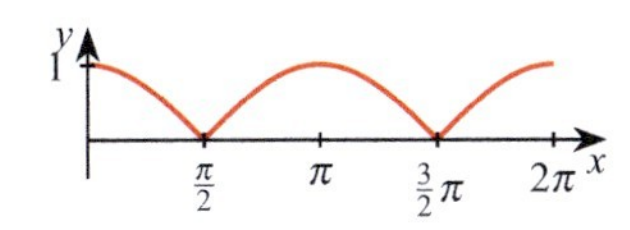

12.6 $f(x) = 10e^{-\frac{\ln(10)}{10}x}$

12.2 Funktionen und ihre Eigenschaften

Ein zentraler Begriff der Analysis ist der Begriff der **Funktion**. Mit Funktionen lassen sich viele Vorgänge in der realen Welt oder der Technik beschreiben. Durch eine Funktion f wird jedem x-Wert (meistens reelle Zahlen) ein Wert $f(x)$ zugeordnet. Formal schreibt man

$$f : x \mapsto f(x).$$

Eine Funktion ist nicht unbedingt auf ganz $\mathbb{R}$ erklärt, die **Definitionsmenge** bzw. der **Definitionsbereich** D_f kann kleiner sein.

Beispiel 12.1

Skizzieren Sie den Graphen der Funktion f mit

$$f(x) = \frac{1}{x^2}.$$

Bestimmen Sie den Definitionsbereich und den Wertebereich von f.

Die Funktion ist für $x = 0$ nicht erklärt, d. h., sie hat dort eine **Definitionslücke**. Die **Zielmenge** bzw. der **Zielbereich** $\mathbb{R}$ ist umfangreicher als die **Wertemenge** bzw. der **Wertebereich** der angenommenen Funktionswerte $W_f =]0;\infty[$. Die ausführliche Schreibweise der Funktion mit Definitionsbereich und Zielbereich dieser Funktion lautet

$$\begin{aligned} f:\ \mathbb{R}\setminus\{0\} &\to \mathbb{R} \\ x &\mapsto f(x) = \tfrac{1}{x^2}. \end{aligned}$$

Wenn Definitions- und Zielbereich nicht explizit angegeben sind, wird der Definitionsbereich maximal groß und der Zielbereich als ganz $\mathbb{R}$ angenommen.

Eine Funktion veranschaulicht man in einem **Graphen**, indem man in einem Koordinatensystem die Funktionswerte über den x-Werten in Richtung der y-Achse abträgt.

Ergebnis 12.1 Der Graph der Funktion f mit $f(x) = \frac{1}{x^2}$ hat folgende Gestalt:

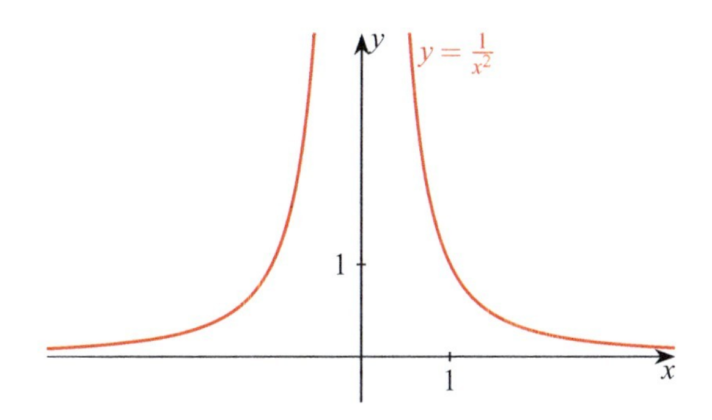

Der Definitionsbereich der Funktion f ist $D_f = \mathbb{R} \setminus \{0\}$, der Wertebereich $W_f =]0;\infty[$. ◀

Weil im Graphen die Funktionswerte in y-Richtung abgetragen werden, hat sich auch die Schreibweise

$$y = f(x) \quad \text{bzw. im obigen Beispiel konkret} \quad y = \frac{1}{x^2}$$

eingebürgert.

Besonders wichtige und in Anwendungen häufig verwendete Funktionen sind **Polynomfunktionen** oder **ganzrationale Funktionen**. Dies sind Funktionen der Form

$$x \mapsto a_n x^n + a_{n-1}x^{n-1} + \ldots + a_1 x + a_0, \qquad n \in \mathbb{N}.$$

Der höchste Exponent n heißt **Grad der Polynomfunktion**.

Wie man dem Graphen im obigen → Beispiel 12.1 ansieht, ist dieser achsensymmetrisch zur y-Achse. Mathematisch gesprochen gilt also für alle zulässigen x-Werte $f(-x) = f(x)$. Man spricht in diesem Zusammenhang von einer **geraden Funktion**. Polynomfunktionen sind genau dann gerade Funktionen, wenn nur gerade Potenzen auftreten, daher auch der Name „gerade Funktion". Ist der Graph dagegen punktsymmetrisch zum Ursprung, d. h. gilt überall $f(-x) = -f(x)$, so spricht man von einer **ungeraden Funktion**. Bei ungeraden Polynomfunktionen treten nur ungerade Potenzen auf.

In Anwendungssituationen treten besonders häufig lineare und quadratische Funktionen auf.

Beispiel 12.2

Skizzieren Sie den Graphen der Funktion f mit

$$f(x) = \frac{1}{2}x + 1.$$

Der Graph dieser Funktion ist eine Gerade. Daher spricht man von einer **linearen Funktion**, die höchste Potenz ist 1. Das Absolutglied 1 gibt den **y-Achsenabschnitt**, der Koeffizient $\frac{1}{2}$ bei x die **Steigung** an. Die Funktion hat an der Stelle $x = -2$ eine **Nullstelle**, da $f(-2) = 0$ ist.

Ergebnis 12.2

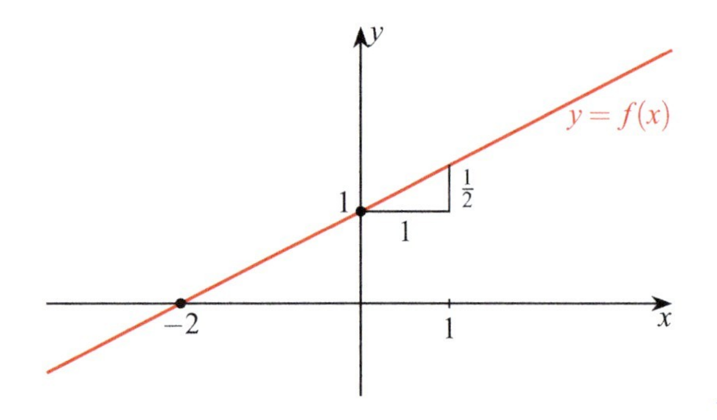

Beispiel 12.3

Skizzieren Sie den Graphen der Funktion f mit

$$f(x) = -x^2 + 4.$$

Wie lauten die Nullstellen von f? Bestimmen Sie ferner den Extrempunkt des Graphen von f.

Es handelt sich hier um eine **quadratische Funktion**, weil die höchste Potenz als Quadrat auftritt. Der Graph dieser Funktion ist eine an der x-Achse gespiegelte und um 4 in y-Richtung verschobene Normalparabel.

Ergebnis 12.3

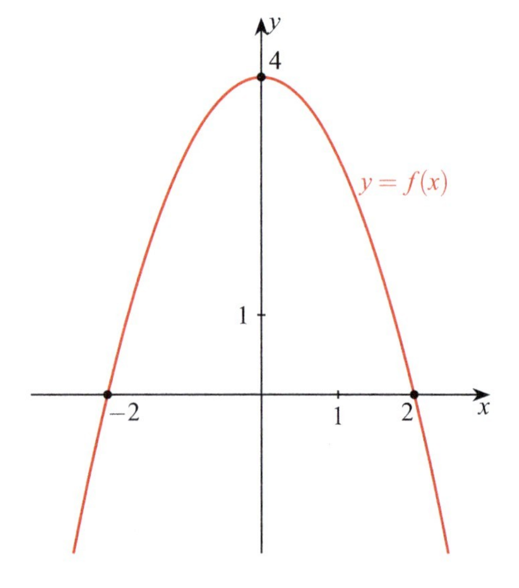

Neben den beiden Nullstellen $x_1 = -2$ und $x_2 = 2$ hat diese Funktion ein **Maximum** mit $y = 4$ an der Stelle $x = 0$. Der zugehörige **Hochpunkt** hat die Koordinaten $H(0|4)$. ◀

Analog zu den Begriffen Maximum und Hochpunkt gibt es bei einer Funktion möglicherweise auch ein **Minimum** mit dem zugehörigen **Tiefpunkt**. Die Begriffe Maximum und Minimum werden gerne unter dem Oberbegriff **Extremum** zusammengefasst (→ Abschn. 13.7).

Das Zulassen beliebiger reeller Exponenten führt zu einem weiteren Funktionstyp:

Potenzfunktionen sind Funktionen der Form

$$x \mapsto x^\alpha, \qquad \alpha \in \mathbb{R}.$$

Beispiel 12.4

Geben Sie je zwei Beispiele für Polynomfunktionen und Potenzfunktionen inklusive Definitionsbereich an.

Ergebnis 12.4 Beispiele für Polynomfunktionen sind:

$$x \mapsto x^2 - 2x + 1, \qquad x \in \mathbb{R}$$
$$x \mapsto \frac{1}{2}x^4 + x^3 - 3x + 5, \qquad x \in \mathbb{R}$$

Beispiele für Potenzfunktionen sind:

$$x \mapsto x^{-2} = \frac{1}{x^2}, \qquad x \in \mathbb{R}\setminus\{0\}$$
$$x \mapsto x^{\frac{1}{2}} = \sqrt{x}, \qquad x \in [0; \infty[$$

◀

In technischen, aber auch wirtschaftlichen Anwendungen werden häufig die Exponential- und Logarithmusfunktion benötigt.

Beispiel 12.5

Welcher Zusammenhang besteht zwischen der natürlichen Exponentialfunktion und der natürlichen Logarithmusfunktion?

Skizzieren Sie die Graphen dieser beiden Funktionen.

Ergebnis 12.5 Die **natürliche Exponentialfunktion**

$$\begin{aligned} \exp: \ \mathbb{R} &\to \ ]0; \infty[\\ x &\mapsto \exp(x) = e^x \end{aligned}$$

mit der Euler'schen Zahl $e \approx 2{,}718$ und die **natürliche Logarithmusfunktion**

$$\begin{aligned} \ln: \ ]0; \infty[&\to \mathbb{R} \\ x &\mapsto \ln(x) \end{aligned}$$

sind Umkehrfunktionen voneinander, d. h., es gilt

$$y = e^x \quad \Leftrightarrow \quad x = \ln(y).$$

Durch die Vertauschung von x und y in der Darstellung der Logarithmusfunktion $y = \ln(x)$ ergibt sich der Graph der Logarithmusfunktion aus dem Graphen der Exponentialfunktion. Das entspricht der Spiegelung an der ersten Winkelhalbierenden.

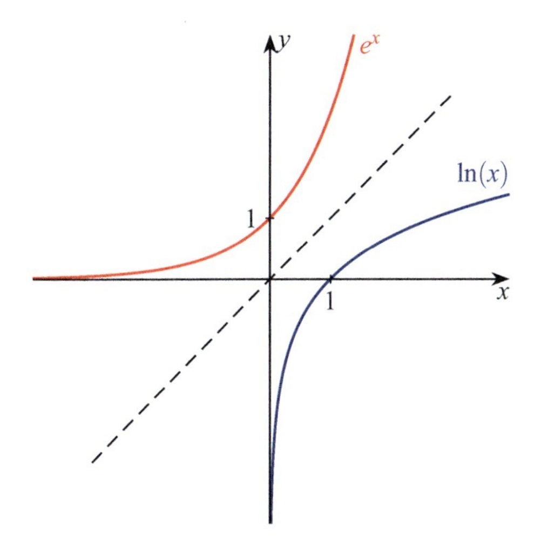

Man erkennt am Graphen, dass die natürliche Exponentialfunktion überall positive Werte hat und damit insbesondere keine Nullstelle besitzt. Der natürliche Logarithmus ist als Umkehrfunktion nur für positive x-Werte erklärt und hat eine Nullstelle für $x = 1$.

Exponentialfunktion und Logarithmusfunktion kann man auch für eine allgemeine Basis a definieren. Informationen dazu finden Sie im Online-Material.

tiny.cc/to5l1y

Natürliche Exponentialfunktion und natürliche Logarithmusfunktion sind **streng monoton wachsend**, d. h., für größer werdende x wachsen die Funktionswerte $f(x)$. Werden auch gleichbleibende Funktionswerte (im Graph ein horizontaler Abschnitt) erlaubt, spricht man nur von einer **monoton wachsenden** Funktion. Analog werden **streng monoton fallende** bzw. **monoton fallende** Funktionen erklärt, in diesem Fall werden für wachsende x die Funktionswerte kleiner ($\rightarrow$ Abschn. 13.6).

Ist eine Funktion auf dem ganzen Definitionsbereich streng monoton wachsend bzw. streng monoton fallend, kann man sie umkehren. Allgemeine Informationen zum Thema Umkehrfunktion finden Sie im Online-Material.

tiny.cc/to5l1y

Gerade in der Elektrotechnik, aber auch bei der Beschreibung von Schwingungs- und Wellenphänomenen werden die **trigonometrischen Funktionen** benötigt. Diese ordnen jedem x den entsprechenden trigonometrischen Wert zu.

Sinusfunktion	$\sin : x \mapsto \sin(x)$
Kosinusfunktion	$\cos : x \mapsto \cos(x)$
Tangensfunktion	$\tan : x \mapsto \tan(x) = \dfrac{\sin(x)}{\cos(x)}$

Dabei wird die Variable x im Bogenmaß angegeben ($\rightarrow$ Abschn. 11.10).

Beispiel 12.6

Auf welchen Intervallen ist die Sinus-, Kosinus- und Tangensfunktionen jeweils streng monoton wachsend bzw. streng monoton fallend?

Das Monotonieverhalten lässt sich anhand der Definition der trigonometrischen Ausdrücke am Einheitskreis ($\rightarrow$ Abschn. 11.12) oder dem Verlauf der Graphen ablesen.

Die Sinus- und Kosinusfunktion haben die **Periode** 2π, d. h., dann wiederholen sich die Funktionswerte. Mathematisch ausgedrückt gilt $f(x + 2\pi) = f(x)$ für alle $x \in \mathbb{R}$. Die Graphen der Sinus- und Kosinusfunktion sehen innerhalb des Periodenintervalls von 0 bis 2π folgendermaßen aus:

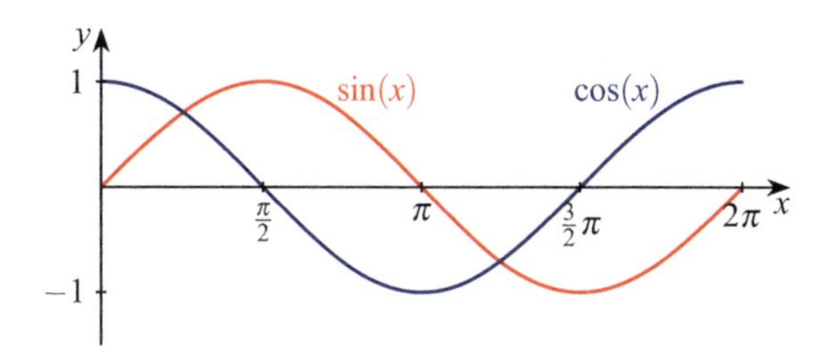

Der Graph der Tangensfunktion hat demgegenüber die Periode π, der zugehörige Graph hat folgende Gestalt:

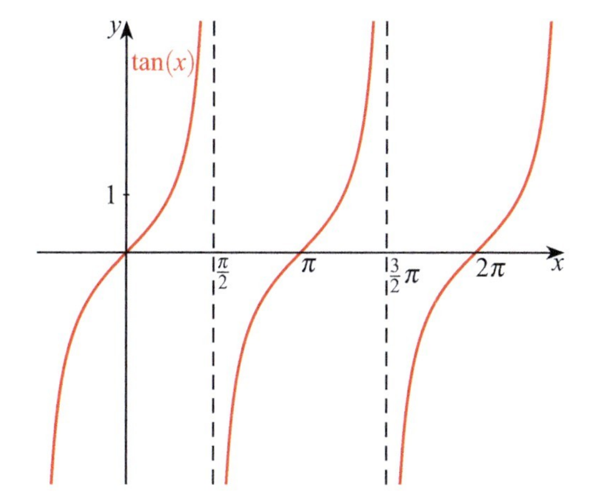

Man entnimmt dem Graphen der Sinusfunktion, dass diese aufgrund der Periode 2π für $-\frac{\pi}{2} \leq x \leq \frac{\pi}{2}$ von $\sin\left(-\frac{\pi}{2}\right) = \sin\left(\frac{3}{2}\pi\right) = -1$ auf $\sin\left(\frac{\pi}{2}\right) = 1$ streng monoton wächst. Für

Übersicht: Zusammenstellung der elementaren Funktionen

Lineare Funktionen:

$x \mapsto mx + b$

Quadratische Funktion:

$x \mapsto ax^2 + bx + c$

Polynomfunktionen oder ganzrationale Funktionen:

$x \mapsto a_n x^n + a_{n-1} x^{n-1} + \ldots + a_1 x + a_0$

Allgemeine Potenzfunktion:

$x \mapsto x^\alpha$, Definitionsbereich je nach α

Wurzelfunktion:

$x \mapsto \sqrt{x}, \quad x \geq 0$

Natürliche Exponentialfunktion oder e-Funktion:

$x \mapsto e^x$

Natürliche Logarithmusfunktion:

$x \mapsto \ln(x), \quad x > 0$

Sinusfunktion:

$x \mapsto \sin(x)$

Kosinusfunktion:

$x \mapsto \cos(x)$

Tangensfunktion:

$x \mapsto \tan(x), \quad x \neq \frac{\pi}{2} + k\pi \; (k \in \mathbb{Z})$

$\frac{\pi}{2} \leq x \leq \frac{3}{2}\pi$ hingegen ist die Sinusfunktion von $\sin\left(\frac{\pi}{2}\right) = 1$ auf $\sin\left(\frac{3}{2}\pi\right) = -1$ streng monoton fallend.

Entsprechend geht man bei den anderen beiden trigonometrischen Funktionen cos und tan vor. Berücksichtigt man die Periodizität, ergibt sich:

Ergebnis 12.6 Die Sinusfunktion $\sin : x \mapsto \sin(x)$ ist für

$$\left[-\tfrac{\pi}{2} + k \cdot 2\pi; \tfrac{\pi}{2} + k \cdot 2\pi\right] \quad \text{streng monoton wachsend}$$
$$\left[\tfrac{\pi}{2} + k \cdot 2\pi; \tfrac{3}{2}\pi + k \cdot 2\pi\right] \quad \text{streng monoton fallend.}$$

Die Kosinusfunktion $\cos : x \mapsto \cos(x)$ ist für

$$[k \cdot 2\pi; \pi + k \cdot 2\pi] \quad \text{streng monoton fallend}$$
$$[\pi + k \cdot 2\pi; 2\pi + k \cdot 2\pi] \quad \text{streng monoton wachsend.}$$

Die Tangensfunktion $\tan : x \mapsto \tan(x)$ ist für

$$\left]-\tfrac{\pi}{2} + k \cdot \pi; \tfrac{\pi}{2} + k \cdot \pi\right[\quad \text{streng monoton wachsend.}$$

Dabei ist k eine beliebige ganze Zahl, also $k \in \mathbb{Z}$. ◀

Der Graph der Tangensfunktion hat ebenso wie Sinus- und Kosinuskurve **Wendepunkte**, also Punkte, an welchen Bereiche von Links- und Rechtskrümmung aneinanderstoßen. Bei der Tangensfunktion z. B. ist das bei allen Punkten auf der x-Achse, also bei allen ganzzahligen Vielfachen von π der Fall (→ Abschn. 13.6).

12.3 Transformationen von Funktionen

Mithilfe von Summanden und Faktoren beim Funktionsterm können Funktionsgraphen in x- und y-Richtung verschoben und gestreckt bzw. gestaucht werden.

Ein Summand b in der Gleichung

$$g(x) = f(x) + b$$

verschiebt den Graphen der Funktion f um b in y-Richtung.

Beispiel 12.7

Skizzieren Sie den Graphen

$$y = x^2 - 1.$$

Der Graph der Funktion g mit $g(x) = x^2 - 1$ entsteht aus der Normalparabel $y = x^2$ durch Verschiebung um -1 in y-Richtung, also nach unten.

Ergebnis 12.7

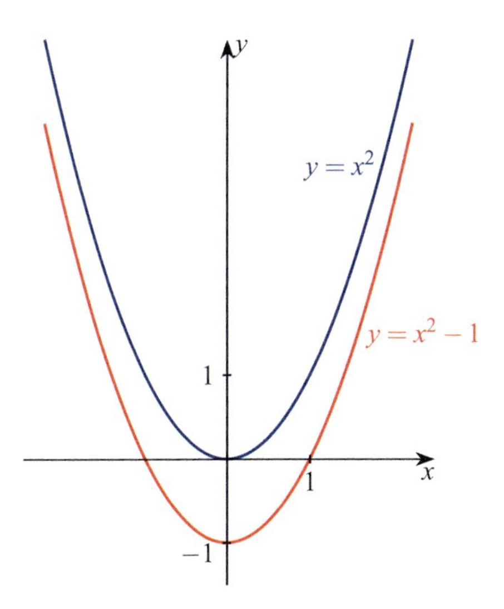

Eine Multiplikation der Funktion f mit $a \in \mathbb{R}$ in der Gleichung

$$g(x) = a \cdot f(x)$$

bewirkt eine Streckung (Skalierung) mit dem Faktor a in y-Richtung.

Beispiel 12.8

Skizzieren Sie den Graphen

$$y = 2x^2.$$

Der Graph der Funktion g mit $g(x) = 2x^2$ entsteht aus der Normalparabel $y = x^2$ durch Streckung mit dem Faktor 2 in y-Richtung. Jeder y-Wert der Normalparabel wird mit dem Faktor $a = 2$ multipliziert. Der Graph wird dadurch steiler.

Ergebnis 12.8

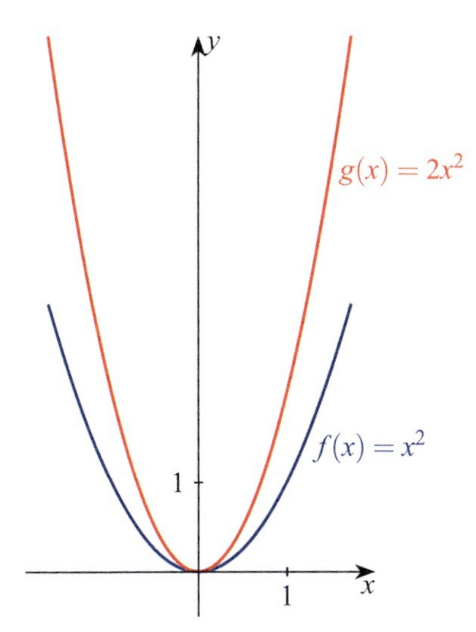

Natürlich können auch mehrere Transformationen miteinander kombiniert werden, z. B. Verschiebung und Streckung in y-Richtung. Wir haben dann Funktionen der Form

$$g(x) = af(x) + b.$$

In diesem Fall erfolgt zuerst die Streckung mit dem Faktor a und anschließend die Verschiebung in Richtung der y-Achse.

Beispiel 12.9

Skizzieren Sie den Graphen

$$y = \frac{3}{2} - e^x.$$

Wegen $y = \frac{3}{2} - e^x = (-1) \cdot e^x + \frac{3}{2}$ wird der Graph der bekannten Funktion $y = e^x$ zunächst mit dem Faktor (-1) gestreckt, d. h. an der x-Achse gespiegelt und dann um $\frac{3}{2}$ in y-Richtung verschoben.

Ergebnis 12.9

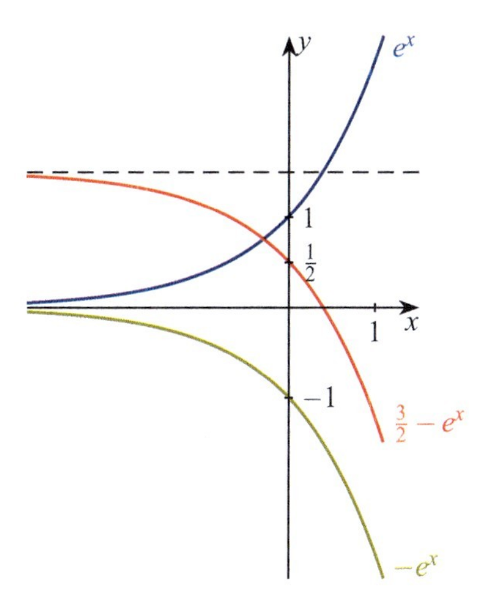

Achtung Die Reihenfolge der Ausführung der Transformationen ist wesentlich. Vertauscht man die Transformationsreihenfolge, so ergibt sich mit $y = -\left(e^x + \frac{3}{2}\right)$ eine andere Funktion.

Nun ersetzen wir die Variable x durch $x - x_0$, d. h., wir haben einen Funktionsterm der Form

$$g(x) = f(x - x_0).$$

In diesem Fall muss man bei $g(x)$ einen um x_0 größeren Wert eingeben, damit sich der Funktionswert $f(x)$ ergibt. Das bedeutet, dass der Graph von f um x_0 in Richtung der x-Achse verschoben wird.

Beispiel 12.10

Skizzieren Sie den Graphen

$$y = \ln(x + 1).$$

Hier wird die Standard-Logarithmuskurve um $x_0 = -1$ in x-Richtung, also um 1 entgegen der Richtung der x-Achse verschoben.

Ergebnis 12.10

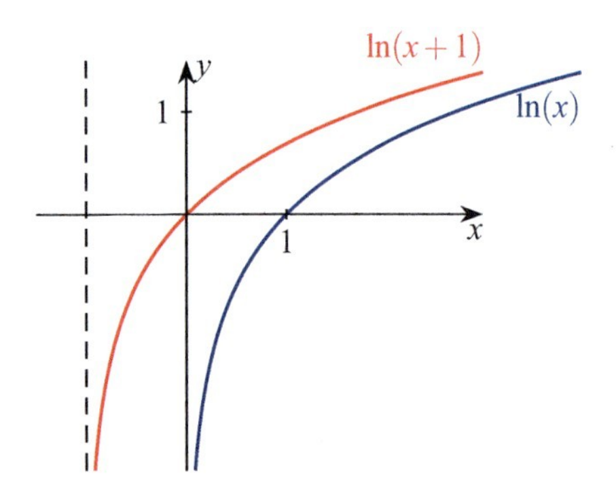

Jetzt kombinieren wir alle drei bisherigen Transformationen.

Beispiel 12.11

Skizzieren Sie den Graphen

$$y = \frac{1}{2}(x + 2)^2 - 1.$$

Hier ist die Reihenfolge der Transformationen die folgende:

1. Verschiebung der Normalparabel um -2 in x-Richtung.
2. Streckung mit dem Faktor $\frac{1}{2}$ in y-Richtung.
3. Verschiebung um -1 in y-Richtung.

Ergebnis 12.11

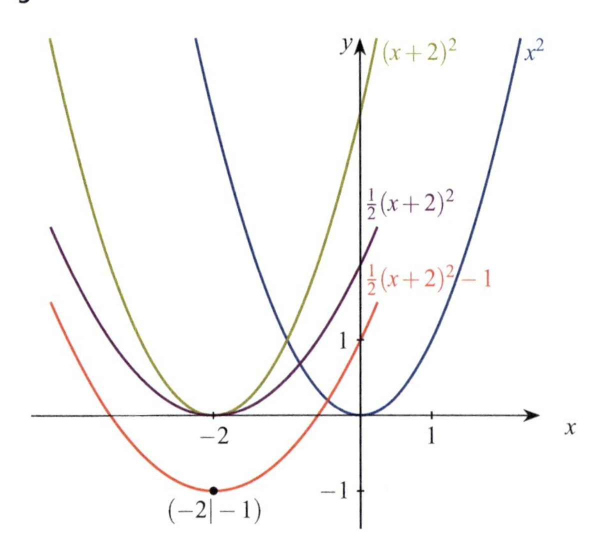

Es fehlt noch eine Transformation, die insbesondere im Zusammenhang mit Wechselströmen eine Rolle spielt, die Streckung in Richtung der x-Achse. Diese wird durch einen Faktor bei x erreicht. Genauer bewirkt

$$y = f(cx),$$

dass der Graph der Funktion f mit dem Faktor $\frac{1}{c}$ gestreckt, d. h. für $c > 1$ gestaucht wird.

Beispiel 12.12

Skizzieren Sie den Graphen

$$y = \sin(3x).$$

Ergebnis 12.12

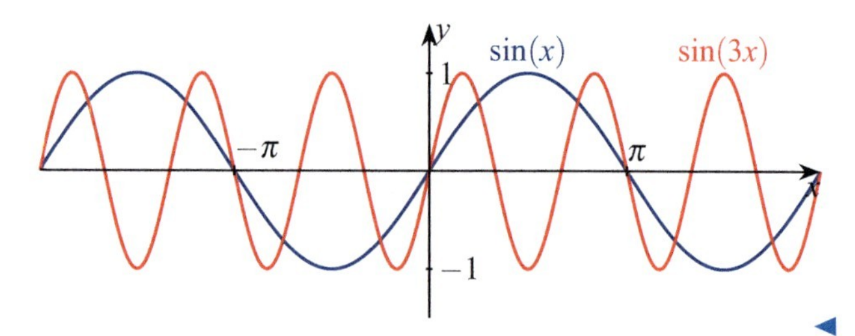

Auch die Streckung bzw. Stauchung in x-Richtung kann mit den anderen Transformationen kombiniert werden, z. B. in folgender Form:

Beispiel 12.13

Skizzieren Sie den Graphen

$$y = \frac{3}{2}\cos(\pi x) + 1.$$

In diesem Fall werden folgende Transformationen der Standard-Kosinuskurve in dieser Reihenfolge durchgeführt:

1. Streckung in x-Richtung mit dem Faktor $\frac{1}{\pi}$. Dadurch wird die Periode der Funktion von 2π auf 2 reduziert.
2. Streckung mit dem Faktor $\frac{3}{2}$ in y-Richtung.
3. Verschiebung um 1 in y-Richtung.

Ergebnis 12.13

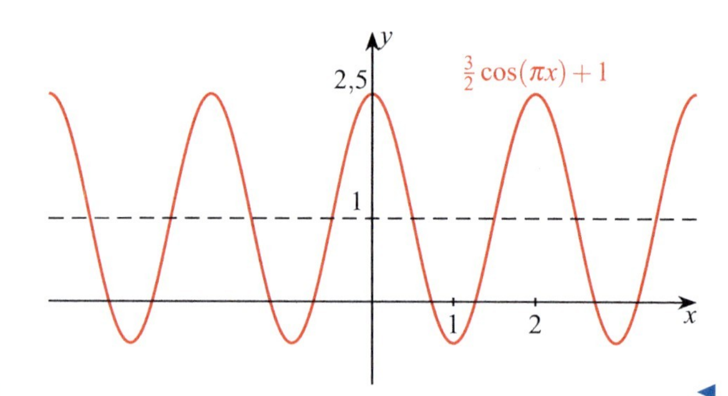

Teil IV

Übersicht: Zusammenstellung der Transformationen

Eine Funktion f kann folgendermaßen transformiert werden.

Verschieben um b in y-Richtung:

$$y = f(x) + b$$

Strecken mit dem Faktor a in y-Richtung:

$$y = af(x)$$

Verschieben um x_0 in x-Richtung:

$$y = f(x - x_0)$$

Strecken mit dem Faktor $\frac{1}{c}$ in x-Richtung:

$$y = f(cx)$$

Diese elementaren Transformationen können auch hintereinander ausgeführt werden.

1. Strecken mit dem Faktor a in y-Richtung
2. Verschieben um b in y-Richtung

$$y = af(x) + b$$

1. Verschieben um x_0 in x-Richtung
2. Strecken mit dem Faktor a in y-Richtung
3. Verschieben um b in y-Richtung

$$y = af(x - x_0) + b$$

1. Strecken mit dem Faktor $\frac{1}{c}$ in x-Richtung
2. Verschieben um x_0 in x-Richtung
3. Strecken mit dem Faktor a in y-Richtung
4. Verschieben um b in y-Richtung

$$y = af\,(c(x - x_0)) + b$$

12.4 Zusammengesetzte Funktionen

Funktionen kann man addieren und subtrahieren, aber auch multiplizieren und dividieren, indem man deren Funktionswerte addiert, subtrahiert, multipliziert bzw. dividiert. Der Definitionsbereich reduziert sich damit auf die Schnittmenge der Definitionsbereiche der Einzelfunktionen, wobei im Fall der Division zusätzlich die Nullstellen des Nenners ausgenommen werden müssen.

Zusammengesetzte Funktionen

Zwei Funktionen f, g kann man folgendermaßen zu einer neuen Funktion kombinieren:

$$\begin{aligned} f+g: &\quad x \mapsto f(x)+g(x)\\ f-g: &\quad x \mapsto f(x)-g(x)\\ f\cdot g: &\quad x \mapsto f(x)\cdot g(x)\\ \frac{f}{g}: &\quad x \mapsto \frac{f(x)}{g(x)} \end{aligned}$$

Beispiel 12.14

Wie lautet die ausführliche Schreibweise der Funktion inklusive Definitions- und Zielbereich, welche bei der Division f/g der beiden Funktionen f und g mit

$$\begin{aligned} f(x) &= x^2 - 2x + 2\\ g(x) &= 2x - 2 \end{aligned}$$

entsteht? Welche Gestalt hat der Graph?

Diese Funktion ist der Quotient zweier Polynomfunktionen, eine sogenannte **gebrochenrationale Funktion**.

Beide Funktionen f und g sind auf ganz $\mathbb{R}$ definiert, wobei $x = 1$ eine Nullstelle von g und damit eine Definitionslücke der gebrochenrationalen Funktion ist. Der Zähler verschwindet an der Definitionslücke $x = 1$ nicht, was bedeutet, dass der Graph an dieser Stelle gegen $\pm\infty$ strebt. Die Gestalt des Graphen erhält man mithilfe einer Wertetabelle oder eines elektronischen Hilfsmittels.

Ergebnis 12.14 Die gebrochenrationale Funktion

$$\begin{aligned} \frac{f}{g}: \quad \mathbb{R}\setminus\{1\} &\to \mathbb{R}\\ x &\mapsto \frac{f(x)}{g(x)} = \frac{x^2-2x+2}{2x-2}. \end{aligned}$$

hat folgenden Graphen:

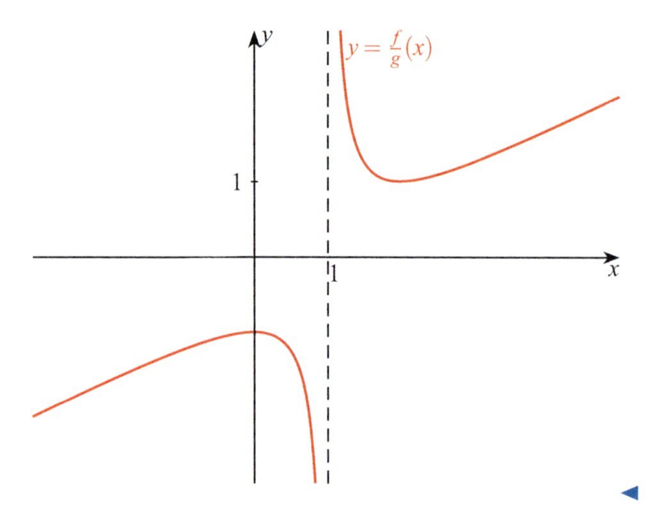

Bei gebrochenrationalen Funktionen kann es vorkommen, dass das Zähler- und das Nennerpolynom eine gleiche Nullstelle x_0 haben. Man kann in diesem Fall in Zähler und Nenner $(x - x_0)$ als Faktor abspalten und kürzen. Eine Möglichkeit, den Faktor $(x - x_0)$ abzuspalten, bieten die Polynomdivision und das Horner-Schema. Weitere Informationen zu diesen Verfahren finden Sie im Online-Material.

tiny.cc/to5l1y

Funktionen kann man auch hintereinander ausführen, d. h. **verketten**. Verkettungen spielen in der Differenzialrechnung eine zentrale Rolle, da man Verkettungen von Funktionen differenzieren kann, wenn man die Ableitungen der Einzelfunktionen kennt (→ Abschn. 13.5).

Verketten von Funktionen

Zwei Funktionen f, g kann man folgendermaßen zu einer neuen Funktion verketten:

$$f \circ g: \quad x \mapsto (f \circ g)(x) = f\,(g(x))$$

Natürlich muss der Wertebereich der Funktion g im Definitionsbereich der darauf aufbauenden Funktion f liegen.

Beispiel 12.15

Stellen Sie die Funktion h mit

$$h(x) = \sqrt{x+1}$$

als Verkettung zweier elementarer Funktionen dar.

Ergebnis 12.15 Die Funktion h ist die Verkettung $f \circ g$ mit

$$g(x) = x + 1$$
$$f(x) = \sqrt{x}.$$

Funktionen kann man auch addieren und multiplizieren und anschließend mit einer anderen Funktion verketten.

Beispiel 12.16

Wie lautet die Funktion, die entsteht, wenn man auf das Produkt der Funktionen f, g mit

$$f(x) = x^2 \qquad g(x) = \sin(x)$$

die Exponentialfunktion h mit

$$h(x) = e^x$$

anwendet?

Ergebnis 12.16 Die Verkettung des Produkts $f \cdot g$ mit h ist

$$h \circ (f \cdot g): \quad x \mapsto h\,(f(x) \cdot g(x)) = e^{x^2 \cdot \sin(x)}.$$

In der Praxis treten häufig **abschnittsweise definierte Funktionen** auf.

Beispiel 12.17

Zum Zeitpunkt $t = 0$ beschleunigt ein Auto aus dem Stand, wobei die Geschwindigkeit pro Sekunde mit $2\,\frac{\text{m}}{\text{s}}$ zunimmt. Nach 20 Sekunden endet die Beschleunigungsphase, die Geschwindigkeit bleibt dann konstant. Beschreiben Sie den Geschwindigkeitsverlauf mit einer Funktion.

Wir vernachlässigen der Einfachheit wegen die Einheit Sekunde bei der Zeit t. Offensichtlich ist die Geschwindigkeit für $t < 0$ gleich null. Für $0 \le t \le 20$ entwickelt sich die Geschwindigkeit gemäß $v(t) = 2\,\frac{\text{m}}{\text{s}} \cdot t$. Nach 20 Sekunden bleibt dann die Geschwindigkeit konstant bei $2 \cdot 20\,\frac{\text{m}}{\text{s}}$.

Ergebnis 12.17 Die Geschwindigkeit in m/s entwickelt sich abschnittsweise gemäß

$$v(t) = \begin{cases} 0 & \text{für} \quad t < 0 \\ 2t & \text{für} \quad 0 \le t \le 20 \\ 40 & \text{für} \quad t > 20. \end{cases}$$

12.5 Graphen nichtelementarer Funktionen

Durch die Kombination von Funktionen in Form von Summen, Produkten, Verkettungen u. Ä. entstehen neue Funktionen, an deren Graphen man häufig interessiert ist. Natürlich ist es das Einfachste, sich den Graphen durch ein geeignetes elektronisches Hilfsmittel wie ein Computerprogramm oder einen grafikfähigen Taschenrechner zeichnen zu lassen. Allerdings wird hierbei immer nur ein Ausschnitt des Graphen gezeigt, der überdies aufgrund der beschränkten Auflösung Fehler enthalten kann. In einfachen Fällen sollte man sich den groben Verlauf der Graphen überlegen können.

Beispiel 12.18

Skizzieren Sie den Graphen

$$y = x \cdot \cos(x).$$

Der Wert der Kosinusfunktion wird an jeder Stelle x mit dem Faktor x multipliziert, d. h., jeder Punkt $(x|\cos(x))$ wird mit dem Faktor x in y-Richtung gestreckt. Damit ergibt sich nachfolgender Graph:

Ergebnis 12.18

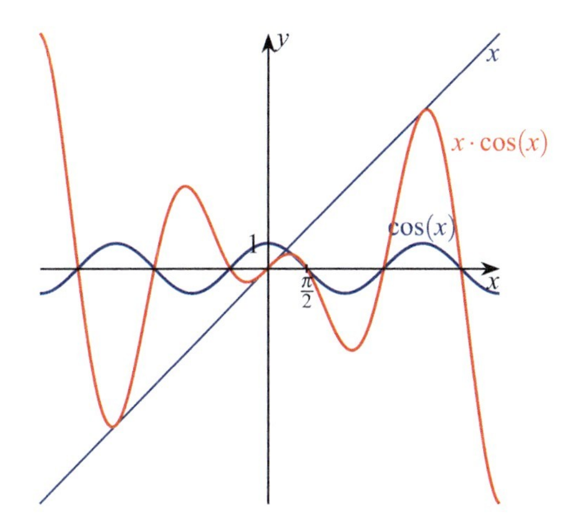

Funktionen können aber auch mit anderen Ausdrücken wie z. B. dem Betrag kombiniert werden.

Beispiel 12.19

Skizzieren Sie den Graphen

$$y = |x^2 - 2|.$$

In diesem Fall werden die negativen Funktionswerte von $x^2 - 2$ in den positiven y-Bereich gespiegelt.

Ergebnis 12.19

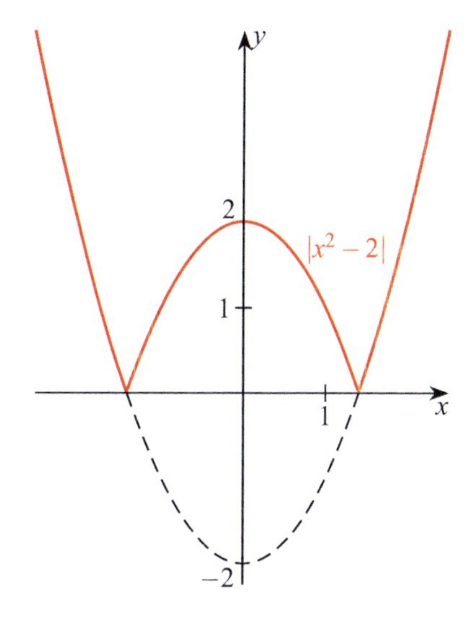

Beispiel 12.20

Skizzieren Sie den Graphen

$$y = e^{\sin(x)}.$$

Der Graph der Funktion oszilliert zwischen $e^{-1} = \frac{1}{e}$ an den Stellen $x = \frac{3}{2}\pi + k \cdot 2\pi$ und $e^1 = e$ an den Stellen $x = \frac{\pi}{2} + k \cdot 2\pi$ $(k \in \mathbb{Z})$.

Ergebnis 12.20

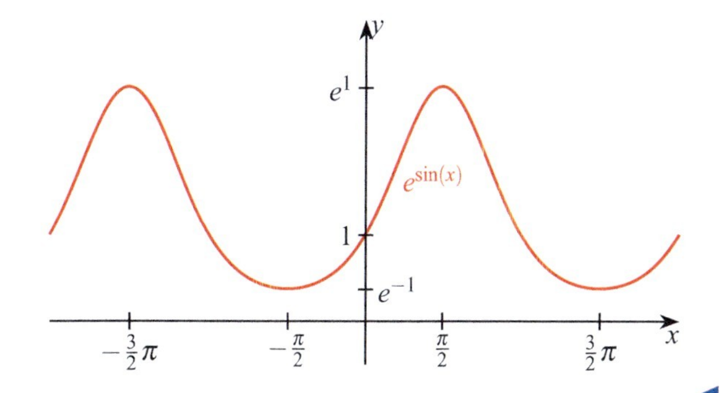

12.6 Bestimmung von Funktionstermen

Mit Funktionen werden in der Praxis Zusammenhänge zwischen Anwendungsgrößen modelliert, z. B. die Geschwindigkeit eines Autos in Abhängigkeit von der Zeit. Häufig wird durch be-

Teil IV

stimmte (Mess-)Punkte, welche die Anwendung vorgibt, eine Kurve gegebenen Typs gelegt, deren zugehöriger Funktionsterm gesucht ist.

Beispiel 12.21

Der Graph einer geraden Polynomfunktion f vierten Grades soll durch die Punkte

$$P_1(0|3) \qquad P_2(1|4) \qquad P_3(2|-5)$$

verlaufen. Wie lautet der Funktionsterm von f?

Da es sich um eine gerade Funktion f, d. h. um eine Funktion mit einem zur y-Achse symmetrischen Graphen handelt, treten nur gerade Potenzen auf. Der Funktionsterm hat demzufolge die Gestalt

$$f(x) = a_4x^4 + a_2x^2 + a_0.$$

Nun setzen wir die bekannten Punktkoordinaten in den Funktionsterm ein:

$$\begin{aligned} f(0) &= \ \ 3 = && a_0 \\ f(1) &= \ \ 4 = && a_4 + a_2 + a_0 \\ f(2) &= -5 = && 16a_4 + 4a_2 + a_0 \end{aligned}$$

Nutzt man die erste Bedingung $a_0 = 3$ in den anderen Gleichungen aus, ergibt sich:

$$\begin{aligned} 1 &= a_4 + a_2 \\ -8 &= 16a_4 + 4a_2 \end{aligned}$$

Setzt man die aus der ersten Gleichung resultierenden Bedingung

$$a_2 = 1 - a_4$$

in die zweite ein, so folgt nacheinander:

$$\begin{aligned} & -8 = 16a_4 + 4 - 4a_4 \\ \Leftrightarrow \quad & 12a_4 = -12 \\ \Leftrightarrow \quad & a_4 = -1 \end{aligned}$$

Daraus resultiert

$$a_2 = 1 - (-1) = 2.$$

Ergebnis 12.21 Die Funktion f, deren Funktionsgraph durch die vorgegebenen Punkte verläuft, hat den Funktionsterm

$$f(x) = -x^4 + 2x^2 + 3.$$ ◄

Besonders einfach ist die Bestimmung einer Polynomfunktion vom Grad n, wenn n Nullstellen vorgegeben sind.

Beispiel 12.22

Wie lauten die Polynomfunktionen dritten Grades mit den Nullstellen

$$x_1 = -1, \quad x_2 = 2, \quad x_3 = 5?$$

Es ist offensichtlich, dass das Polynom

$$\begin{aligned} (x - x_1)(x - x_2)(x - x_3) &= (x + 1)(x - 2)(x - 5) \\ &= x^3 - 6x^2 + 3x + 10 \end{aligned}$$

die geforderten Nullstellen besitzt. Da nur drei Bedingungen gegeben sind, bei einem Polynom dritten Grades aber vier Koeffizienten zu bestimmen sind, ist eine Bedingung frei. Die Multiplikation des Polynoms mit einer Konstanten $a \neq 0$ lässt die Nullstellen unverändert.

Ergebnis 12.22 Die Polynomfunktionen f dritten Grades mit den gegebenen Nullstellen haben die Funktionsterme

$$\begin{aligned} f(x) &= a(x + 1)(x - 2)(x - 5) \\ &= a(x^3 - 6x^2 + 3x + 10), \qquad a \neq 0. \end{aligned}$$ ◄

Beispiel 12.23

Radioaktive Isotope auf der Erdoberfläche zerfallen gemäß

$$A(t) = A_0e^{-\lambda t},$$

wobei $A(t)$ die von der Zeit t abhängige Anzahl der Zerfälle pro Sekunde auf einem Quadratmeter Boden ist.

Das Cäsium-Isotop $^{137}_{55}$Cs hat eine Halbwertszeit von 30 Jahren, d. h., nach 30 Jahren ist die Zerfallsaktivität $A(t)$ auf die Hälfte zurückgegangen.

Im Jahr 2019 wurde in einer gewissen Region in Bayern 33 Jahre nach der Reaktorkatastrophe in Tschernobyl eine Aktivität von 19 000 Zerfällen pro Sekunde und Quadratmeter gemessen.

Wie lautet das konkrete Zerfallsgesetz für $^{137}_{55}$Cs in der betrachteten Region?

Um einfacher rechnen zu können, setzen wir das Jahr der Reaktorkatastrophe als Nullpunkt der Zeitrechnung. Damit ist die Ausgangsaktivität

$$A(0) = A_0e^{-\lambda \cdot 0} = A_0.$$

Wir haben zwei Vorgaben. Zum einen haben wir eine Halbwertszeit von 30 Jahren, d. h., es gilt

$$A(30) = A_0e^{-\lambda \cdot 30} = \frac{1}{2}A(0) = \frac{1}{2}A_0.$$

Zum anderen ist

$$A(33) = A_0 e^{-\lambda \cdot 33} = 19\,000.$$

Aus der ersten Bedingung ergibt sich:

$$\begin{aligned}
& A_0 e^{-\lambda \cdot 30} = \frac{1}{2} A_0 \\
\Leftrightarrow \quad & e^{-\lambda \cdot 30} = \frac{1}{2} \\
\Leftrightarrow \quad & -\lambda \cdot 30 = \ln\left(\frac{1}{2}\right) = \underbrace{\ln(1)}_{=0} - \ln(2) = -\ln(2) \\
\Leftrightarrow \quad & \lambda = \frac{\ln(2)}{30} \approx 0{,}023
\end{aligned}$$

Aus der zweiten Bedingung resultiert damit:

$$\begin{aligned}
& A_0 e^{-\lambda \cdot 33} = A_0 e^{-\frac{\ln(2)}{30} \cdot 33} = A_0 e^{-\ln(2) \cdot \frac{11}{10}} = 19\,000 \\
\Leftrightarrow \quad & A_0 = \frac{19\,000}{e^{-\ln(2) \cdot \frac{11}{10}}} = 19\,000 \cdot e^{\ln(2) \cdot \frac{11}{10}} \approx 40\,700
\end{aligned}$$

Dieses Ergebnis ist plausibel: Da die Halbwertszeit 30 Jahre beträgt und zwischen Reaktorkatastrophe und Messung 33 Jahre liegen, muss die Aktivität im Jahr 2019 etwas weniger als die Hälfte der Ausgangsaktivität A_0 sein.

Ergebnis 12.23 Das Zerfallsgesetz für das radioaktive ${}^{137}_{55}\mathrm{Cs}$ in der betrachteten Region lautet

$$A(t) = A_0 e^{-\lambda t} \approx 40\,700\, e^{-\frac{\ln(2)}{30} t} \approx 40\,700\, e^{-0{,}023 t}. \quad ◀$$

Aufgaben

12.1 Geben Sie einen zu dem jeweiligen Graphen passenden Funktionsterm an.

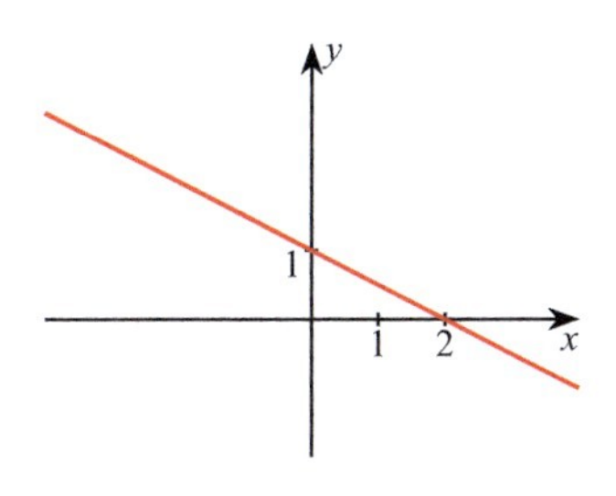

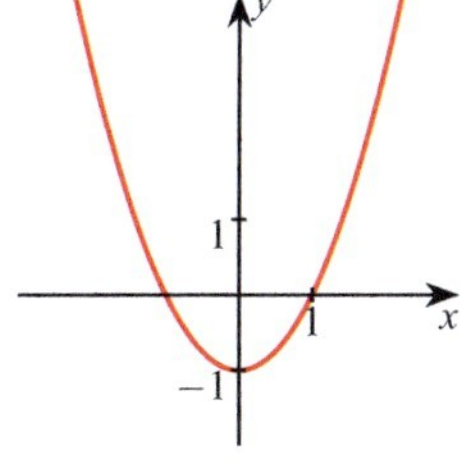

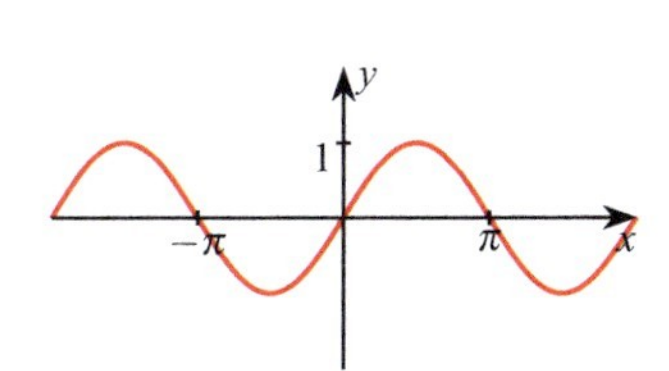

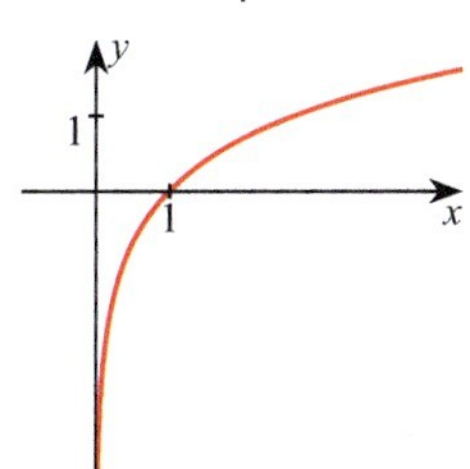

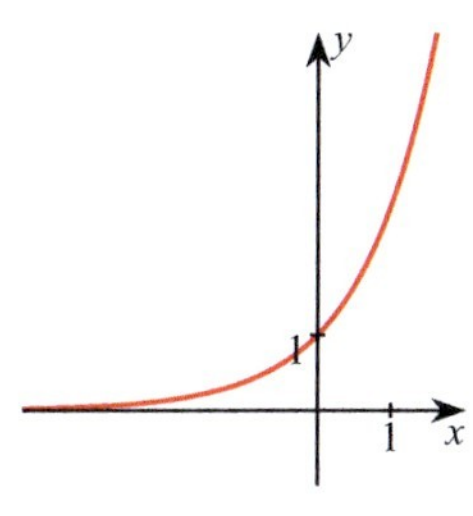

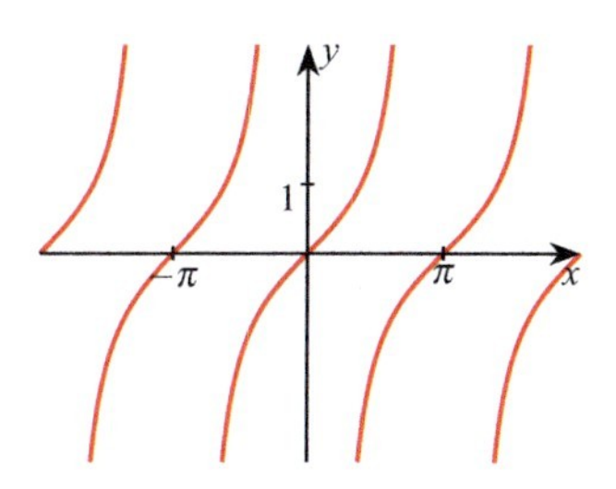

12.2 Skizzieren Sie ohne grafikfähigen Taschenrechner oder Computeralgebrasystem die Graphen folgender Funktionen. Geben Sie jeweils den maximalen Definitionsbereich und den Wertebereich an.

$x \mapsto 2x + 1$	$x \mapsto x^2 - 2$
$x \mapsto 2\sin(x)$	$x \mapsto -e^x + 1$
$x \mapsto \tan\left(x + \frac{\pi}{2}\right)$	$x \mapsto \frac{1}{(x-2)^2}$
$x \mapsto e^{-x}$	$x \mapsto \frac{2}{x+1}$
$x \mapsto \ln(1 + x) + 1$	$x \mapsto 2\sin(2x) - 2$
$x \mapsto 2(x + 1)^2 - 4$	$x \mapsto -\cos(2(x - \pi)) + 1$

12.3 Welche Funktion entsteht, wenn man den Graphen von $x \mapsto \ln(x)$

a) an der x-Achse spiegelt,
b) an der y-Achse spiegelt,
c) um 1 entgegen der x-Richtung verschiebt,
d) um 2 in y-Richtung verschiebt,
e) an der ersten Winkelhalbierenden spiegelt?

12.4 Beschreiben Sie die Transformationen, wie die Graphen der folgenden Funktionen aus den bekannten grundlegenden Graphen entstehen. Skizzieren Sie ohne Unterstützung eines elektronischen Hilfsmittels die Graphen.

$x \mapsto -\sqrt{4 - x}$	$x \mapsto \frac{\lvert x - 1\rvert}{2}$
$x \mapsto 2x^2 + 8x - 1$	$x \mapsto 3(\sin(-2x - \pi) - 1)$

12.5 Welche der folgenden Aussagen sind wahr? Begründen Sie die Korrektheit der wahren Aussagen und geben Sie für die falschen Aussagen ein Gegenbeispiel an.

a) Polynomfunktionen geraden Grades haben keine Nullstellen.
b) Polynomfunktionen ungeraden Grades haben mindestens eine Nullstelle.
c) Quadratische Funktionen haben ein Maximum oder ein Minimum.
d) Die Funktion $x \mapsto \frac{1}{x}$ hat $\mathbb{R}$ als Definitionsbereich.
e) Die Funktion $x \mapsto \frac{1}{x^3}$ hat $\mathbb{R}$ als Wertebereich.
f) Jede gebrochenrationale Funktion hat eine Definitionslücke.
g) An den Wendestellen der Funktion $x \mapsto \sin(x)$ liegen Extrema der Funktion $x \mapsto \cos(x)$ vor.

12.6 Skizzieren Sie die Graphen folgender abschnittsweise definierter Funktionen:

$$f(x) = \begin{cases} x+2 & \text{für} \quad x < 0 \\ 2 & \text{für} \quad 0 \leq x < 2 \\ \frac{x^2}{2} & \text{für} \quad x \geq 2 \end{cases}$$

$$g(x) = \begin{cases} |-x-1| & \text{für} \quad x \leq 0 \\ \cos(\pi x) & \text{für} \quad x > 0 \end{cases}$$

12.7 Berechnen Sie für folgende Funktionen f, g jeweils die Abbildungsvorschriften von $f+g$, $f-g$, $f \cdot g$, $\frac{f}{g}$. Bestimmen Sie jeweils auch den maximalen Definitionsbereich.

a) $f(x) = x - 2$; $g(x) = 1 - 2x$
b) $f(x) = \sin(x)$; $g(x) = \cos(x)$
c) $f(x) = x^2 - 1$; $g(x) = x - 1$
d) $f(x) = \sqrt{1+x}$; $g(x) = \sqrt{x}$

12.8 Bestimmen Sie geeignete Funktionen f und g, für die $g \circ f = h$ ist mit

a) $h(x) = \ln(x+1)$
b) $h(x) = \left(\frac{x+2}{x+1}\right)^2$
c) $h(x) = \cos^2(x)$

12.9 Gegeben sind die Funktionen f, g, h mit

$$f(x) = x^2, \qquad g(x) = \sqrt{x}, \qquad h(x) = \frac{1}{x}.$$

Bestimmen Sie die Abbildungsterme folgender Funktionen. Vereinfachen Sie die Funktionsterme weitmöglichst. Wie groß ist jeweils der maximale Definitionsbereich?

a) $g \circ f$ und $f \circ g$
b) $f \circ (g + h)$
c) $h \circ (f \cdot g)$
d) $f \circ \left(\frac{g}{h}\right)$
e) $f \circ (g \circ h)$

12.10 Versuchen Sie, ohne Einsatz eines elektronischen Hilfsmittels die Graphen folgender Funktionen zu skizzieren.

$$y = |\sin(x)| \qquad y = \frac{1}{\sqrt{x}} \qquad y = e^{\cos(x)}$$

$$y = x + |x-1| \qquad y = \frac{x-1}{x+1} \qquad y = \ln(4 - x^2)$$

12.11 Bestimmen Sie eine Polynomfunktion möglichst niedrigen Grades, deren Graph durch die folgenden Punkte geht.

a) $P_0(0|-3)$; $P_1(1|0)$; $P_2(2|5)$
b) $P_0(-1|-17)$; $P_1(0|-5)$; $P_2(1|1)$; $P_3(2|13)$

12.12 Berechnen Sie die Polynomfunktion g, für die

$$x^4 - 3x^3 + 6x - 4 = (x^2 - 2) \cdot g(x)$$

gilt.

Lösungen zu den Aufgaben

12.1 $y = -\frac{1}{2}x + 1$, $y = x^2 - 1$, $y = \sin(x)$, $y = \ln(x)$, $y = e^x$, $y = \tan(x)$

12.2 Die Graphen der Funktionen finden Sie im Online-Material.

Tabelle mit Definitions- und Wertebereichen:

Funktion	Definitionsbereich	Wertebereich
$2x+1$	$\mathbb{R}$	$\mathbb{R}$
x^2-2	$\mathbb{R}$	$[-2;\infty[$
$2\sin(x)$	$\mathbb{R}$	$[-2;2]$
$-e^x+1$	$\mathbb{R}$	$]-\infty;1[$
$\tan\left(x+\frac{\pi}{2}\right)$	$\{x \in \mathbb{R} \mid x \neq k\pi,\ k \in \mathbb{Z}\}$	$\mathbb{R}$
$\frac{1}{(x-2)^2}$	$\mathbb{R}\setminus\{2\}$	$]0;\infty[$
e^{-x}	$\mathbb{R}$	$]0;\infty[$
$\frac{2}{x+1}$	$\mathbb{R}\setminus\{-1\}$	$\mathbb{R}\setminus\{0\}$
$\ln(1+x)+1$	$]-1;\infty[$	$\mathbb{R}$
$2\sin(2x)-2$	$\mathbb{R}$	$[-4;0]$
$2(x+1)^2-4$	$\mathbb{R}$	$[-4;\infty[$
$-\cos(2(x-\pi))+1$	$\mathbb{R}$	$[0;2]$

12.3

a) $y = -\ln(x)$
b) $y = \ln(-x)$
c) $y = \ln(x+1)$
d) $y = \ln(x) + 2$
e) $y = e^x$

12.4 Umwandlung der Funktionsterme, sodass man die Transformationen ablesen kann.

$$y = -\sqrt{4-x} = -\sqrt{(-1)(x-4)}$$

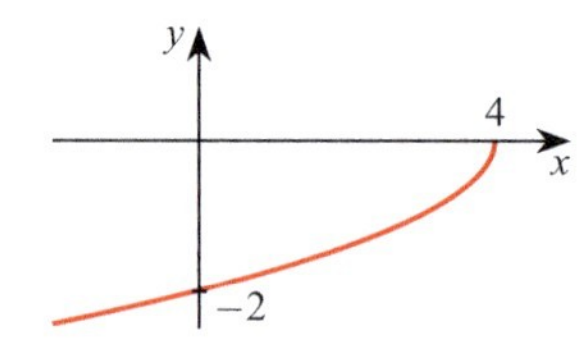

$$y = \frac{|x-1|}{2} = \begin{cases} \frac{1}{2}(x-1) & \text{für} \quad x \geq 1 \\ \frac{1}{2}(-x+1) & \text{für} \quad x < 1 \end{cases}$$

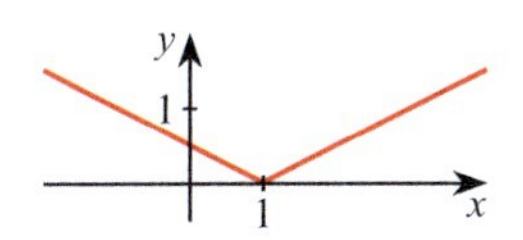

$$y = 2x^2 + 8x - 1 = 2(x+2)^2 - 9$$

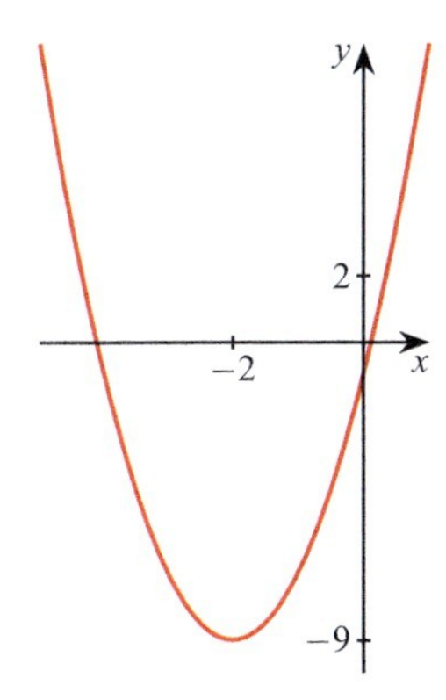

$$y = 3(\sin(-2x - \pi) - 1) = 3\sin\left((-2)\left(x + \frac{\pi}{2}\right)\right) - 3$$

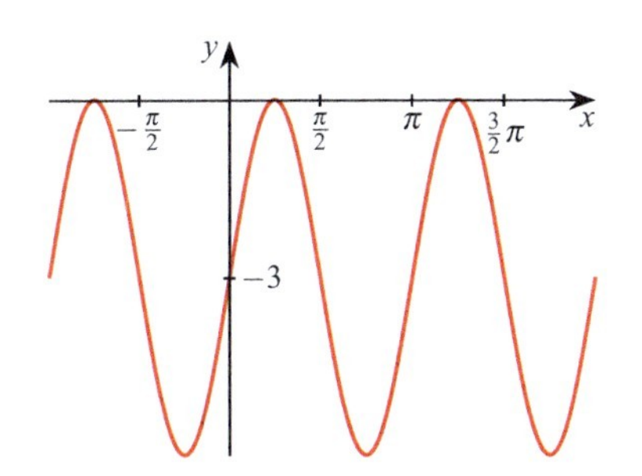

12.5 Die Aussage ist

a) falsch, z. B. hat $y = x^2 - 1$ gleich zwei Nullstellen;
b) wahr, da die Funktion für negative x gegen $-\infty$ und für positive x gegen $+\infty$ strebt oder umgekehrt;
c) wahr, da eine Parabel entweder unten oder oben einen Scheitel und damit ein Extremum hat;
d) falsch, da $x = 0$ eine Definitionslücke ist;
e) falsch, da durch die Funktion z. B. der Wert $y = 0$ nicht erreicht wird;
f) falsch, Gegenbeispiel $f(x) = \frac{x}{1+x^2}$;
g) wahr, die Wendestellen $x = k\pi$ ($k \in \mathbb{Z}$) der Sinusfunktion sind die Maximal- bzw. Minimalstellen der Kosinusfunktion.

12.6

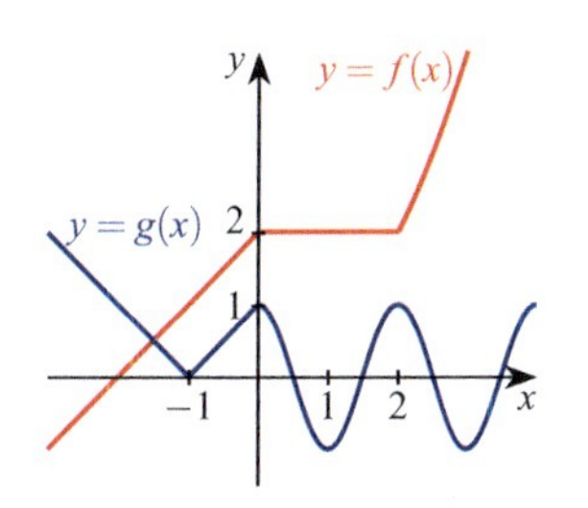

12.7

a) $(f+g)(x) = -x - 1,\ D_{f+g} = \mathbb{R}$
$(f-g)(x) = 3x - 3,\ D_{f-g} = \mathbb{R}$
$(f \cdot g)(x) = -2x^2 + 5x - 2,\ D_{f \cdot g} = \mathbb{R}$
$\frac{f}{g}(x) = \frac{x-2}{1-2x},\ D_{\frac{f}{g}} = \mathbb{R} \setminus \{\frac{1}{2}\}$
b) $(f+g)(x) = \sin(x) + \cos(x),\ D_{f+g} = \mathbb{R}$
$(f-g)(x) = \sin(x) - \cos(x),\ D_{f-g} = \mathbb{R}$
$(f \cdot g)(x) = \sin(x) \cdot \cos(x),\ D_{f \cdot g} = \mathbb{R}$
$\frac{f}{g}(x) = \frac{\sin(x)}{\cos(x)} = \tan(x),\ D_{\frac{f}{g}} = \{x \in \mathbb{R} \mid x \neq \frac{\pi}{2} + k\pi,\ k \in \mathbb{Z}\}$
c) $(f+g)(x) = x^2 + x - 2,\ D_{f+g} = \mathbb{R}$
$(f-g)(x) = x^2 - x,\ D_{f-g} = \mathbb{R}$
$(f \cdot g)(x) = x^3 - x^2 - x + 1,\ D_{f \cdot g} = \mathbb{R}$
$\frac{f}{g}(x) = \frac{x^2-1}{x-1} = x + 1,\ D_{\frac{f}{g}} = \mathbb{R} \setminus \{1\}$
d) $(f+g)(x) = \sqrt{1+x} + \sqrt{x},\ D_{f+g} = [0;\infty[$
$(f-g)(x) = \sqrt{1+x} - \sqrt{x},\ D_{f-g} = [0;\infty[$
$(f \cdot g)(x) = \sqrt{x + x^2},\ D_{f \cdot g} = [0;\infty[$
$\frac{f}{g}(x) = \sqrt{\frac{1+x}{x}},\ D_{\frac{f}{g}} =]0;\infty[$

12.8

a) $f(x) = x + 1,\ g(x) = \ln(x)$
b) $f(x) = \frac{x+2}{x+1},\ g(x) = x^2$
c) $f(x) = \cos(x),\ g(x) = x^2$

12.9

a) $(g \circ f)(x) = \sqrt{x^2} = |x|,\ D_{g \circ f} = \mathbb{R}$
$(f \circ g)(x) = \sqrt{x}^2 = x,\ D_{f \circ g} = [0;\infty[$
b) $(f \circ (g+h))(x) = \left(\sqrt{x} + \frac{1}{x}\right)^2 = x + \frac{2}{\sqrt{x}} + \frac{1}{x^2}$,
$D_{f \circ (g+h)} =]0;\infty[$
c) $(h \circ (f \cdot g))(x) = \frac{1}{x^2 \cdot \sqrt{x}} = \frac{1}{x^{\frac{5}{2}}},\ D_{f \circ (g \cdot h)} =]0;\infty[$
d) $\left(f \circ \left(\frac{g}{h}\right)\right)(x) = \left(\sqrt{x} \cdot x\right)^2 = x^3,\ D_{f \circ (\frac{g}{h})} =]0;\infty[$
e) $(f \circ (g \circ h))(x) = \sqrt{\frac{1}{x}}^2 = \frac{1}{x},\ D_{f \circ (g \circ h)} =]0;\infty[$

12.10

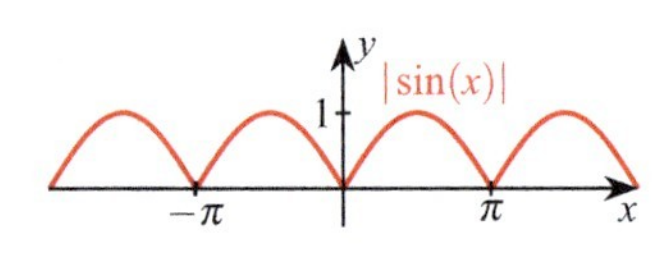

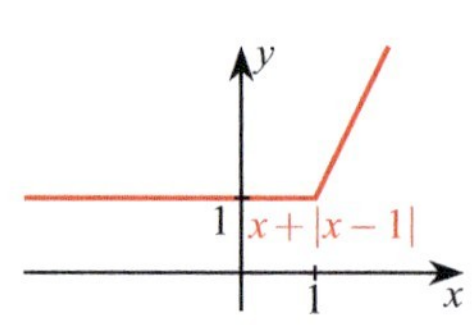

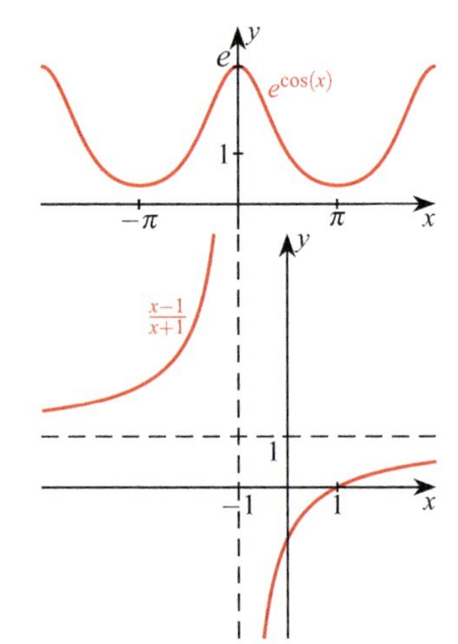

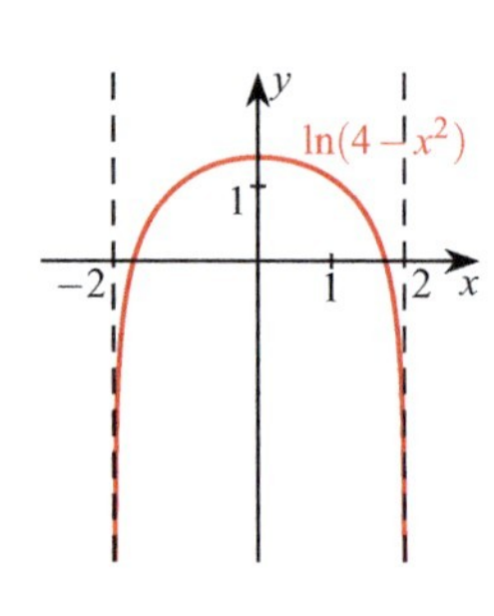

12.11

a) $f(x) = x^2 + 2x - 3$

b) $f(x) = 2x^3 - 3x^2 + 7x - 5$

12.12 Der Ansatz $g(x) = a_2x^2 + a_1x + a_0$ ergibt mit Ausmultiplizieren und Koeffizientenvergleich

$$g(x) = x^2 - 3x + 2.$$

Ausführliche Lösungen zu den Aufgaben finden Sie im Online-Material.

tiny.cc/to5l1y

Differenzialrechnung

Palacio de Generalife, Granada (Spanien). Foto: Rüdiger Lunde

Was ist die Ableitung einer Funktion an einer Stelle?

Wie berechnet man die Ableitungsfunktion?

Was sagen die Ableitungen über Wachstums- und Krümmungsverhalten einer Funktion aus?

Wie kann man Extrema einer Funktion bestimmen?

K. Dürrschnabel et al., *So viel Mathe muss sein!*, https://doi.org/10.1007/978-3-662-57951-0_13

In diesem Kapitel wiederholen Sie die zentralen Begriffe der Differenzialrechnung: Grenzwerte, Ableitung einer Funktion an einer Stelle sowie Ableitungsfunktion. Sie wenden diese Konzepte an, um Eigenschaften von Funktionen zu analysieren und Optimierungsprobleme zu lösen. Im praktischen Einsatz sind die Ableitungsregeln zur Bestimmung der Ableitungsfunktion zusammengesetzter Funktionen ein wichtiges Handwerkszeug.

13.1 Selbsteinschätzung

☐ *Ich kann*
Grenzwerte von Funktionen bestimmen. → *Abschn. 13.2*

Test 13.1

Bestimmen Sie das Verhalten der Funktionen f mit

a) $f(x) = \frac{1}{(x-3)^2}$ für $x \to 3$
b) $f(x) = e^{2x}$ für $x \to \infty$ bzw. $x \to -\infty$
c) $f(x) = \frac{x+1}{x^2-1}$ für $x \to 1$
d) $f(x) = \frac{x+1}{x^2-1}$ für $x \to -1$
e) $f(x) = \cos(2x + \pi)$ für $x \to 0$

☐ *Ich kann*
die Ableitung einer Funktion an einer Stelle x_0 interpretieren. → *Abschn. 13.3*

Test 13.2

Sind die folgenden Aussagen für jede differenzierbare Funktion f zutreffend oder nicht?

a) Wenn $f'(7) = 2$ ist, hat die Tangente an den Graphen von f im Punkt $P(2|f(2))$ die Steigung 7.
b) Wenn $f'(-3) = 0$ ist, hat die Funktion f an der Stelle $x = -3$ eine Nullstelle.
c) Wenn $f'(1) = 0$ ist, hat der Graph von f in $P(1|f(1))$ eine waagerechte Tangente.
d) Die momentane Änderungsrate der Funktion f mit $f(x) = 2x^2 + 15x + 2$ an der Stelle $x = -4$ ist positiv.
e) Die Tangente an den Graphen der Funktion f mit $f(x) = 7x^2 - 6$ im Punkt $P(-1|1)$ hat einen Schnittwinkel von 45° mit der x-Achse.

☐ *Ich kenne*
die Ableitungsfunktionen elementarer Funktionen. → *Abschn. 13.4*

Test 13.3

Geben Sie die Ableitungsfunktionen der folgenden Funktionen f an, mit

a) $f(x) = x^5$
b) $f(x) = \sqrt{x}$
c) $f(x) = x^n$, $n \in \mathbb{Q}$
d) $f(x) = \frac{1}{x}$
e) $f(x) = \frac{1}{x^2}$
f) $f(x) = \cos(x)$
g) $f(x) = e^x$
h) $f(x) = \ln(x)$

☐ *Ich kenne*
die wichtigsten Ableitungsregeln und kann sie anwenden. → *Abschn. 13.5*

Test 13.4

Bilden Sie die Ableitungsfunktionen der folgenden Funktionen f. Geben Sie jeweils alle Ableitungsregeln an, die Sie verwendet haben.

a) $f(x) = 2x^3 + 4x - 4$
b) $f(x) = x^4 \cdot \cos(x)$
c) $f(x) = 3\sin(2x) + \frac{2}{x}$
d) $f(x) = 2x \cdot \ln(x)$
e) $f(x) = 2\sin(3x + \pi)$
f) $f(x) = \sqrt{x^4 + 4}$
g) $f(x) = \frac{3x^3-4x^2+2}{x^2}$
h) $f(x) = (1 + 3x) \cdot e^{-x}$

☐ *Ich kann*
Wachstums- und Krümmungsverhalten einer Funktion mithilfe ihrer Ableitungen analysieren. → *Abschn. 13.6*

Test 13.5

Bestimmen Sie rechnerisch (mithilfe der Ableitung) alle Bereiche, in denen der Funktionsgraph von f mit

$$f(x) = 2x^3 - 3x^2 - 36x + 42$$

a) monoton wächst bzw. fällt,
b) links- bzw. rechtsgekrümmt ist,

sowie alle Hoch-, Tief- und Wendepunkte.

☐ *Ich kann*
Optimierungsaufgaben mithilfe der Differenzialrechnung lösen. → *Abschn. 13.7*

Test 13.6

Ein Stamm mit halbkreisförmigem Querschnitt soll so beschnitten werden, dass ein rechteckiger Balken mit dem größtmöglichen Widerstandsmoment W entsteht. Das Widerstandsmoment berechnet sich aus Breite b und Höhe h des rechteckigen Querschnitts (siehe Abb. unten) zu $W = \frac{1}{6} \cdot h \cdot b^2$.

Was sind die optimale Höhe und Breite des Balkens?

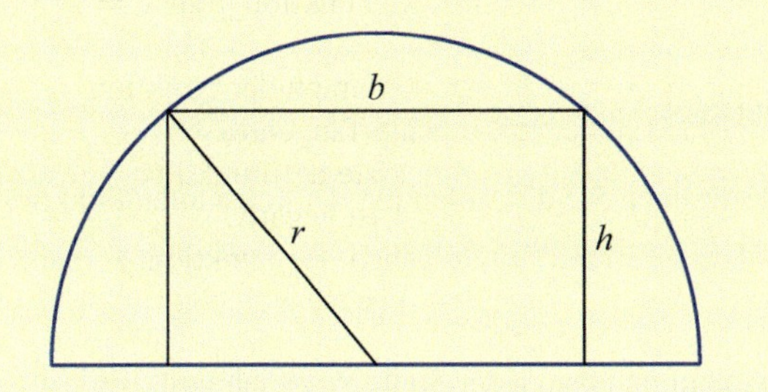

Ergebnisse der Testaufgaben

13.1 a) $\lim_{x\to 3} \frac{1}{(x-3)^2} = +\infty$, b) $\lim_{x\to\infty} e^{2x} = +\infty$ und $\lim_{x\to-\infty} e^{2x} = 0$, c) $\frac{x+1}{(x+1)(x-1)}$ hat für $x \to 1$ keinen Grenzwert (Polstelle mit Vorzeichenwechsel), d) $\lim_{x\to-1} \frac{x+1}{(x+1)(x-1)} = -\frac{1}{2}$, e) $\lim_{x\to 0} \cos(2x+\pi) = -1$

13.2 a) nein, b) nein, c) ja, d) nein, e) nein

13.3 a) $f'(x) = 5x^4$, b) $f'(x) = \frac{1}{2\sqrt{x}}$, c) $f'(x) = n \cdot x^{n-1}$, d) $f'(x) = -\frac{1}{x^2}$, e) $f'(x) = -\frac{2}{x^3}$, f) $f'(x) = -\sin(x)$, g) $f'(x) = e^x$, h) $f'(x) = \frac{1}{x}$

13.4 a) Summen- und Faktorregel: $f'(x) = 6x^2 + 4$, b) Produktregel: $f'(x) = 4x^3 \cdot \cos(x) - x^4 \sin(x)$, c) Summen-, Faktor- und Kettenregel: $f'(x) = 6\cos(2x) - \frac{2}{x^2}$, d) Faktor- und Produktregel: $f'(x) = 2\ln(x) + 2$, e) Faktor- und Kettenregel: $f'(x) = 6\cos(3x+\pi)$, f) Summen- und Kettenregel: $f'(x) = 2x^3 \cdot \frac{1}{\sqrt{x^4+4}}$, g) Summen-, Faktor- und Produktregel oder Quotientenregel: $f'(x) = -\frac{2}{x^3} \cdot (3x^3 - 4x^2 + 2) + \frac{1}{x^2} \cdot (9x^2 - 8x) = \frac{3x^3-4}{x^3}$, h) Summen-, Faktor-, Produkt- und Kettenregel: $f'(x) = 3e^{-x} - (1+3x) \cdot e^{-x} = e^{-x} \cdot (2-3x)$

13.5 $f'(x) = 6x^2 - 6x - 36 = 6(x^2 - x - 6) = 0$ für $x \in \{-2; 3\}$, $f''(x) = 12x - 6 = 0$ für $x = \frac{1}{2}$

Wachstumsverhalten:

Bereich	f' ist	Graph von f
$x < -2$	positiv	streng monoton wachsend
$-2 < x < 3$	negativ	streng monoton fallend
$x > 3$	positiv	streng monoton wachsend

Wegen der Vorzeichenwechsel hat der Graph einen Tiefpunkt in $T(3|-39)$ und einen Hochpunkt in $H(-2|86)$.

Krümmungsverhalten:

Bereich	f'' ist	Graph von f
$x < 0{,}5$	negativ	rechtsgekrümmt
$x > 0{,}5$	positiv	linksgekrümmt

Der Graph hat einen Wendepunkt in $W(0{,}5|23{,}5)$.

13.6 Nach Pythagoras ist $r^2 = h^2 + \left(\frac{b}{2}\right)^2$, also $b^2 = 4(r^2 - h^2)$. Nach Elimination von b erhält man als die zu optimierende Funktion: $W(h) = \frac{2}{3}h \cdot (r^2 - h^2)$, $W'(h) = \frac{2}{3} \cdot (r^2 - 3h^2) = 0 \Leftrightarrow \frac{1}{3}r^2 = h^2$, $W''(h) = -4h < 0$. Es handelt sich um ein Maximum in $h = \frac{1}{\sqrt{3}}r$ und $b^2 = \frac{8}{3}r^2$ mit $W_{\max} = \frac{4\cdot\sqrt{3}}{27}r^3$.

13.2 Grenzwerte von Funktionen

Anschaulich bezeichnet der **Grenzwert** einer Funktion an einer bestimmten Stelle denjenigen Wert, dem sich die Funktionswerte in der Umgebung der betrachteten Stelle annähern. An allen Stellen, an denen die Funktion **stetig** ist, ist der Grenzwert gleich dem Wert der Funktion an dieser Stelle, es ist also

$$\lim_{x\to x_0} f(x) = f(x_0).$$

Das bedeutet: Im Fall von Stetigkeit kann man die Stelle x_0 einfach in die Funktion einsetzen.

Für den Graphen der Funktion f bedeutet Stetigkeit an der Stelle x_0, dass man den Funktionsgraphen in der Umgebung von x_0 ohne abzusetzen durchzeichnen kann.

Interessanter sind Grenzwertbetrachtungen für Definitionslücken oder die Ränder des Definitionsbereichs einer Funktion, an denen das Grenzwertverhalten sehr unterschiedlich sein kann.

Beispiel 13.1

Skizzieren Sie den Graphen der Funktion f mit

$$f(x) = \frac{2+x}{(1-x)^2(x+2)}.$$

Die Funktion ist an den Stellen $x_1 = 1$ und $x_2 = -2$ nicht definiert, sie hat dort Definitionslücken. Insbesondere ist sie an diesen Stellen nicht stetig. Um den Graphen zu skizzieren, muss man sich klarmachen, wie sich die Funktionswerte in der Nähe dieser Stellen verhalten.

Nähert sich das Argument x der Stelle $x_1 = 1$ (ohne sie zu erreichen), dann wachsen die Funktionswerte an und können beliebig groß werden. Man sagt, die Funktion strebt für $x \to 1$ gegen unendlich und schreibt: $\lim_{x\to 1} f(x) = +\infty$.

Ein anderes Verhalten beobachtet man in der Nähe der Stelle $x_2 = -2$. Hier nähern sich die Funktionswerte für $x \to -2$ dem Wert $\frac{1}{9}$ an. Das liegt daran, dass man die Funktionsgleichung für alle $x \neq -2$ umformen kann zu

$$f(x) = \frac{2+x}{(1-x)^2(x+2)} = \frac{1}{(1-x)^2} \quad \text{für} \quad x \neq -2.$$

Das Kürzen des Terms $(x+2)$ ist nur zulässig, wenn $x + 2 \neq 0$ ist, d. h. für alle x außer $x = -2$. Die Funktionswerte sind also überall gleich $\frac{1}{(1-x)^2}$, mit Ausnahme der Definitionslücke $x_2 = -2$. Man schreibt: $\lim_{x\to-2} f(x) = \frac{1}{9}$.

Betrachtet man den Grenzwert für $x \to \infty$, stellt man sich vor, dass die Argumente x beliebig groß werden können. Man erkennt an der letzten Umformung von $f(x)$, dass die Funktionswerte dann positiv bleiben, aber immer kleiner werden; sie gehen gegen null. In diesem Fall ist also $\lim_{x\to\infty} f(x) = 0$, und die x-Achse ist eine waagerechte Asymptote der Funktion f. Entsprechendes gilt für $x \to -\infty$.

Ergebnis 13.1 Der Graph der Funktion f hat nachfolgende Gestalt:

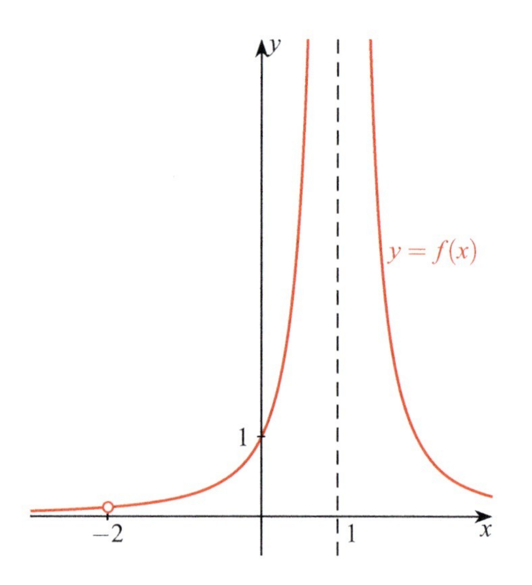

◀

Mehr zu Grenzwertbetrachtungen für gebrochenrationale Funktionen finden Sie unter dem folgenden Link.

tiny.cc/to5l1y

13.3 Die Ableitung an einer Stelle

Die **Ableitung** einer Funktion f an einer Stelle x_0 ist die **momentane Änderungsrate** an dieser Stelle und entspricht der Steigung der Tangente t an den Funktionsgraphen im Punkt $P_0(x_0|f(x_0))$.

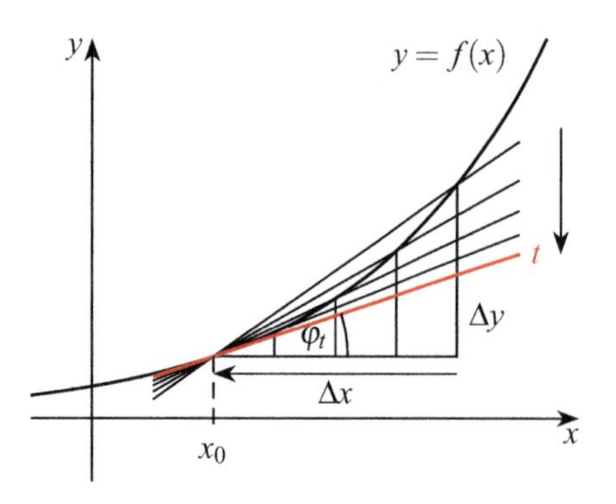

Formal definiert man sie über den Grenzwert des Differenzenquotienten

$$f'(x_0) = \lim_{\Delta x \to 0} \frac{\Delta y}{\Delta x} = \lim_{x \to x_0} \frac{f(x) - f(x_0)}{x - x_0}.$$

Wenn dieser Grenzwert existiert, dann heißt f **differenzierbar** in x_0.

Beispiel 13.2

Bestimmen Sie die Ableitung der konstanten Funktion f mit $f(x) = c$ (mit $c \in \mathbb{R}$).

Die Ableitung ist an jeder Stelle x_0 gleich null, weil

$$f'(x_0) = \lim_{x \to x_0} \frac{f(x) - f(x_0)}{x - x_0} = \lim_{x \to x_0} \frac{c - c}{x - x_0} = 0.$$

Anschaulich entspricht der Funktionsgraph einer waagerechten Geraden. Die Tangente ist identisch mit dieser Geraden und hat die Steigung null.

Ergebnis 13.2 $f'(x) = 0$ ◀

Ableitungen in der Physik

Die physikalischen Begriffe Momentangeschwindigkeit v eines bewegten Massenpunktes, Stromstärke I, sowie die Leistung P lassen sich über Ableitungen nach der Zeit definieren:

$$v(t_0) = \dot{s}(t_0) \qquad I(t_0) = \dot{Q}(t_0) \qquad P(t_0) = \dot{W}(t_0)$$

Hier sind

- $s(t)$ der zurückgelegte Weg des Massenpunktes zum Zeitpunkt t,
- $Q(t)$ die elektrische Ladungsmenge, die bis zum Zeitpunkt t durch den Bezugsquerschnitt geflossen ist,
- $W(t)$ die Arbeit, die eine Maschine bis zur Zeit t verrichtet hat.

Ableitungen nach der Zeit schreibt man in der Physik (in Anlehnung an Newton) immer noch gern mit einem Punkt statt mit dem Ableitungsstrich.

Eine weitere Schreibweise, die sich in der Physik und den Ingenieuranwendungen bewährt und erhalten hat, lehnt sich an die Definition der Ableitung als Grenzwert des Differenzenquotienten an. Man schreibt

$$f'(x_0) = \lim_{x \to x_0} \frac{\Delta y}{\Delta x} = \frac{dy}{dx} = \frac{df}{dx}(x_0).$$

Um zu betonen, dass es sich um unendlich kleine Differenzen, sogenannte **Differenziale**, handelt, ersetzt man das in Differenzen sonst übliche Δ durch ein d. Aus dem Differenzenquotienten $\frac{\Delta y}{\Delta x}$ wird so der **Differenzialquotient** $\frac{dy}{dx}$.

13.4 Die Ableitungsfunktion

Ordnet man jeder Stelle $x \in D_f$, an der die Funktion f differenzierbar ist, den Wert der Ableitung an dieser Stelle x zu, dann erhält man eine neue Funktion, die man die **Ableitungsfunktion** f' nennt. Genauer handelt es sich um die Ableitungsfunktion (oder kurz: Ableitung) 1. Ordnung von f.

Berechnet man die Ableitung der Ableitung, so erhält man die Ableitungsfunktion 2. Ordnung von f. Man schreibt $f''(x)$. Sie sagt etwas darüber aus, wie sich die Steigung des Graphen der Funktion f verändert.

Allgemein ist die **Ableitungsfunktion n-ter Ordnung** (kurz: die n-te Ableitung) $f^{(n)}$ die Ableitung von $f^{(n-1)}$, d. h., für natürliches $n > 1$ ist

$$f^{(n)}(x) = \left(f^{(n-1)}(x)\right)'.$$

Zur praktischen Berechnung der Ableitungsfunktion einer gegebenen Funktion f benutzt man die bekannten Ableitungen der elementaren Funktionen.

Ableitungen elementarer Funktionen

f	f'	Voraussetzungen
x^n, für $n \in \mathbb{Z}$	$n \cdot x^{n-1}$	
x^r, für $r \in \mathbb{R}$	$r \cdot x^{r-1}$	D_f je nach Wert von r
$\sqrt{x}$	$\frac{1}{2\sqrt{x}}$	$x > 0$
$\sin(x)$	$\cos(x)$	
$\cos(x)$	$-\sin(x)$	
$\tan(x)$	$1 + \tan^2(x)$	$x \neq \frac{\pi}{2} + k\pi,\ k \in \mathbb{Z}$
e^x	e^x	
$\ln(x)$	$\frac{1}{x}$	$x > 0$
a^x, für $a > 0$	$a^x \cdot \ln(a)$	

Beispiel 13.3

Berechnen Sie die Ableitung der Funktion f mit

$$f(x) = \sqrt[3]{x}$$

an der Stelle $x_0 = 8$.

Wurzelfunktionen kann man mithilfe von Potenzen schreiben (→ Abschn. 8.3), was zum Ableiten und Integrieren häufig zweckmäßig ist: Es ist $f(x) = \sqrt[3]{x} = x^{\frac{1}{3}}$. Damit berechnet sich die Ableitung zu

$$f'(x) = \frac{1}{3} \cdot x^{\frac{1}{3}-1} = \frac{1}{3} \cdot x^{-\frac{2}{3}} = \frac{1}{3\sqrt[3]{x^2}}.$$

Ergebnis 13.3 $f'(8) = \frac{1}{12}$ ◂

Beispiel 13.4

Berechnen Sie die Ableitungsfunktion der Funktion f mit

$$f(x) = \frac{1}{x}.$$

Wieder hilft die Potenzschreibweise: Es ist $f(x) = x^{-1}$.

Ergebnis 13.4 $f'(x) = -x^{-2} = -\frac{1}{x^2}$ ◂

Beispiel 13.5

Bestimmen Sie die Funktionsgleichung der Tangente an den Graphen der Funktion f mit $f(x) = \tan(x)$ im Punkt $P(\frac{\pi}{4}|1)$.

Wir bestimmen eine Gleichung der Tangente in der Form $y = ax + b$. Die Steigung a ist der Wert der Ableitung f' an der Stelle $x = \frac{\pi}{4}$, also

$$f'(x) = 1 + \tan^2(x) \quad \text{und} \quad a = f'\left(\frac{\pi}{4}\right) = 2.$$

Durch Einsetzen des Punktes P bestimmt man auch b zu

$$1 = 2 \cdot \frac{\pi}{4} + b, \quad \text{also} \quad b = 1 - \frac{\pi}{2}.$$

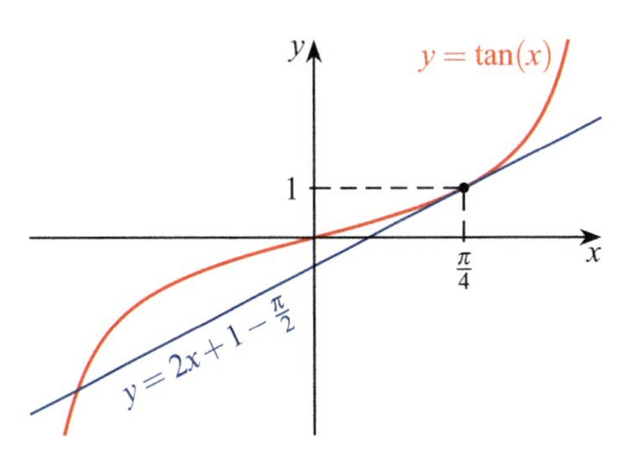

Ergebnis 13.5 Die Tangente im Punkt $P(\frac{\pi}{4}|1)$ hat die Gleichung

$$y = 2x + 1 - \frac{\pi}{2}.$$ ◂

13.5 Ableitungsregeln und ihre Anwendung

Meist hat man es in Anwendungen nicht nur mit elementaren Funktionen in ihrer Reinform, sondern mit daraus zusammengesetzten Funktionen zu tun. Die Ableitungsregeln (siehe

Übersicht: Ableitungsregeln für zusammengesetzte Funktionen

Regel		Voraussetzung
Summenregel	$(u+v)' = u' + v'$	u und v differenzierbar
Faktorregel	$(\alpha \cdot u)' = \alpha \cdot u'$	u differenzierbar, α konstant
Produktregel	$(u \cdot v)' = u' \cdot v + u \cdot v'$	u und v differenzierbar
Kettenregel $f(x) = u(v(x))$	$f'(x) = u'(v(x)) \cdot v'(x)$	v in x differenzierbar, u in $v(x)$ differenzierbar
Quotientenregel	$\left(\frac{u}{v}\right)' = \frac{u' \cdot v - u \cdot v'}{v^2}$	u und v differenzierbar, $v(x) \neq 0$

Übersicht: Ableitungsregeln für zusammengesetzte Funktionen) beschreiben, wie die Ableitung bei häufig vorkommenden Verknüpfungen zu berechnen ist.

Beispiel 13.6

Bestimmen Sie die Ableitung von p mit

$$p(x) = 3x^3 - 7x^2 + 17.$$

Zum Ableiten von Polynomen genügen Summen- und Faktorregel:

$$p'(x) = 3 \cdot (x^3)' - 7 \cdot (x^2)' + (17)'$$

Zur Erinnerung: Die Ableitung der konstanten Funktion f mit $f(x) = 17$ ist null.

Ergebnis 13.6 $p'(x) = 9x^2 - 14x$ ◀

Beispiel 13.7

Berechnen Sie die Ableitungen bis zur 4. Ordnung von f mit

$$f(x) = \cos(x).$$

Man leitet viermal hintereinander ab (bei der 2. und 3. Ableitung braucht man für das Minuszeichen die Faktorregel):

$$\begin{aligned} f'(x) &= -\sin(x) \\ f''(x) &= -(\sin(x))' = -\cos(x) \\ f'''(x) &= -(\cos(x))' = \sin(x) \\ f^{(4)}(x) &= \cos(x) \end{aligned}$$

Ab hier würden sich diese vier Funktionen immer wiederholen, wie in der folgenden Abbildung dargestellt.

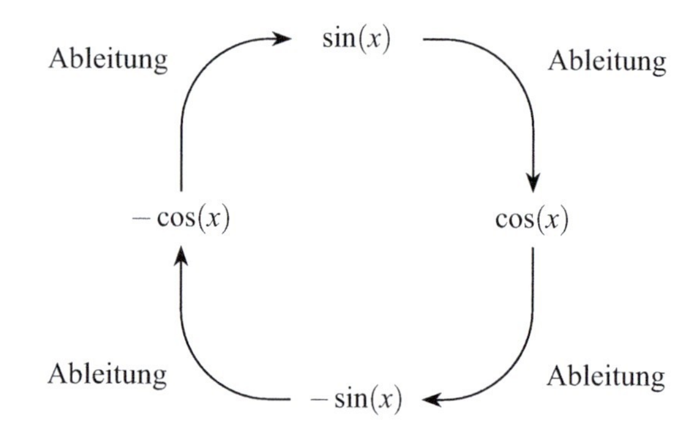

◀

Beispiel 13.8

Berechnen Sie die Ableitungen der folgenden Funktionen und geben Sie alle Regeln an, die Sie dabei verwenden:

$$\begin{aligned} f_1(x) &= (x^2+1) \cdot \cos(x) \\ f_2(x) &= \sin(2x+1) \\ f_3(x) &= x \cdot e^{-x} \\ f_4(x) &= \frac{1}{x^2+1} \end{aligned}$$

Für die Ableitung von f_1 braucht man die Produktregel und für $(x^2+1)'$ die Summenregel. Es ist:

$$f_1'(x) = 2x \cdot \cos(x) - (x^2+1)\sin(x)$$

Für die Ableitung von f_2 braucht man die Kettenregel. Die äußere Funktion in der Nacheinanderausführung (Verkettung) ist die Sinusfunktion. In f_2 wird sie angewendet auf das Ergebnis der inneren Funktion $y = 2x + 1$. Damit ist:

$$f_2'(x) = \underbrace{\cos(2x+1)}_{\text{äußere Abl.}} \cdot \underbrace{2}_{\text{innere Abl.}}$$

Für f_3' braucht man eine Kombination von Produkt- und Kettenregel. Es ist:

$$\begin{aligned}(e^{-x})' &= e^{-x} \cdot (-1) = -e^{-x} && \text{(Kettenregel)}\\ f_3'(x) &= 1 \cdot e^{-x} + x \cdot (-e^{-x}) && \text{(Produktregel)}\\ &= (1-x) \cdot e^{-x}\end{aligned}$$

f_4 ist eine Verkettung mit $f_4(x) = v(u(x))$ mit $v(x) = \frac{1}{x}$ (äußere Funktion) und $u(x) = x^2 + 1$ (innere Funktion). Hier hilft also auch die Kettenregel. Vom Kehrwert kennen wir die Ableitung schon (→ Beispiel 13.4). Es ist:

$$f_4'(x) = \underbrace{-\frac{1}{(x^2+1)^2}}_{\text{äußere Abl.}} \cdot \underbrace{2x}_{\text{innere Abl.}} = -\frac{2x}{(x^2+1)^2}$$

Der Vollständigkeit halber sei angemerkt, dass wir für die innere Ableitung auch die Summenregel verwendet haben. ◀

Bei mehrfach zusammengesetzten Funktionen ist es hilfreich, sich zuerst die Struktur des Ausdrucks klarzumachen, um zu entscheiden, in welcher Reihenfolge die Ableitungsregeln anzuwenden sind. Teilausdrücke kann man auch in einer Nebenrechnung ableiten, um beim Zusammensetzen nicht durcheinander zu kommen.

Beispiel 13.9

Bestimmen Sie die Ableitungsfunktion der Funktion f mit

$$f(x) = \sqrt{x^2+1} \cdot \sin(2x)$$

und machen Sie sich klar, welche Ableitungsregeln Sie verwenden.

Es handelt sich zunächst um ein Produkt zweier Funktionen:

$$f(x) = \underbrace{\sqrt{x^2+1}}_{u(x)} \cdot \underbrace{\sin(2x)}_{v(x)}$$

Man arbeitet also auf der oberen Ebene mit der Produktregel. Beide Faktoren sind wiederum zusammengesetzte Funktionen, nämlich Nacheinanderausführungen (Verkettungen). Ihre Ableitungen berechnet man jeweils mit der Kettenregel:

$$\begin{aligned}u(x) &= \sqrt{x^2+1}\\ u'(x) &= \underbrace{\frac{1}{2} \cdot \frac{1}{\sqrt{x^2+1}}}_{\text{äußere Abl.}} \cdot \underbrace{(2x)}_{\text{innere Abl.}}\\ v(x) &= \sin(2x)\\ v'(x) &= \underbrace{\cos(2x)}_{\text{äußere Abl.}} \cdot \underbrace{2}_{\text{innere Abl.}}\end{aligned}$$

Für die innere Ableitung von $u(x)$ haben wir zudem noch die Summenregel benutzt.

Setzt man diese Einzelteile zusammen, erhält man

$$\begin{aligned}f'(x) &= u'(x) \cdot v(x) + u(x) \cdot v'(x)\\ &= \frac{x}{\sqrt{x^2+1}} \cdot \sin(2x) + \sqrt{x^2+1} \cdot 2\cos(2x).\end{aligned}$$ ◀

Informatiker stellen die Struktur von Termen gern als Baum dar, aus dem die Reihenfolge der Operationen (und damit auch der anzuwendenden Ableitungsregeln) ersichtlich wird. Mehr dazu erfahren Sie unter dem folgenden Link.

tiny.cc/to5l1y

Aus Produkt- und Kettenregel kann man leicht eine weitere Ableitungsregel herleiten, nämlich die Quotientenregel (siehe Übersicht: Ableitungsregeln für zusammengesetzte Funktionen).

tiny.cc/to5l1y

13.6 Eigenschaften von Funktionen

Aus der Steigung der Tangente an den Funktionsgraphen in einem Punkt kann man vor allem Rückschlüsse auf das Steigungsverhalten der Funktion ziehen:

Monotonieuntersuchung mithilfe der Ableitung

Wenn die Ableitung einer Funktion f auf einem Intervall $]a;b[$ positiv (bzw. negativ) ist, dann ist der Funktionsgraph von f auf $]a;b[$ streng monoton wachsend (bzw. fallend).

Dieser Zusammenhang gilt natürlich nur, wenn die Funktion auf dem ganzen Intervall definiert und auch differenzierbar ist. Dann kann man ihn benutzen, um Abschnitte zu bestimmen, auf denen ein Funktionsgraph monoton wächst oder fällt.

Beispiel 13.10

Bestimmen Sie für die Funktion f mit

$$f(x) = x^3 - 3x + 1 \quad \text{(unten in Rot dargestellt)},$$

auf welchen Intervallen ihr Graph monoton wächst oder fällt.

Dazu untersucht man das Vorzeichen der 1. Ableitung $f'(x) = 3x^2-3$. Beim Graphen von f' handelt es sich um eine nach oben offene Parabel (in der Abbildung blau gezeichnet); die Werte von f' sind also zwischen ihren Nullstellen $x_{1,2} = \pm 1$ negativ und sonst positiv.

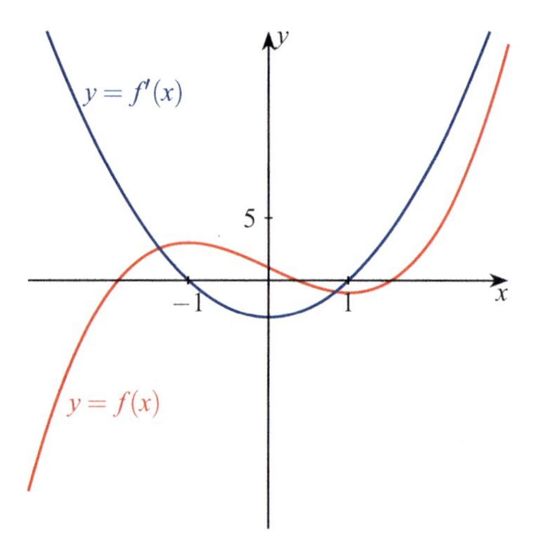

Die Schlussfolgerungen kann man z. B. in Form einer Tabelle festhalten:

Ergebnis 13.10

Bereich	f' ist hier	f ist hier
$x < -1$	positiv	streng monoton wachsend
$-1 < x < 1$	negativ	streng monoton fallend
$x > 1$	positiv	streng monoton wachsend

Beispiel 13.11

Untersuchen Sie das Wachstumsverhalten von f mit

$$f(x) = \cos(2x).$$

Die Kosinusfunktion f (in Rot) hat als Ableitung $f'(x) = -2\sin(2x)$ (in Blau). Die Nullstellen der Ableitung berechnet man zu

$$f'(x) = 0 \quad \Leftrightarrow \quad \sin(2x) = 0 \quad \Leftrightarrow \quad 2x = k \cdot \pi,$$

also $x_k = k \cdot \frac{\pi}{2}$ mit $k \in \mathbb{Z}$. Die Ableitung wechselt an jeder der Nullstellen ihr Vorzeichen.

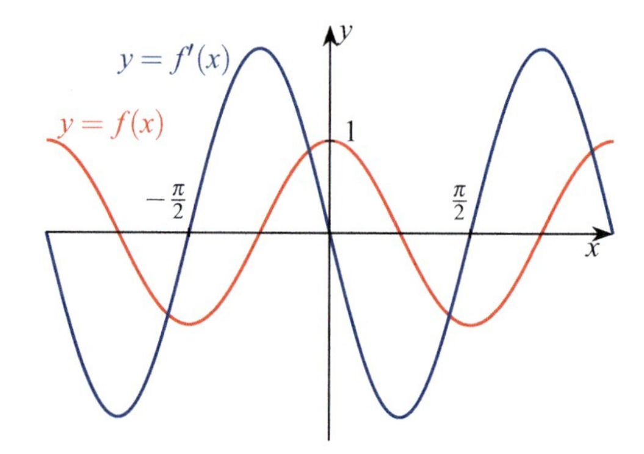

Für den in der Abbildung dargestellten Ausschnitt $x \in [-\pi; \pi]$ bedeutet das (für weitere Intervalle gilt dies entsprechend):

Ergebnis 13.11

Bereich	f' ist hier	f ist hier
$-\pi < x < -\frac{\pi}{2}$	negativ	streng monoton fallend
$-\frac{\pi}{2} < x < 0$	positiv	streng monoton wachsend
$0 < x < \frac{\pi}{2}$	negativ	streng monoton fallend
$\frac{\pi}{2} < x < \pi$	positiv	streng monoton wachsend

Beispiel 13.12

Untersuchen Sie das Wachstumsverhalten von f mit

$$f(x) = \tan(x).$$

Die Ableitung $f'(x) = 1 + \tan^2(x)$ ist offensichtlich immer positiv, da wegen des Quadrats bereits $\tan^2(x) \geq 0$ ist.

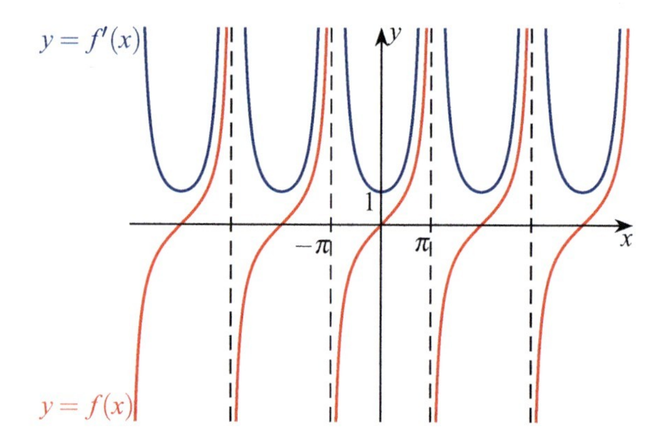

Ergebnis 13.12 Die Stellen $x_k = \frac{\pi}{2} + k\pi$ mit $k \in \mathbb{Z}$, an denen sie nicht definiert ist, teilen die Tangensfunktion in sich periodisch wiederholende Abschnitte ein. Auf jedem dieser Abschnitte ist die Tangensfunktion streng monoton wachsend. ◀

Mit einer ähnlichen Argumentation kann man aus dem Vorzeichen der 2. Ableitung auf die Monotonie der Ableitung von f schließen: Wenn das Vorzeichen von f'' auf einem Intervall positiv ist, dann gilt dort gleichzeitig:

- die Ableitung von f nimmt immer nur zu (wächst monoton),
- die Tangente an einen beliebigen Punkt des Graphen von f liegt immer unterhalb des Funktionsgraphen,
- der Graph von f ist linksgekrümmt.

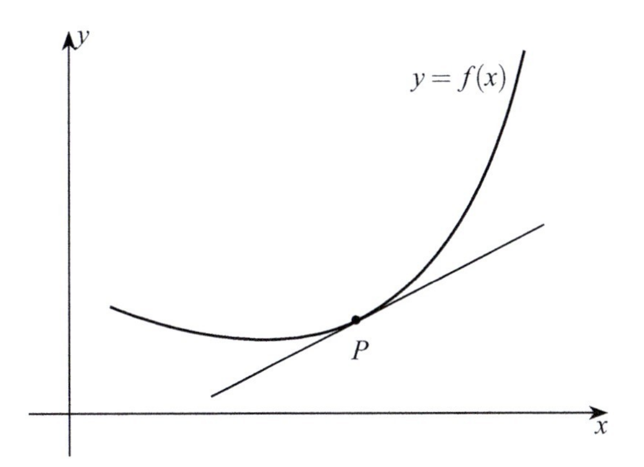

Entsprechendes gilt für ein negatives Vorzeichen von f''.

> **Krümmungsverhalten mithilfe der 2. Ableitung**
>
> Wenn die 2. Ableitung einer Funktion f auf einem Intervall $]a; b[$ positiv (bzw. negativ) ist, dann ist der Funktionsgraph von f auf $]a; b[$ linksgekrümmt (bzw. rechtsgekrümmt).
>
> Wenn die 2. Ableitung einen Vorzeichenwechsel in x_0 hat, dann hat der Graph von f in $P(x_0 | f(x_0))$ einen Wendepunkt.

Beispiel 13.13

Zu untersuchen ist das Krümmungsverhalten des Funktionsgraphen von f mit

$$f(x) = x^3 - 6x + 1.$$

Man bildet zunächst die 2. Ableitung und sucht ihre Nullstellen:

$$f'(x) = 3x^2 - 6$$
$$f''(x) = 6x = 0 \quad \text{für} \quad x = 0$$

In $x = 0$ wechselt die 2. Ableitung (eine lineare Funktion) ihr Vorzeichen, es handelt sich also um eine Wendestelle von f.

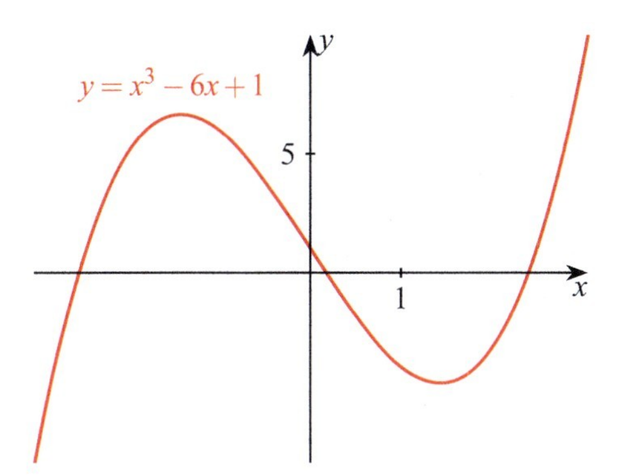

Für das Krümmungsverhalten analysiert man das Vorzeichen von f'', z. B. wieder in Form einer Tabelle:

Ergebnis 13.13

Bereich	f'' ist hier	Graph von f
$x < 0$	negativ	rechtsgekrümmt
$x > 0$	positiv	linksgekrümmt

◀

13.7 Lösen von Optimierungsproblemen

In vielen praktischen Anwendungen geht es darum, Zielgrößen zu optimieren, z. B. Verbrauch und Luftwiderstand eines Rennwagens zu minimieren oder die Laufzeit eines Akkus zu maximieren. Wenn diese Zielgrößen nur von einem Parameter abhängen, hilft uns die Differenzialrechnung bei der Lösung der Optimierungsaufgabe.

Eine Funktion f hat an der Stelle x_0 ein **lokales Minimum**, wenn f in der unmittelbaren Umgebung von x_0 keinen noch kleineren Funktionswert als $f(x_0)$ annimmt. Entsprechendes versteht man unter einem **lokalen Maximum**.

> **Untersuchen lokaler Extrema**
>
> Sucht man für eine differenzierbare Funktion f ein lokales Extremum (Minimum oder Maximum) auf einem Intervall $]a; b[$, dann geht man so vor:
>
> 1. Mithilfe des notwendigen Kriteriums bestimmt man alle Stellen in $]a; b[$, an denen der Graph von f eine waagerechte Tangente hat, d. h., $f'(x) = 0$.
> 2. Anschließend überprüft man alle diese Stellen, ob tatsächlich ein lokales Extremum vorliegt. Dazu benutzt man eines der hinreichenden Kriterien (siehe Übersicht: Kriterien für lokale Extrema).

Achtung Diese Kriterien sind nur anwendbar, wenn f auf $]a; b[$ genügend glatt ist, d. h., wenn genügend hohe Differenzierbarkeitseigenschaften erfüllt sind. ◀

Achtung Randextrema sind gesondert zu betrachten. ◀

Übersicht: Kriterien für lokale Extrema

Notwendiges Kriterium
Wenn eine differenzierbare Funktion f an der Stelle x_0 ein lokales Extremum hat, dann ist dort der Wert der Ableitung gleich null.

Hinreichendes Kriterium: Vorzeichenwechsel der 1. Ableitung
Wenn $f'(x_0) = 0$ ist und die Ableitung in x_0 ihr Vorzeichen wechselt, dann liegt an der Stelle x_0 ein lokales Extremum vor, nämlich:

a) $f'(x)$ ist positiv für $x < x_0$ und negativ für $x > x_0$	Maximum $f(x_0)$
b) $f'(x)$ ist negativ für $x < x_0$ und positiv für $x > x_0$	Minimum $f(x_0)$

Liegt kein Vorzeichenwechsel vor, handelt es sich um einen Sattelpunkt.

Hinreichendes Kriterium: Wert der 2. Ableitung
Wenn $f'(x_0) = 0$ und der Wert der 2. Ableitung ungleich null ist, dann liegt an der Stelle x_0 ein lokales Extremum vor, nämlich:

a) $f''(x_0)$ ist negativ	Maximum $f(x_0)$
b) $f''(x_0)$ ist positiv	Minimum $f(x_0)$

Beispiel 13.14

Bestimmen Sie alle lokalen Extrema der Funktion f mit

$$f(x) = x^3 - 6x^2 + 1 \quad \text{für} \quad x \in \mathbb{R}.$$

1. Es ist $f'(x) = 3x^2 - 12x$. Die Ableitung nimmt den Wert null an, wenn
$$3x^2 - 12x = 3x \cdot (x - 4) = 0.$$
Das gilt, wenn $x_1 = 0$ oder $x_2 = 4$ ist.
2. Bei Polynomen bietet sich das Benutzen der 2. Ableitung an. Es ist $f''(x) = 6x - 12$ mit den Werten:

$f''(0) = -12 < 0$	Hochpunkt $H(0\|1)$
$f''(4) = 12 > 0$	Tiefpunkt $T(4\|-31)$

Ergebnis 13.14 f hat ein lokales Maximum an der Stelle $x = 0$ mit dem Hochpunkt $H(0|1)$ und ein lokales Minimum an der Stelle $x = 4$ mit dem Tiefpunkt $T(4|-31)$. ◀

Beispiel 13.15

Gesucht sind die lokalen Extrema der Funktion f mit

$$f(x) = x^4 - 8x^3 + 18x^2 - 16.$$

1. Es ist $f'(x) = 4x^3 - 24x^2 + 36x$. Durch Ausklammern und Zusammenfassen des Binoms ergibt sich
$$f'(x) = 4x(x^2 - 6x + 9) = 4x(x - 3)^2.$$
Die Ableitung ist gleich null, wenn $x_1 = 0$ ist oder in der Nullstelle des quadratischen Terms: $x_2 = 3$.
2. Es ist $f''(x) = 12(x^2 - 4x + 3)$ und die Werte von f'' an beiden Stellen sind:

$f''(3) = 0$	Kriterium nicht anwendbar
$f''(0) = 36 > 0$	Tiefpunkt $T(0\|-16)$

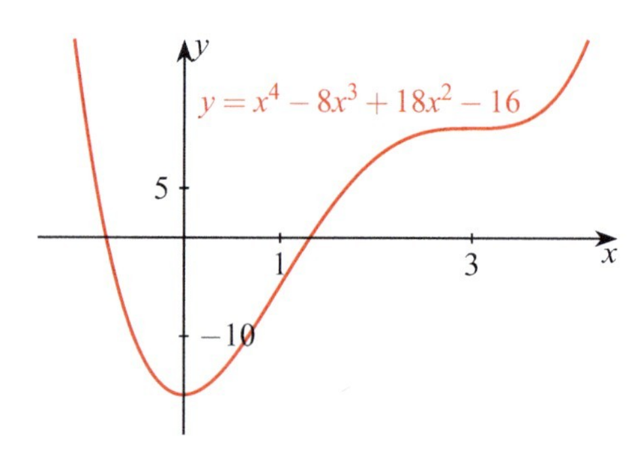

Betrachtet man das Vorzeichen der 1. Ableitung in der Umgebung der Stelle $x_2 = 3$, erkennt man, dass wegen des geraden Exponenten kein Vorzeichenwechsel vorliegt:

$0 < x < 3$	$x > 3$
$(x-3)^2 > 0$	$(x-3)^2 > 0$
$4x(x-3)^2 > 0$	$4x(x-3)^2 > 0$

Also hat der Graph von f im Punkt $P(3|f(3))$ zwar eine waagerechte Tangente, aber keinen Extrempunkt. Einen solchen Punkt nennt man auch **Sattelpunkt**. Man erkennt es gut an der oben stehenden Skizze.

Ergebnis 13.15 f hat nur ein Minimum in $x = 0$ mit dem Wert $f(0) = -16$. ◀

Beispiel 13.16

Die Funktion f mit

$$f(t) = e^{-t} \cdot (1 - 5t), \quad t \geq 0$$

beschreibt eine sehr stark gedämpfte Schwingung. Solche Schwingungen kommen z. B. beim Abbremsen einer Fahrstuhlkabine vor; dann würde man $y = f(t)$ als Auslenkung gegenüber der Ruhelage $y = 0$ betrachten.

Zu welchem Zeitpunkt $t > 0$ hat die Größe $y = f(t)$ lokale Extrema?

1. Es ist

   $$f'(t) = -e^{-t} \cdot (1 - 5t) + e^{-t} \cdot (-5) = e^{-t} \cdot (5t - 6).$$

   Die Ableitung ist gleich null, wenn einer der beiden Faktoren gleich null ist. Da e^{-t} immer positiv ist, muss gelten:

   $$(5t - 6) = 0 \quad \Leftrightarrow \quad t = \frac{6}{5} = 1{,}2$$

2. Das Vorzeichen der 1. Ableitung wird (wiederum: weil e^{-t} immer positiv ist) bestimmt durch das Vorzeichen des Faktors $(5t - 6)$. Es ist:

für $t < 1{,}2$	für $t > 1{,}2$
$5t - 6 < 0$	$5t - 6 > 0$
$f'(t)$ negativ	$f'(t)$ positiv

Die 1. Ableitung hat demnach in $t = 1{,}2$ einen Vorzeichenwechsel von negativ nach positiv; also hat f hier ein lokales Minimum.

Genauere Untersuchungen liefern folgenden Verlauf des Funktionsgraphen:

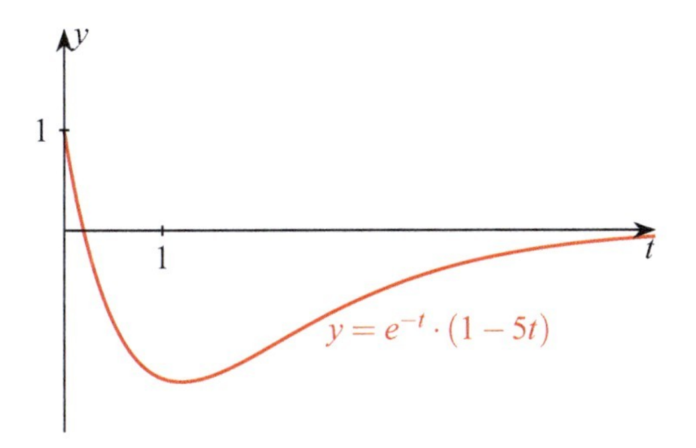

Ergebnis 13.16 Zum Zeitpunkt $t = 1{,}2$ hat f ein lokales Minimum mit $f(1{,}2) \approx -1{,}5060$. ◄

Ein lokales Minimum einer Funktion an der Stelle x_0 bedeutet, dass man in der unmittelbaren Umgebung von x_0 keinen noch kleineren Funktionswert finden wird. Entfernt man sich jedoch weiter von x_0, sind kleinere Werte von f durchaus möglich. Den kleinsten Funktionswert einer Funktion f auf einem vorgegebenen Intervall nennt man ihr **globales Minimum**. Für lokale bzw. globale Maxima gilt das Entsprechende.

Untersuchen globaler Extrema

Ist man an den globalen Extremwerten einer Funktion f auf einem Intervall interessiert, muss man deshalb etwas mehr Aufwand betreiben:

1. Bestimmen aller lokalen Extrema im betrachteten Intervall;
2. Bestimmen der Funktionswerte in den Rändern des Intervalls (ggf. als Grenzwert);
3. Bestimmen der Funktionswerte an allen Stellen im Intervall, wo die Funktion nicht differenzierbar ist (ggf. als Grenzwert).

All diese Werte werden verglichen, um das globale Maximum bzw. Minimum auf dem betrachteten Intervall zu finden.

Achtung Es ist möglich, dass die Funktion f den größten bzw. kleinsten gefundenen Wert nicht annimmt. In diesem Fall hat sie kein globales Maximum bzw. Minimum. ◄

Beispiel 13.17

Untersuchen Sie unter Zuhilfenahme des Schaubildes den Wertebereich von f mit

$$f(t) = e^{-t} \cdot (1 - 5t), \quad t \geq 0.$$

Im vorigen Beispiel haben wir das lokale Minimum von $f(t) = e^{-t} \cdot (1 - 5t)$, für $t \geq 0$, an der Stelle $t_0 = 1{,}2$ bestimmt. Wir müssen zusätzlich die Randwerte betrachten:

a) Es ist $f(0) = 1$.
b) Der zweite Randwert muss als Grenzwert bestimmt werden. Man sieht anhand des Graphen, dass $\lim_{t\to\infty} f(t) = 0$ ist.

Die Funktion f ist für alle $t \in \mathbb{R}$ ausreichend glatt, sodass weitere Werte nicht betrachtet werden müssen. Ein Vergleich der Funktionswerte ergibt $f(0) = 1$ als globales Maximum und $f(1{,}2) \approx -1{,}5060$ als globales Minimum der Funktion f auf dem Intervall $[0; \infty[$.

Ergebnis 13.17 Die Funktion nimmt für $t \geq 0$ Werte aus dem Intervall $W_f = [-1{,}5060; 1]$ an. ◄

Beispiel 13.18

Es sollen die globalen Extremwerte der Funktion f mit

$$f(x) = x^4 - 8x^2 + 10$$

auf dem Intervall $[-3; 3]$ bestimmt werden.

Zunächst suchen wir mit dem üblichen Vorgehen alle lokalen Extrema auf $[-3;3]$. Es ist $f'(x) = 4x^3 - 16x$ und $f'(x) = 0$, wenn

$$4x^3 - 16x = 4x(x^2 - 4) = 4x(x-2)(x+2) = 0$$

ist. Das ist der Fall für $x_1 = -2$, $x_2 = 0$ und $x_3 = 2$. Die 2. Ableitung ist $f''(x) = 12x^2 - 16$, und man berechnet

$f''(-2) = 32 > 0$	Tiefpunkt in $T(-2\|-6)$
$f''(0) = -16 < 0$	Hochpunkt in $H(0\|10)$
$f''(2) = 32 > 0$	Tiefpunkt in $T(2\|-6)$.

Als Polynom ist die Funktion ausreichend glatt, es bleiben uns also nur noch die Randwerte zum Vergleich: Es ist $f(-3) = 19$ und $f(3) = 19$.

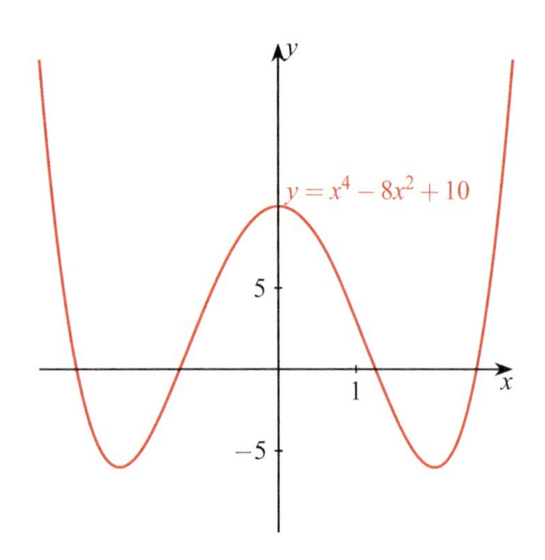

Ergebnis 13.18 Das globale Minimum ist der Wert -6, der an den Stellen $x_1 = -2$ und $x_3 = 2$ angenommen wird, und das globale Maximum der Wert 19, der in beiden Rändern angenommen wird. ◂

Aufgaben

13.1 Bestimmen Sie das Verhalten der folgenden Funktionen f mit

a) $f(x) = \frac{3}{x-1}$ für $x \to \infty$
b) $f(x) = \frac{3}{(x-1)^2}$ für $x \to 1$
c) $f(x) = \frac{2(x-2)}{(x^2-4)}$ für $x \to 2$
d) $f(x) = \frac{2(x-2)}{(x^2-4)}$ für $x \to -2$
e) $f(x) = \frac{(x-2)^3}{(x^2+1)}$ für $x \to \infty$
f) $f(x) = \frac{x^2+1}{(x-2)^3}$ für $x \to \infty$

Zur Kontrolle veranschaulichen Sie sich die Funktionen grafisch (elektronisches Hilfsmittel).

13.2 Sind die folgenden Aussagen für jede differenzierbare Funktion f zutreffend oder nicht? Erläutern Sie Ihre Entscheidung (z. B. mithilfe einer Skizze oder durch ein Gegenbeispiel).

a) Wenn $f'(0) = 1$ ist, hat die Tangente an den Graphen von f im Punkt $P(0|f(0))$ die Steigung 1.
b) Wenn $f'(0) = 1$ ist, schneidet die Tangente an den Graphen von f im Punkt $P(0|f(0))$ die x-Achse im Winkel von 45°.
c) Wenn $f'(1) = -1$ ist, schneidet die Tangente an den Graphen von f im Punkt $P(-1|f(-1))$ die x-Achse im Winkel von 45°.
d) Wenn $f'(2) = 0$ ist, hat die Funktion f in $x = 2$ eine Nullstelle.
e) Wenn $f'(5) = 0$ ist, hat der Graph der Funktion f im Punkt $P(5|f(5))$ eine waagerechte Tangente.
f) Die momentane Änderungsrate der Funktion f mit $f(x) = 3x^2 - 4$ an der Stelle $x = 1$ ist negativ.
g) Die Tangente an den Graphen der Funktion f mit $f(x) = 3x^2 - 4$ im Punkt $P(0|-4)$ ist waagerecht.

13.3 Die Geschwindigkeit v eines bewegten Körpers zum Zeitpunkt t ist die Ableitung der Funktion $s(t)$ nach der Zeit, wenn $s(t)$ den bis zum Zeitpunkt t (in Sekunden) zurückgelegten Weg beschreibt. Im freien Fall ohne Reibung wird die Weg-Zeit-Funktion durch

$$s(t) = \frac{g}{2}t^2$$

beschrieben, wobei $g \approx 9{,}81\,\frac{\mathrm{m}}{\mathrm{s}^2}$ die Erdbeschleunigung ist. Welche Funktion gibt die Geschwindigkeit $v(t)$ beim freien Fall an? Nach welcher Zeit erreicht ein frei fallender Körper eine Geschwindigkeit von $v = 30\,\mathrm{km/h}$?

13.4 Geben Sie die Ableitungsfunktionen folgender Funktionen an:

a) $f(x) = x^n$ für $n \in \mathbb{Z}$
b) $f(x) = 42$
c) $f(x) = \sqrt{x}$
d) $f(x) = \frac{1}{x^2}$
e) $f(x) = \frac{1}{x^3}$
f) $f(x) = \ln(x)$

13.5 Betrachten Sie die Funktion f mit $f(x) = \frac{3}{x-2}$ für $x > 2$. An welcher Stelle hat der Graph der Funktion f die Steigung -3?

13.6 Bestimmen Sie die Ableitung folgender Funktionen. Machen Sie sich jeweils klar, mit welchen Ableitungsregeln Sie gearbeitet haben (mitunter sind verschiedene Wege möglich).

a) $f(x) = 5x^3 + 4x^2 - 5$
b) $f(x) = 2\sqrt{x} + 1$
c) $f(x) = x \cdot \cos(x)$
d) $f(x) = (1 - 3x) \cdot e^x$
e) $f(x) = (1 + x^2)^2$
f) $f(x) = \sin(3x + \frac{\pi}{2})$
g) $f(x) = e^{-2x}$
h) $f(x) = \sqrt{4x^2 + 1}$
i) $f(x) = e^{-x} \cdot \sin(2x)$

j) $f(x) = \frac{1}{x} \cdot \sin(x)$
k) $f(x) = \ln(2)$
l) $f(x) = x \cdot \ln(x)$
m) $f(x) = \frac{1}{(x-1)^2}$
n) $f(x) = \frac{1}{(2x-1)^3}$
o) $f(x) = \frac{3(x-2)}{x-1}$
p) $f(x) = \frac{3x^2-4x}{(x+2)^2}$

13.7 Bestimmen Sie jeweils die Ableitungen 1. und 2. Ordnung der Funktion f.

a) $f(x) = 5x^2 - 2$
b) $f(x) = \sin(2x)$
c) $f(x) = e^{-3x}$
d) $f(x) = \frac{1}{2} \cdot (e^x + e^{-x})$
e) $f(x) = \ln(2x)$

13.8 An welchen Stellen haben die Graphen der folgenden Funktionen eine waagerechte Tangente?

a) $f(x) = x^3 + 3x^2 - 9x$
b) $f(x) = \cos(2x)$

13.9 In der folgenden Abbildung sind die Graphen von drei Funktionen dargestellt.

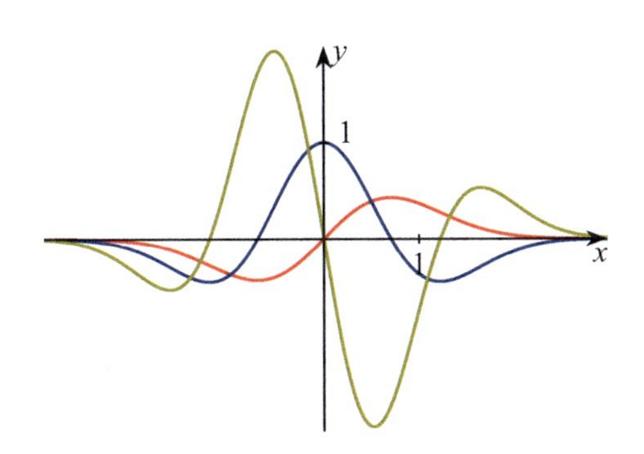

a) Beschreiben Sie für jede Funktion, in welchem Abschnitt sie streng monoton wachsend oder fallend ist.
b) Es handelt sich bei den Funktionen um eine Funktion f und ihre Ableitungen f' und f''. Ordnen Sie diese Funktionen den Graphen zu.
c) Verifizieren Sie den Zusammenhang zwischen Vorzeichen der Ableitung und Monotonie der Funktion anhand der Paare $(f; f')$ und $(f'; f'')$.
d) Überprüfen Sie den Zusammenhang zwischen Vorzeichen der 2. Ableitung und Krümmungsverhalten des Graphen anhand des Paares $(f; f'')$. Wie viele Wendepunkte hat f im dargestellten Bereich?

13.10 Gegeben ist der Graph einer Funktion f. Skizzieren Sie in dasselbe Koordinatensystem den Graphen der Ableitungsfunktion f'.

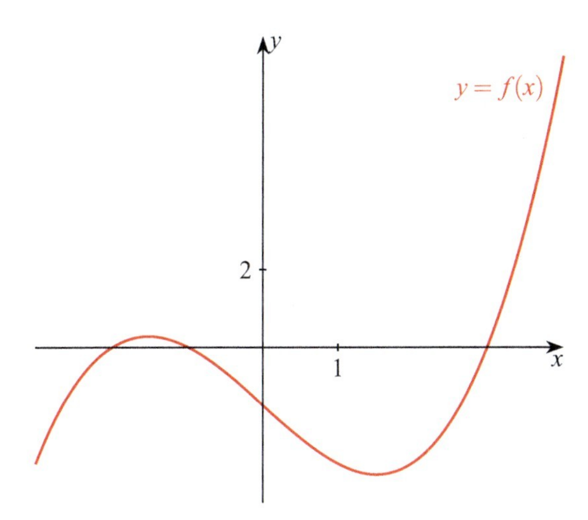

13.11 Untersuchen Sie für die folgenden Funktionen jeweils rechnerisch (mithilfe der Ableitung), in welchen Bereichen sie streng monoton fallend oder wachsend sind. Veranschaulichen Sie sich die Überlegungen, indem Sie die Funktionsgraphen skizzieren (mit elektronischem Hilfsmittel).

a) $f(x) = 2x^3 - 9x^2 - 24x + 2$
b) $f(x) = x^3 - 12x + 5$
c) $f(x) = e^{-x^2}$
d) $f(x) = (1 - 2x) \cdot e^{-x}$

13.12 Gegeben ist die Funktion f mit $f(x) = x^4 - 8x^2 + 9$. Bestimmen Sie Hoch-, Tief- und Wendepunkte. Untersuchen Sie das Wachstums- und Krümmungsverhalten des Funktionsgraphen.

13.13 Untersuchen Sie für die folgenden Funktionen jeweils rechnerisch, in welchen Bereichen ihre Graphen links- oder rechtsgekrümmt sind. Veranschaulichen Sie sich die Überlegungen, indem Sie die Funktionsgraphen skizzieren (mit elektronischem Hilfsmittel).

a) $f(x) = x^3 - 9x^2 + 3$
b) $f(x) = 2x + \frac{1}{x}$
c) $f(x) = e^{-x^2}$
d) $f(x) = x \cdot e^{-x}$
e) $f(x) = x \cdot \ln(x)$
f) $f(x) = \frac{1}{2}(e^x - e^{-x})$

13.14 Unter welchem Winkel α zu einer waagerechten Ebene muss ein Ball geworfen werden, damit die größtmögliche Weite erreicht wird? Die Wurfweite berechnet sich zu

$$W(\alpha) = \frac{1}{g} \cdot v_0^2 \sin(2\alpha),$$

wobei v_0 die Anfangsgeschwindigkeit und g die Erdbeschleunigung ist (beides Konstanten, siehe auch → Aufgabe 13.3).

13.15 Bestimmen Sie den Wertebereich der Funktion f mit

$$f(x) = \frac{2}{x^2 + 1}, \quad x \in \mathbb{R}.$$

13.16 Paula will einen PKW mieten, um eine Strecke von 600 km damit zu fahren. Der Benzinverbrauch y (in Liter pro 100 km) hängt von der Fahrgeschwindigkeit x (in km/h) folgendermaßen ab:

$$y = \frac{x}{10} - 5 + \frac{250}{x}$$

Gehen Sie für die Aufgabe davon aus, dass die Geschwindigkeit auf der ganzen Strecke konstant gehalten werden kann.

a) Welche Geschwindigkeit sollte sie fahren, um den Verbrauch zu minimieren?
b) Nehmen wir an, der Mietpreis für den PKW beträgt 10 € pro Stunde zuzüglich 50 € Grundgebühr; Benzin kostet 1,50 € pro Liter. Stellen Sie eine Kostenfunktion auf, die die Kosten in Abhängigkeit von der Fahrgeschwindigkeit x berechnet.
c) Welche Geschwindigkeit sollte Paula fahren, um die Gesamtkosten zu minimieren?

13.17 Welche Abmessungen müssten Konservendosen in der Form eines Drehzylinders haben, wenn das Volumen $V = 512$ ml festgelegt ist und möglichst wenig Blech verbraucht werden soll? Die Wanddicke kann dabei vernachlässigt werden (wie auch Falzkante, Überstand etc.).

Foto: Rüdiger Lunde

Lösungen zu den Aufgaben

13.1

a) $\lim_{x\to\infty} \frac{3}{x-1} = 0$
b) $\lim_{x\to 1} \frac{3}{(x-1)^2} = +\infty$
c) $\lim_{x\to 2} \frac{2(x-2)}{(x^2-4)} = \lim_{x\to 2} \frac{2}{(x+2)} = \frac{1}{2}$
d) Es ist $f(x) = \frac{2(x-2)}{(x^2-4)} = \frac{2}{(x+2)}$ für $x \neq 2$, also hat f in $x = -2$ eine Polstelle mit Vorzeichenwechsel.
e) $\lim_{x\to\infty} \frac{(x-2)^3}{(x^2+1)} = \infty$
f) $\lim_{x\to\infty} \frac{(x^2+1)}{(x-2)^3} = 0$

13.2

a) Richtig. Die Ableitung an der Stelle $x_0 = 0$ beschreibt die Steigung der Tangente an den Graphen von f an dieser Stelle.
b) Richtig. Die Steigung m der Tangente kann benutzt werden, um den Schnittwinkel auszurechnen. Es ist $\tan(\alpha) = m$; in diesem Fall $\tan(\alpha) = 1$, also $\alpha = 45°$.
c) Gilt nicht für jede Funktion f. Die Ableitung an der Stelle $x_0 = 1$ sagt über die Steigung der Tangente in $x = -1$ nichts aus. Eine (negative) Steigung von $m = -1$ bedeutet außerdem einen Steigungswinkel von $-45°$. Gegenbeispiel: Funktion f mit $f(x) = x^2 - 3x$.
d) Gilt nicht für jede Funktion f. Hier hat die Ableitung f' in $x = 2$ eine Nullstelle, also hat der Graph von f eine Tangente mit Steigung $m = 0$. Über den Wert der Funktion f an dieser Stelle lässt das keine Aussage zu. Gegenbeispiel: Funktion f mit $f(x) = 3x^2 - 12x + 1$.
e) Richtig. Hier hat die Ableitung f' in $x = 5$ eine Nullstelle, also hat der Graph von f hier eine Tangente mit Steigung $m = 0$. Das bedeutet, dass die Tangente waagerecht ist.
f) Falsch. Es ist $f'(1) = 6 > 0$.
g) Richtig. Es ist $f'(0) = 0$.

13.3 Es ist $v(t) = \dot{s}(t) = g \cdot t$. Die Geschwindigkeit $v(t) = 30\,\frac{\text{km}}{\text{h}} = 8{,}\bar{3}\,\frac{\text{m}}{\text{s}}$ erreicht ein Körper im freien Fall schon nach etwa 0,85 s.

13.4

a) $f'(x) = n \cdot x^{n-1}$
b) $f'(x) = 0$
c) $f'(x) = \frac{1}{2} \cdot x^{-\frac{1}{2}} = \frac{1}{2\sqrt{x}}$
d) $f'(x) = -2 \cdot x^{-3} = -\frac{2}{x^3}$
e) $f'(x) = -3 \cdot x^{-4} = -\frac{3}{x^4}$
f) $f'(x) = \frac{1}{x}$

13.5 Es ist

$$f'(x) = -\frac{3}{(x-2)^2} \overset{!}{=} -3 \Leftrightarrow (x-2)^2 = 1,$$

d. h., im Intervall $]2; +\infty[$ hat die Tangente an f die Steigung -3 nur an der Stelle $x_0 = 3$.

13.6

a) $f'(x) = 15x^2 + 8x$
b) $f'(x) = \frac{1}{\sqrt{x}}$
c) $f'(x) = \cos(x) - x \cdot \sin(x)$
d) $f'(x) = -3 \cdot e^x + (1 - 3x) \cdot e^x = -(2 + 3x)e^x$
e) $f'(x) = 2 \cdot (1 + x^2) \cdot 2x = 4x \cdot (1 + x^2)$
f) $f'(x) = 3 \cdot \cos(3x + \frac{\pi}{2})$
g) $f'(x) = -2 \cdot e^{-2x}$
h) $f'(x) = \frac{4x}{\sqrt{4x^2+1}}$
i) $f'(x) = -e^{-x}\sin(2x) + 2e^{-x}\cos(2x)$

j) $f'(x) = -\frac{1}{x^2} \cdot \sin(x) + \frac{1}{x} \cdot \cos(x)$ bzw. mit Quotientenregel
$f'(x) = \frac{\cos(x) \cdot x - \sin(x)}{x^2}$
k) $f'(x) = 0$
l) $f'(x) = \ln(x) + 1$
m) $f'(x) = -2 \cdot (x-1)^{-3} = -\frac{2}{(x-1)^3}$
n) $f'(x) = -3 \cdot (2x-1)^{-4} \cdot 2 = -\frac{6}{(2x-1)^4}$
o) $f'(x) = \frac{3(x-1) - 3(x-2)}{(x-1)^2} = \frac{3}{(x-1)^2}$
p) $f'(x) = \frac{(6x-4) \cdot (x+2)^2 - (3x^2-4x) \cdot 2(x+2)}{(x+2)^4} = \frac{16x-8}{(x+2)^3}$

13.7

a) $f'(x) = 10x$, $f''(x) = 10$
b) $f'(x) = 2\cos(2x)$, $f''(x) = -4\sin(2x)$
c) $f'(x) = -3e^{-3x}$, $f''(x) = 9e^{-3x}$
d) $f'(x) = \frac{1}{2}(e^x - e^{-x})$, $f''(x) = \frac{1}{2}(e^x + e^{-x})$
e) $f'(x) = \frac{1}{x}$, $f''(x) = -\frac{1}{x^2}$

13.8

a) $f'(x) = 3x^2+6x-9$, d. h., der Graph von f hat waagerechte Tangenten in $x_1 = -3$ und in $x_2 = 1$.
b) $f'(x) = -2\sin(2x)$, d. h., der Graph von f hat waagerechte Tangenten an allen Stellen $x_k = k \cdot \frac{\pi}{2}$ mit $k \in \mathbb{Z}$.

13.9

a) Beispielhaft für den roten Funktionsgraphen (von links kommend): Die Funktion ist zunächst streng monoton fallend bis zum Minimum, dann streng monoton wachsend bis zum Maximum, ab dann wieder streng monoton fallend.
b) Der rote Graph gehört zu f, der blaue zu f' und der grüne zu f''.
c) Beispielhaft für das Paar $(f; f')$: Man sieht, dass die Nullstellen von f' mit den Extremstellen von f übereinstimmen. Ist f' (blau) positiv, ist f (rot) streng monoton wachsend; ist f' dagegen negativ, ist f streng monoton fallend.
d) Man sieht, dass die Nullstellen von f'' mit den Wendestellen von f übereinstimmen. Ist f'' (grün) positiv, ist der Graph von f (rot) linksgekrümmt; ist f'' dagegen negativ, ist der Graph von f rechtsgekrümmt. Der Graph von f hat im dargestellten Bereich drei Wendepunkte, die an den Nullstellen von f'' zu erkennen sind.

13.10 Um die Skizze zu erstellen (qualitativ), sollte man sich klarmachen:

- Wo hat der Graph von f waagerechte Tangenten (Nullstellen der Ableitung)?
- Wo ist die Ableitung von f positiv, wo negativ?
- Wo nimmt die Steigung des Graphen von f zu, wo nimmt sie ab (wachsende bzw. fallende Ableitungsfunktion)?
- Wo sind Wendepunkte (entsprechen den Extrema der 1. Ableitung)?

Unter der Annahme, dass f ein Polynom ist, kann man sogar die Funktionsgleichung aufstellen und die Ableitungsfunktion ausrechnen – das war hier aber nicht gemeint.

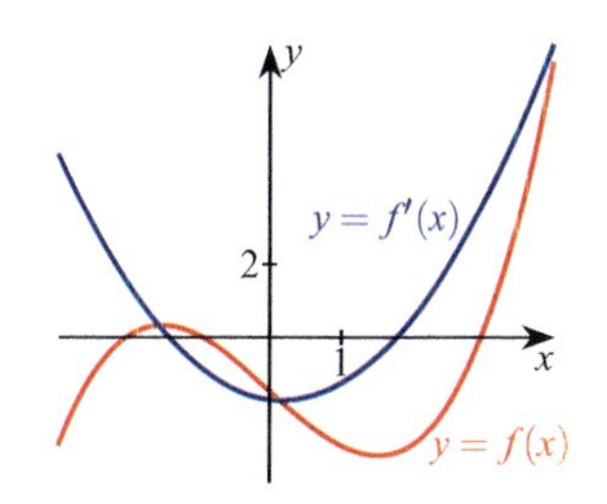

13.11

a) Es ist $f'(x) = 6x^2 - 18x - 24$ mit Nullstellen in $x_1 = 4$ und $x_2 = -1$.

Bereich	f' ist hier	f ist hier
$x < -1$	positiv	streng monoton wachsend
$-1 < x < 4$	negativ	streng monoton fallend
$x > 4$	positiv	streng monoton wachsend

b) Es ist $f'(x) = 3x^2 - 12$ mit Nullstellen in $x_1 = -2$ und $x_2 = 2$.

Bereich	f' ist hier	f ist hier
$x < -2$	positiv	streng monoton wachsend
$-2 < x < 2$	negativ	streng monoton fallend
$x > 2$	positiv	streng monoton wachsend

c) Es ist $f'(x) = -2x \cdot e^{-x^2}$ mit einer Nullstelle in $x = 0$.

Bereich	f' ist hier	f ist hier
$x < 0$	positiv	streng monoton wachsend
$x > 0$	negativ	streng monoton fallend

d) Es ist $f'(x) = (2x-3) \cdot e^{-x}$ mit einer Nullstelle in $x = 1{,}5$.

Bereich	f' ist hier	f ist hier
$x < 1{,}5$	negativ	streng monoton fallend
$x > 1{,}5$	positiv	streng monoton wachsend

13.12 Man braucht

$$\begin{aligned} f'(x) &= 4x^3 - 16x = 4x(x^2-4) \\ &= 0 \text{ für } x \in \{0; -2; 2\} \\ f''(x) &= 12x^2 - 16 = 4(3x^2-4) \\ &= 0 \text{ für } x = \pm\frac{2}{\sqrt{3}}. \end{aligned}$$

Zunächst untersucht man das Wachstumsverhalten:

Bereich	f' ist hier	f ist hier
$x < -2$	negativ	streng monoton fallend
$-2 < x < 0$	positiv	streng monoton wachsend
$0 < x < 2$	negativ	streng monoton fallend
$x > 2$	positiv	streng monoton wachsend

f' hat also an jeder der drei Nullstellen von f' auch einen Vorzeichenwechsel. Es handelt sich somit um Extremstellen. Der Graph hat Tiefpunkte in $T_1(-2|-7)$ und $T_2(2|-7)$ und einen Hochpunkt in $H(0|9)$.

Das Vorzeichen von f'' ändert sich jeweils in den beiden Nullstellen, da f'' eine nach oben geöffnete Parabel ist. In beiden Nullstellen von f'' hat der Graph von f also Wendepunkte. Für das Krümmungsverhalten ergibt sich:

Bereich	f'' ist hier	f ist hier
$x < -\frac{2}{\sqrt{3}}$	positiv	linksgekrümmt
$-\frac{2}{\sqrt{3}} < x < \frac{2}{\sqrt{3}}$	negativ	rechtsgekrümmt
$x > \frac{2}{\sqrt{3}}$	positiv	linksgekrümmt

13.13

a) Es ist $f''(x) = 6x - 18$ mit einer Nullstelle in $x_1 = 3$.

Bereich	f'' ist hier	f ist hier
$x < 3$	negativ	rechtsgekrümmt
$x > 3$	positiv	linksgekrümmt

b) Es ist $f''(x) = \frac{2}{x^3}$. Sie hat keine Nullstelle, ist aber für $x = 0$ nicht definiert.

Bereich	f'' ist hier	f ist hier
$x < 0$	negativ	rechtsgekrümmt
$x > 0$	positiv	linksgekrümmt

c) Es ist $f''(x) = (4x^2-2)\cdot e^{-x^2}$ mit zwei Nullstellen in $x_{1,2} = \pm\frac{1}{\sqrt{2}}$.

Bereich	f'' ist hier	f ist hier
$x < -\frac{1}{\sqrt{2}}$	positiv	linksgekrümmt
$-\frac{1}{\sqrt{2}} < x < \frac{1}{\sqrt{2}}$	negativ	rechtsgekrümmt
$x > \frac{1}{\sqrt{2}}$	positiv	linksgekrümmt

d) Es ist $f''(x) = (x - 2) \cdot e^{-x}$ mit einer Nullstelle in $x = 2$.

Bereich	f'' ist hier	f ist hier
$x < 2$	negativ	rechtsgekrümmt
$x > 2$	positiv	linksgekrümmt

e) Es ist $f''(x) = \frac{1}{x}$. Sie hat keine Nullstelle, ist aber für $x = 0$ nicht definiert. Da der natürliche Logarithmus nur für $x > 0$ definiert ist, muss auch nur dieser Bereich betrachtet werden:

Bereich	f'' ist hier	f ist hier
$x > 0$	positiv	linksgekrümmt

f) Es ist $f''(x) = \frac{1}{2}(e^x - e^{-x})$. Sie hat eine Nullstelle

$$f''(x) = 0 \quad\Leftrightarrow\quad e^x = e^{-x} \quad\Leftrightarrow\quad e^{2x} = 1$$

in $x = 0$.

Bereich	f'' ist hier	f ist hier
$x < 0$	negativ	rechtsgekrümmt
$x > 0$	positiv	linksgekrümmt

13.14 Es ist $W'(\alpha) = \frac{2}{g} \cdot v_0^2 \cos(2\alpha) = 0$ genau dann, wenn $\cos(2\alpha) = 0$, also wenn $2\alpha = \frac{\pi}{2} + k\pi$. Da uns für diese Anwendung nur Winkel zwischen 0 und $\frac{\pi}{2}$ interessieren, kommt nur $\alpha = \frac{\pi}{4} = 45°$ infrage.

Man überprüft, ob für $\alpha = \frac{\pi}{4}$ tatsächlich ein Extremum vorliegt, indem man z. B. den Wert in die 2. Ableitung einsetzt:

$$W''(\alpha) = -\frac{4}{g} \cdot v_0^2 \sin(2\alpha)$$

$$W''\left(\frac{\pi}{4}\right) = -\frac{4}{g} \cdot v_0^2 < 0$$

Daher liegt in $\alpha = \frac{\pi}{4}$ ein lokales Maximum vor. Da in den Randpunkten des Intervalls $W(0) = W\left(\frac{\pi}{2}\right) = 0$ ist, ist es sogar das globale Maximum für $\alpha \in [0; \frac{\pi}{2}]$. Die maximale Weite beträgt $W\left(\frac{\pi}{4}\right) = \frac{1}{g} \cdot v_0^2$.

13.15 Die Ableitung

$$f'(x) = -4x \cdot \frac{1}{(x^2+1)^2}$$

ist Null nur für $x_0 = 0$. Vorzeichenbetrachtung: Da der Nenner positiv ist, hängt das Vorzeichen von f' vom Faktor $(-4x)$ ab:

für $x < 0$	für $x > 0$
$-4x > 0$	$-4x < 0$
$f'(x)$ positiv	$f'(x)$ negativ

Also liegt bei $x_0 = 0$ ein Vorzeichenwechsel von positiv nach negativ und damit ein lokales Maximum mit dem Maximalwert $f(0) = 2$ vor.

Weitere lokale Extrema gibt es nicht. In den Randwerten des Definitionsbereichs hat die Funktion den Grenzwert

$$\lim_{x\to-\infty} \frac{2}{x^2+1} = \lim_{x\to\infty} \frac{2}{x^2+1} = 0.$$

Ein globales Minimum gibt es nicht. Alle Funktionswerte sind aber positiv und nähern sich dem Wert null an.

Da die Funktion auf ganz $\mathbb{R}$ stetig ist, ist der Wertebereich $W_f =]0; 2]$.

13.16 Die Fahrgeschwindigkeit ist positiv, also muss $x > 0$ sein.

a) Es ist $f'(x) = \frac{1}{10} - 250 \cdot \frac{1}{x^2}$ mit einer positiven Nullstelle in $x_1 = 50\,\text{km/h}$. Durch Einsetzen in die 2. Ableitung $f''(x) = 500 \cdot \frac{1}{x^3}$ sieht man, dass es sich um ein Minimum handelt, mit dem Minimalverbrauch $y_{\min} = 5$ Liter pro 100 km, der an den Rändern nicht unterboten werden kann.

Teil IV

b) Kostenfunktion K mit

$$\begin{aligned} K(x) &= 6 \cdot 1{,}50 \cdot y(x) + 50 + 10 \cdot \frac{600}{x} \\ &= 9\left(\frac{x}{10} - 5 + \frac{250}{x}\right) + 50 + \frac{6\,000}{x} \\ &= \frac{9}{10}x + 5 + \frac{8\,250}{x} \end{aligned}$$

c) Gesucht ist die Geschwindigkeit x, die K minimiert. Es ist $K'(x) = \frac{9}{10} - 8\,250 \cdot \frac{1}{x^2}$ mit einer positiven Nullstelle in $x_1 = \frac{\sqrt{82\,500}}{3} = 95{,}743\,\text{km/h}$. Durch Einsetzen in die 2. Ableitung $K''(x) = 16\,500 \cdot \frac{1}{x^3}$ sieht man, dass es sich um ein Minimum handelt mit Minimalkosten von $K_{\min} = 177{,}3369 \approx 177{,}34$ in Euro.

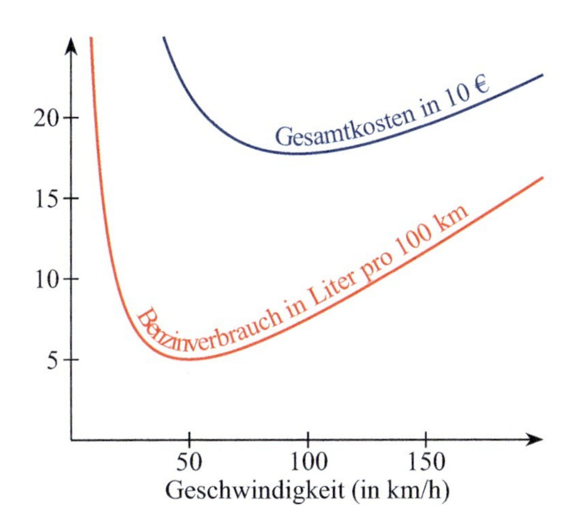

13.17 Volumen und Oberfläche eines Drehzylinders sind bekannt:

$$V = \pi r^2 h \qquad O = 2\pi r^2 + 2\pi r h$$

Da das Volumen vorgegeben ist, kann man eine der beiden Variablen eliminieren:

$$h = h(r) = \frac{1}{\pi r^2} \cdot V$$

$$\Rightarrow \quad O(r) = O = 2\pi r^2 + 2\frac{V}{r}$$

Von dieser Funktion suchen wir ein Minimum. Es ist

$$O'(r) = 4\pi r - \frac{2V}{r^2} = 0 \quad \Leftrightarrow \quad r^3 = \frac{V}{2\pi}$$

$$O''(r) = 4\pi + \frac{4V}{r^3} > 0.$$

Also handelt es sich um ein Minimum.

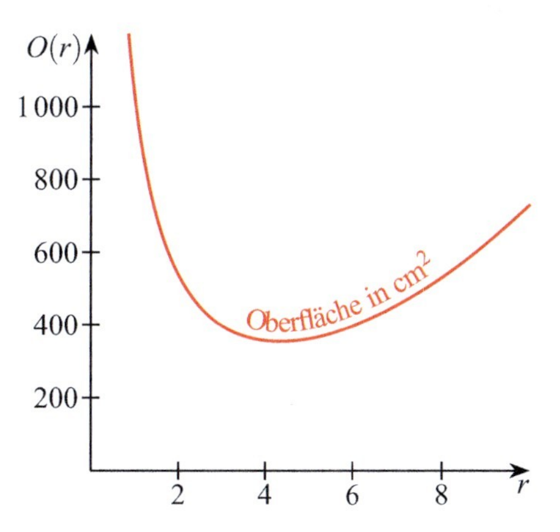

Die optimale Dose (Volumen von $V = 512\,\text{ml}$) hat also einen Radius von $r = \frac{8}{\sqrt[3]{2\pi}} \approx 4{,}3354\,[\text{cm}]$ und eine Höhe von $h = \frac{V}{\pi r^2} = 2r \approx 8{,}6708\,[\text{cm}]$, und damit einen quadratischen Längsschnitt.

Ausführliche Lösungen zu den Aufgaben finden Sie im Online-Material.

tiny.cc/to5l1y

Integralrechnung

Wasserfall Svartifoss, Island. Foto: Rüdiger Lunde

Welche Grundvorstellungen zum Integral gibt es?

Was ist eine Stammfunktion?

Wie lauten die Stammfunktionen wichtiger Funktionstypen?

Wie berechnet man bestimmte Integrale?

Welche elementaren Anwendungen der Integralrechnung gibt es?

K. Dürrschnabel et al., *So viel Mathe muss sein!*, https://doi.org/10.1007/978-3-662-57951-0_14

In diesem Abschnitt wiederholen Sie die wichtigsten Grundvorstellungen, Regeln und Anwendungen der Integralrechnung. Sie wissen, welche Zugänge zum Integral es gibt, kennen die Stammfunktionen wichtiger Funktionsklassen und können bestimmte Integrale in verschiedenen Situationen berechnen.

14.1 Selbsteinschätzung

☐ *Ich kann*
ein Integral $\int_a^b f(x)\,dx$ näherungsweise durch Ober- und Untersummen berechnen. → Abschn. 14.2

Test 14.1

Berechnen Sie zur Funktion f mit $f(x) = \sqrt{x}$ die Untersumme für das Intervall $I = [1;4]$ mit einer Unterteilung von I in $n = 3$ gleiche Teile. Skizzieren Sie die Situation und berechnen Sie zudem die entsprechende Obersumme.

☐ *Ich kann*
das bestimmte Integral als Rekonstruktion eines Bestandes aus der Änderungsrate interpretieren. → Abschn. 14.3

Test 14.2

Ein Swimmingpool ist zu Beginn mit 2 500 l Wasser gefüllt. 20 Minuten lang fließen 40 Liter pro Minute zu. Ab der 11. Minute fließen zudem 10 Liter pro Minute ab. Geben Sie einen funktionalen Zusammenhang an, der den Inhalt des Pools in dieser Zeitspanne beschreibt.

☐ *Ich kann*
Aussagen über Stammfunktionen und Integrale überprüfen. → Abschn. 14.4

Test 14.3

Untersuchen Sie, ob folgende Behauptungen wahr oder falsch sind.

a) Es ist f eine Funktion und F eine zugehörige Stammfunktion von f. Dann gilt für alle weiteren Stammfunktionen von f, dass sie sich nur in einer additiven Konstanten im Funktionsterm von F unterscheiden.
b) Es ist f eine Funktion und F eine zugehörige Stammfunktion von f. Dann gibt es keine weitere Funktion G, die Stammfunktion von f ist.
c) Es ist F eine Stammfunktion von f auf dem Intervall I. Dann ist G genau dann eine Stammfunktion von f, wenn es eine Zahl $c \in \mathbb{R}$ gibt, sodass $F(x) = G(x) + c$ für alle $x \in I$ gilt.

☐ *Ich kann*
zu gegebenen Funktionen Stammfunktionen bestimmen. → Abschn. 14.5

Test 14.4

Geben Sie zur durch $f(x)$ gegebenen Funktion f jeweils alle Stammfunktionen an.

a) $f(x) = 4x^2 + 3x + 1$
b) $f(x) = \sin(0{,}5 \cdot x + 1)$

☐ *Ich kann*
bestimmte Integrale mithilfe von Stammfunktionen berechnen. → Abschn. 14.5

Test 14.5

Berechnen Sie:

a) $\displaystyle\int_1^3 (x^2 + 1)\,dx$

b) $\displaystyle\int_0^{\frac{\pi}{2}} \sin(x)\,dx$

☐ *Ich kann*
die Fläche zwischen zwei Kurven bestimmen. → Abschn. 14.6

Test 14.6

Gegeben sind für $x \geq 0$ zwei Funktionen f und g mit

$$f(x) = x^3 - x \quad \text{und} \quad g(x) = 6x - 6x^2.$$

a) Skizzieren Sie die Graphen der beiden Funktionen in ein gemeinsames Koordinatensystem.
b) Berechnen Sie den Inhalt derjenigen Flächen, die jeweils vom Graphen mit der x-Achse eingeschlossen werden.
c) Berechnen Sie den Inhalt der von beiden Graphen eingeschlossenen Fläche.

Ergebnisse der Testaufgaben

14.1 Untersumme: $\frac{8}{9}\sqrt{3} + \frac{8}{9}\sqrt{6} \approx 3{,}717$, Obersumme: $\frac{8}{9}\sqrt{3} + \frac{8}{9}\sqrt{6} + \frac{8}{3} \approx 6{,}384$

14.2 Für $0 \leq t \leq 10$: $I(t) = 2\,500 + \int_0^t 40\,dx = 2\,500 + 40 \cdot t$, für $10 < t \leq 20$: $I(t) = 2\,500 + \int_0^{10} 40\,dx + \int_{10}^t (40 - 10)\,dx = 2\,600 + 30 \cdot t$

14.3 a) wahr, b) falsch, c) wahr

14.4 a) $F(x) = \frac{4}{3}x^3 + \frac{3}{2}x^2 + x + C$, b) $F(x) = -2\cos(0{,}5 \cdot x + 1) + C$

14.5 a) $\frac{32}{3}$, b) 1

14.6 a)

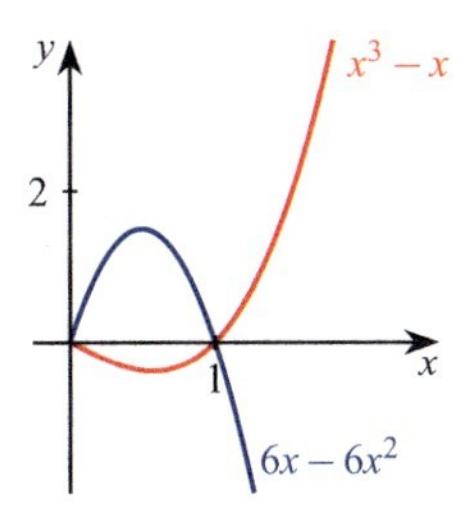

b) $\left|\int_0^1 f(x)\,dx\right| = \frac{1}{4}$, $\left|\int_0^1 g(x)\,dx\right| = 1$, c) $\left|\int_0^1 g(x) - f(x)\,dx\right| = \frac{5}{4}$

14.2 Ober- und Untersumme

Ein Zugang zum Integralbegriff erfolgt über die Betrachtung von Flächeninhalten, wobei wie in → Kap. 13 der Grenzwertbegriff eine zentrale Rolle einnimmt.

Beispiel 14.1

Wie groß ist näherungsweise der Inhalt der eingeschlossenen Flächen zwischen dem Graphen der Funktion $f : \mathbb{R} \to \mathbb{R}$ mit

$$f(x) = 4 - x^2$$

und der x-Achse?

Wir bestimmen näherungsweise den Flächeninhalt durch Rechtecksummen. Wählen wir die Streifenbreite Δx entlang der x-Achse als $\Delta x = 1$, so wird das Intervall $[a; b]$, das von den Nullstellen $a = -2$ und $b = 2$ der Funktion begrenzt wird, in $n = \frac{b-a}{\Delta x} = 4$ Streifen zerlegt. Bei der **Obersumme** O_n wählen wir für die Höhen der Rechtecke die maximalen Funktionswerte auf den Intervallen $[-2; -1]$, $[-1; 0]$, $[0; 1]$, $[1; 2]$, also in diesem Fall $f(-1)$, $f(0)$, $f(0)$, $f(1)$, sodass sich in diesem Fall für die Obersumme O_4

$$\begin{aligned} O_4 &= \Delta x \cdot f(-1) + \Delta x \cdot f(0) + \Delta x \cdot f(0) + \Delta x \cdot f(1) \\ &= 1 \cdot (3 + 4 + 4 + 3) = 14 \end{aligned}$$

ergibt.

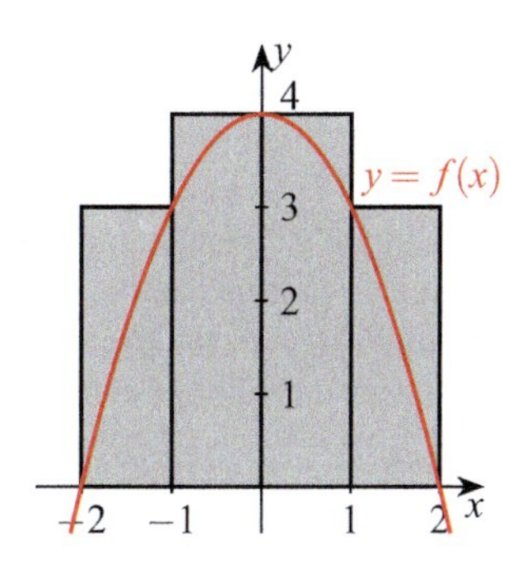

Zum Vergleich ergibt sich bei gleicher Streifenbreite Δx auf dem Intervall $[-2; 2]$ für die **Untersumme** U_n bei Wahl der minimalen Funktionswerte für die Höhen der Rechtecke hier $f(-2)$, $f(-1)$, $f(1)$, $f(2)$ und damit für U_4

$$\begin{aligned} U_4 &= \Delta x \cdot f(-2) + \Delta x \cdot f(-1) + \Delta x \cdot f(1) + \Delta x \cdot f(2) \\ &= 1 \cdot (0 + 3 + 3 + 0) = 6. \end{aligned}$$

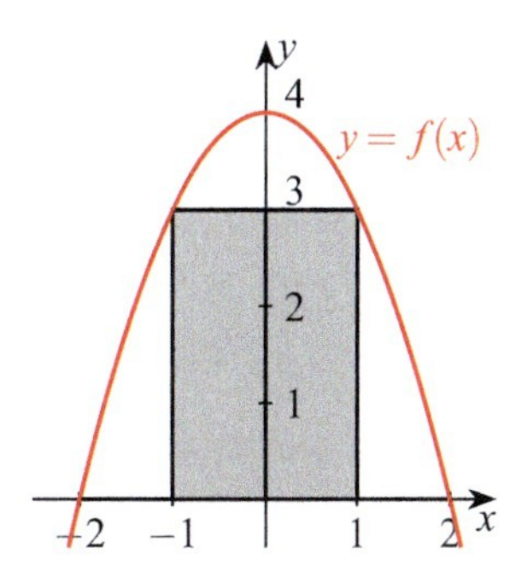

Für größer werdendes n nähern sich Ober- und Untersummen dem exakten Wert immer weiter an.

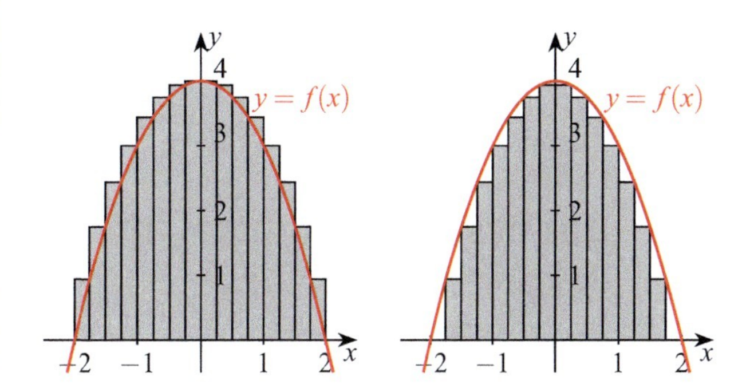

In der folgenden Tabelle befinden sich einige Ober- und Untersummen für verschiedene Werte von n (der exakte Wert des Flächeninhalts beträgt $\frac{32}{3} \approx 10{,}67$):

n	4	10	20	100	200	1 000
O_n	14	12,16	11,44	10,83	10,75	10,68
U_n	6	8,96	9,84	10,51	10,59	10,65

Man kann unter gewissen Voraussetzungen an die Funktion f zeigen, dass für eine immer feinere Unterteilung des betrachteten Intervalls

$$\lim_{n\to\infty} O_n = \lim_{n\to\infty} U_n$$

gilt, dass also Ober- und Untersumme gegen den gemeinsamen Grenzwert streben. Dies ist dann der gesuchte Flächeninhalt.

Liegt eine Fläche unterhalb der x-Achse, erhält der Flächeninhalt bei der Bestimmung einen negativen Wert, da die „Höhen" $f(x)$ der Rechtecke negativ sind. Man nennt dies einen **orientierten Flächeninhalt**. Hingegen erhält man **absolute Flächeninhalte** als Betrag der orientierten Flächeninhalte.

Integral und Integrierbarkeit

Eine Funktion f nennt man auf einem Intervall $[a; b]$ **integrierbar**, wenn die Grenzwerte der Unter- und Obersummen (Summe von Rechteckflächen für immer feinere Unterteilung) existieren und gleich sind.

Man nennt den orientierten Flächeninhalt zwischen Graph und x-Achse das **bestimmte Integral** von f über dem Intervall $[a; b]$. Man schreibt

$$\int_a^b f(x)\,dx.$$

Die zu integrierende Funktion f nennt man den **Integrand**, a und b nennt man die untere bzw. obere Grenze (des Integrals).

Ergebnis 14.1 Der Flächeninhalt zwischen dem Graphen der Funktion f und der x-Achse beträgt

$$\int_{-2}^{2} f(x)\,dx = \int_{-2}^{2} (4 - x^2)\,dx \approx 10{,}67.$$

14.3 Das bestimmte Integral als Rekonstruktion eines Bestandes

In → Kap. 13 war die Ableitung einer der zentralen Begriffe. Mittels Ableitens konnte man aus einer funktional gegebenen Größe die momentane Änderungsrate bestimmen und so Aussagen über das Änderungsverhalten machen (→ Abschn. 13.3). Nun werden wir umgekehrt sehen, welche Schlussfolgerungen möglich sind, wenn zu gegebener Änderungsrate die **Bestandsgröße** gesucht ist. Das Wort **Integral** kommt aus dem Lateinischen, *integrare* heißt unter anderem wiederherstellen oder rekonstruieren. In diesem Sinne kann man sich eine Bestandsgröße als Rekonstruktion aus bekannten Änderungsraten vorstellen.

Beispiel 14.2

Es sind drei Paare von Änderungsraten und ihren zugehörigen Bestandsgrößen gegeben. Die Änderungsraten sind als Zufluss in Liter pro Minute in ein anfangs leeres Becken, die zugehörigen Bestandsgrößen als Wassermenge im Becken in Litern gegeben. Ordnen Sie die jeweils richtigen Paare einander zu und begründen Sie Ihre Entscheidung.

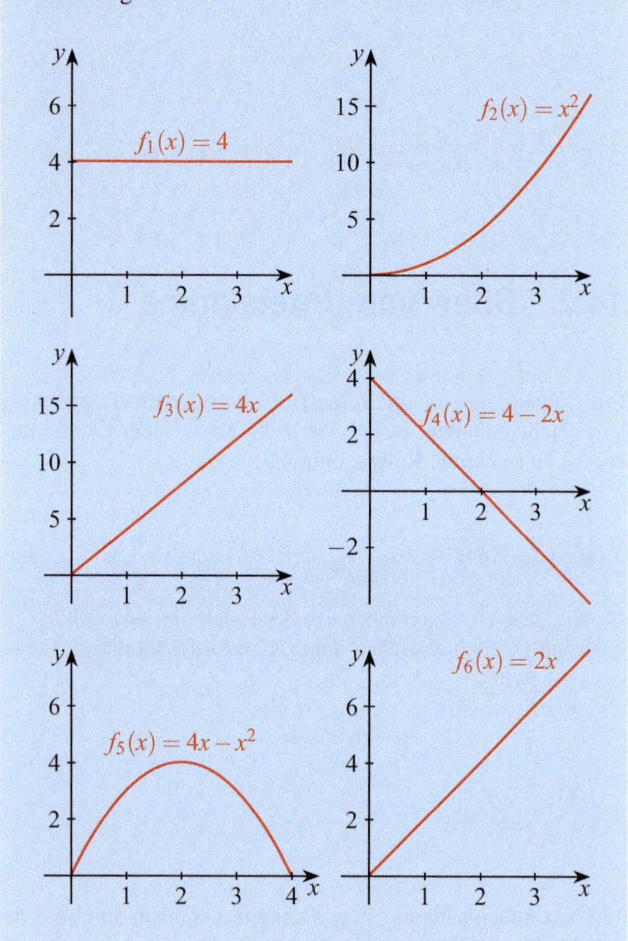

Die Wassermenge zu einem bestimmten Zeitpunkt lässt sich als jeweiliger Funktionswert der Bestandsfunktion ermitteln. Bei einem sich ändernden Zufluss kann man die Wassermenge näherungsweise mit einem stückweise konstanten Zufluss bestimmen. Dies entspricht den Unter- bzw. Obersummen im vorherigen Abschnitt. Die Wassermenge kann daher als Fläche unter dem „Zuflussgraphen" interpretiert werden.

Anschaulich ist klar, dass der Graph der Funktion f_1 zu einer Änderungsrate gehören muss. Denn andernfalls wäre f_1 eine Funktion einer Bestandsgröße, und es gäbe ein Schaubild zu einer zugehörigen Änderungsrate konstant null – tut es aber nicht.

Bei einem konstanten Zufluss steigt die Wassermenge im Becken linear an. Da die zufließende Wassermenge sich aber als Fläche zwischen dem Graphen der Änderungsrate und der x-Achse ergibt, ist f_3 die zugehörige Bestandsfunktion, denn es ist $f_3(4) = 16$, und nach $x = 4\,\mathrm{min}$ ist die zugehörige Wassermenge $4\,\frac{\mathrm{l}}{\mathrm{min}} \cdot 4\,\mathrm{min} = 16\,\mathrm{l}$.

Wäre f_6 eine Bestandsfunktion, so müsste mit obigen Überlegungen eine weitere konstante Funktion als Änderungsrate existieren – damit ist f_6 eine Funktion einer Änderungsrate. Da f_6 für positive x nur positive Werte hat, muss die Bestandsfunktion (streng) monoton steigend sein, damit ist f_2 die zugehörige Bestandsfunktion.

Die Funktion f_5 schließlich kann aus den gleichen Monotonieüberlegungen *nicht* die Änderungsrate sein, die zu f_4 gehört. Die lineare Funktion mit negativer Steigung führt bis $x = 2$ zu einem Anstieg des Wassers im Becken, für $x > 2$ nimmt die Wassermenge im Becken ab, wie man am Graphen von f_5 gut erkennen kann.

Ergebnis 14.2 Die Änderungsrate gegeben durch f_1 gehört zur Bestandsgröße gegeben durch f_3, ebenso bilden f_6 und f_2 sowie f_4 und f_5 Paare von Änderungsraten und Bestandsgrößen. ◀

Beispiel 14.3

Gegeben ist der Zufluss in ein Becken durch f mit $f(x) = 2x$, dabei bezeichnet x die Zeit in Minuten und $f(x)$ ist die zufließende Wassermenge in Litern pro Minute. Wie unterscheiden sich die zugehörigen Bestandsfunktionen, wenn anfangs kein Wasser, drei Liter bzw. sechs Liter Wasser im Becken waren?

Da die Anfangsmenge keinen Einfluss auf die zugeflossene Menge hat, unterscheiden sich die Funktionsterme nur um eine additive Konstante. Die unten stehende Abbildung verdeutlicht dies.

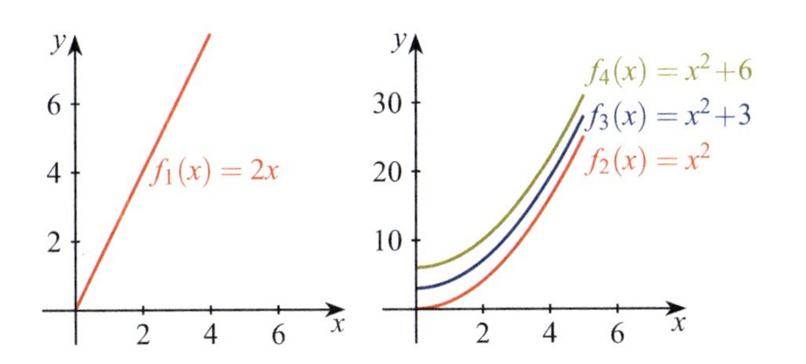

Ergebnis 14.3 Die Bestandsfunktionen unterscheiden sich lediglich in einer additiven Konstanten im zugehörigen Funktionsterm: x^2, $x^2 + 3$, $x^2 + 6$. ◀

Sowohl die Rekonstruktion von Größen aus der Änderungsrate als auch die Flächen unter einer Kurve haben in Anwendungen eine reale Bedeutung. So ist der Flächeninhalt unter einem Zeit-Geschwindigkeits-Diagramm (denken Sie beispielsweise an die Tachoscheibe eines LKWs) nichts anderes als der zurückgelegte Weg, der Flächeninhalt in einem Diagramm, in dem der zeitliche Verlauf von Zu- und Abflüssen dargestellt ist, ist die Wassermenge und so fort. Die Eigenschaft, dass die Änderungsrate der Bestandsfunktion die Bestandsfunktion selbst bis auf eine additive Konstante festlegt, werden wir im folgenden Abschnitt verwenden.

Die sogenannte **Integralfunktion** J_a

$$J_a(x) = \int_a^x f(t)\,dt$$

zur unteren Grenze a kann man dabei als Flächenbilanz interpretieren, in der Flächen in einem Intervall $[a; b]$ mit $x < b$ unterhalb der x-Achse negativ gezählt werden.

Beispiel 14.4

Gegeben ist die Funktion f mit

$$f(x) = \frac{1}{2}x + 3.$$

Wie lautet die Integralfunktion J_a für $a = 0$ bzw. $a = 2$?

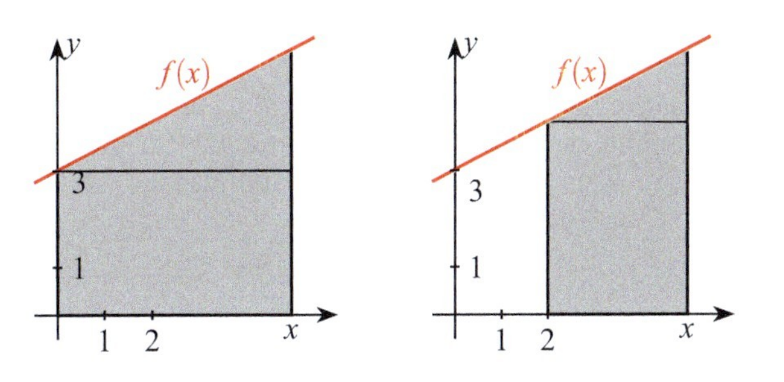

Die Integralfunktion ergibt sich für $a = 0$ aus der Flächensumme des Rechtecks der Höhe 3 und der Breite x und des rechtwinkligen Dreiecks der Breite x und der Höhe $f(x) - 3$ (vgl. Abbildung links). Damit ist

$$J_0(x) = 3 \cdot x + \frac{1}{2} \cdot x \cdot \left(\frac{1}{2}x + 3 - 3\right) = \frac{1}{4}x^2 + 3x.$$

Für $a = 2$ ergibt sich aus der Flächensumme des Rechtecks der Höhe $f(2) = 4$ und der Breite $x - 2$ und des rechtwinkligen Dreiecks der Breite $x-2$ und der Höhe $f(x)-4$ (vgl. Abbildung rechts)

$$J_2(x) = 4 \cdot (x-2) + \frac{1}{2} \cdot (x-2) \cdot \left(\frac{1}{2}x + 3 - 4\right)$$
$$= \frac{1}{4}x^2 + 3x - 7.$$

Wie man durch Differenzieren bestätigt, gilt $J_0' = J_2' = f$.

Teil IV

Ergebnis 14.4 Die Integralfunktionen J_0 und J_2 sind gegeben durch $J_0(x) = \frac{1}{4}x^2 + 3x$ sowie $J_2(x) = \frac{1}{4}x^2 + 3x - 7$.

Man kann Folgendes zeigen:

Zusammenhang zwischen Funktion und Integralfunktion

Existiert zu einer Funktion f eine (differenzierbare) Integralfunktion J_a mit $a \in \mathbb{R}$, so hängen diese über die Beziehung $f = J_a'$ zusammen.

In der zuvor verwendeten Terminologie entspricht damit J_a einer Bestandsfunktion und f der zugehörigen Änderungsrate.

14.4 Stammfunktionen

Stammfunktion

Eine Funktion F mit der Eigenschaft $F' = f$ heißt **Stammfunktion** von f.

Ist F eine Stammfunktion von f, so ist mit jedem $C \in \mathbb{R}$ auch G mit $G(x) = F(x) + C$ eine Stammfunktion von f.

Insbesondere ist eine Integralfunktion J_a einer Funktion f eine Stammfunktion von f. Ist F eine weitere Stammfunktion von f, so kann man mithilfe des „Nullintegrals" $J_a(a) = F(a) + C = 0$ den Zusammenhang

$$J_a(x) = F(x) - F(a)$$

nachweisen, woraus sich jetzt einer der wesentlichen Sätze dieses Kapitels, der Hauptsatz der Differenzial- und Integralrechnung, ergibt. Vereinfacht gesagt beschreibt dieser Satz eine einfache Möglichkeit zur Berechnung bestimmter Integrale.

Hauptsatz der Differenzial- und Integralrechnung

Ist F eine Stammfunktion von f, so gilt

$$\int_a^b f(x)\,dx = [F(x)]_a^b = F(b) - F(a).$$

Beispiel 14.5

Berechnen Sie die bestimmten Integrale

$$\int_1^2 x^2\,dx$$

und

$$\int_{-\pi}^{\pi} \sin(x)\,dx.$$

Weil $\left(\frac{1}{3}x^3\right)' = x^2$ ist, gilt

$$\int_1^2 x^2\,dx = \left[\frac{1}{3}x^3\right]_1^2 = \frac{8}{3} - \frac{1}{3} = \frac{7}{3}.$$

Und wegen $(-\cos(x))' = \sin(x)$ gilt, dass

$$\int_{-\pi}^{\pi} \sin(x)\,dx = [-\cos(x)]_{-\pi}^{\pi} = -(-1) - (-(-1))) = 0.$$

Das letzte Ergebnis darf aufgrund der Symmetrie des Schaubilds der Sinusfunktion nicht überraschen. Die beiden Teilflächen links und rechts der y-Achse haben bei gleichem Betrag des Flächeninhalts unterschiedliche Orientierung, die Teilintegrale heben sich also gegenseitig auf.

Ergebnis 14.5 Es ist

$$\int_1^2 x^2\,dx = \frac{7}{3}$$

und

$$\int_{-\pi}^{\pi} \sin(x)\,dx = 0.$$

14.5 Bestimmung von Stammfunktionen, Rechenregeln

Unbestimmtes Integral

Ist F eine Stammfunktion einer Funktion f, so wird die Gesamtheit aller Stammfunktionen einer Funktion f als das **unbestimmte Integral** von f bezeichnet, und man schreibt dafür

$$\int f(x)\,dx = F(x) + C, \quad C \in \mathbb{R}.$$

Achtung Bitte beachten Sie, dass die Stammfunktionen immer nur bis auf eine additive Konstante C bestimmt sind. Das unbestimmte Integral umfasst die Gesamtheit aller Stammfunktionen.

Übersicht: Wichtige Stammfunktionen

Potenzfunktionen:

$$\int x^r\,dx = \frac{1}{r+1}x^{r+1} + C, \quad r \neq -1$$

Wurzelfunktion (als Potenzfunktion für $r = \frac{1}{2}$):

$$\int \sqrt{x}\,dx = \frac{2}{3}\cdot\sqrt{x^3} + C$$

Hyperbelfunktion:

$$\int \frac{1}{x}\,dx = \ln(|x|) + C$$

Exponentialfunktion:

$$\int e^x\,dx = e^x + C$$

Allgemeine Exponentialfunktion:

$$\int a^x\,dx = \frac{1}{\ln(a)}\cdot a^x + C, \quad a > 0,\, a \neq 1$$

Logarithmusfunktion:

$$\int \ln(x)\,dx = x\ln(x) - x + C$$

Trigonometrische Funktionen:

$$\int \sin(x)\,dx = -\cos(x) + C$$

$$\int \cos(x)\,dx = \sin(x) + C$$

Im Folgenden sind einige der elementaren Funktionen mit ihren Stammfunktionen sowie einige grundlegende Rechenregeln aufgeführt.

Faktorregel

$$\int a\cdot f(x)\,dx = a\cdot\int f(x)\,dx,\ a\in\mathbb{R}$$

Summenregel

$$\int \big(f(x)+g(x)\big)\,dx = \int f(x)\,dx + \int g(x)\,dx$$

Lineare Verkettung

Ist F eine Stammfunktion von f, so ist für $a \neq 0$

$$\int f(ax+b)\,dx = \frac{1}{a}\cdot F(ax+b) + C, \quad C\in\mathbb{R}.$$

Vertauschen der Integrationsgrenzen

$$\int_a^b f(x)\,dx = -\int_b^a f(x)\,dx$$

Nullintegral

$$\int_a^a f(x)\,dx = 0$$

Addition von Integrationsintervallen

$$\int_a^b f(x)\,dx + \int_b^c f(x)\,dx = \int_a^c f(x)\,dx$$

Eine Auflistung der wichtigsten Stammfunktionen finden Sie in der Übersicht (mit $C \in \mathbb{R}$). Weitere Stammfunktionen häufig verwendeter Funktionen finden Sie in einer Formelsammlung.

Beispiel 14.6

Berechnen Sie alle Stammfunktionen der Funktion f mit

$$f(x) = 3\ln(x) - \sin(2x+1).$$

Mit der Summen- und Faktorregel ergibt sich die Gesamtheit aller Stammfunktionen von f als

$$\begin{aligned}\int f(x)\,dx &= \int (3\ln(x) - \sin(2x+1))\,dx\\ &= \int (3\ln(x))\,dx - \int \sin(2x+1)\,dx\\ &= 3\int \ln(x)\,dx - \int \sin(2x+1)\,dx.\end{aligned}$$

Weiter ist nach der Integrationsregel der linearen Verkettung

$$\int \ln(x)\,dx = x\ln(x) - x + C_1, \quad C_1\in\mathbb{R}$$

$$\int \sin(2x+1)\,dx = -\frac{1}{2}\cos(2x+1) + C_2, \quad C_2\in\mathbb{R}.$$

Ergebnis 14.6 Die Gesamtheit aller Stammfunktionen von f lautet

$$\int (3\ln(x) - \sin(2x+1))\,dx$$
$$= 3x\ln(x) - 3x - \frac{1}{2}\cos(2x+1) + C, \quad C \in \mathbb{R}.$$

Beispiel 14.7

Berechnen Sie die Stammfunktion F der Funktion f mit

$$f(x) = 2x^2 - 1$$

und der Nebenbedingung $F(3) = 0$.

Mit der Summen- und Potenzregel ergibt sich die Gesamtheit aller Stammfunktionen von f als

$$F(x) = \int f(x)\,dx = \int \left(2x^2 - 1\right)\,dx$$
$$= \int \left(2x^2\right)\,dx - \int 1\,dx$$
$$= \frac{2}{3}\cdot x^3 - x + C, \quad C \in \mathbb{R}.$$

Mit $F(3) = \frac{2}{3}\cdot 3^3 - 3 + C = 15 + C$ ergibt sich $15 + C = 0$, also $C = -15$.

Ergebnis 14.7 Es ist die gesuchte Stammfunktion F von f gegeben durch

$$F(x) = \frac{2}{3}\cdot x^3 - x - 15.$$

14.6 Flächenberechnung

Sie haben bereits die Bedeutung von bestimmten Integralen zur Berechnung von Flächeninhalten kennengelernt (→ Abschn. 14.2). Dabei haben wir uns für orientierte Flächeninhalte (kurz gesagt: Flächeninhalte mit Vorzeichen) interessiert. Wir untersuchen diese Zusammenhänge jetzt noch genauer, indem wir den Fall betrachten, dass man sich für den absoluten Flächeninhalt A einer Fläche interessiert.

Liegt zur Berechnung des Flächeninhalts diese dabei gänzlich ober- bzw. unterhalb der x-Achse, so liefert das bestimmte Integral bzw. dessen Betrag den richtigen Wert des Flächeninhalts.

Beispiel 14.8

Wie groß ist der Flächeninhalt derjenigen Fläche, die vom Graphen der Funktion f mit

$$f(x) = -(x-3)^2 + 4,$$

der x-Achse und den Geraden mit den Gleichungen

$$x = \frac{3}{2} \quad \text{und} \quad x = 4$$

eingeschlossen wird?

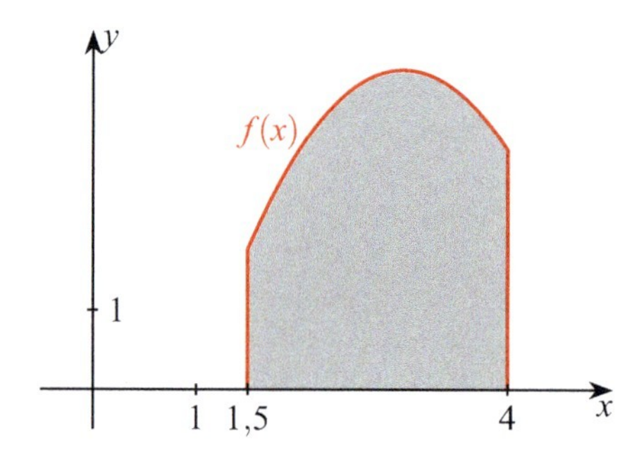

Da die Fläche oberhalb der x-Achse liegt, reicht die einfache Berechnung des Integrals. Es ist

$$A = \int_{\frac{3}{2}}^{4} f(x)\,dx = \left[-\frac{1}{3}(x-3)^3 + 4x\right]_{\frac{3}{2}}^{4}$$
$$= -\frac{1}{3} + 16 - \left(\frac{9}{8} + 6\right) = \frac{205}{24} \approx 8{,}54.$$

Ergebnis 14.8 Der Flächeninhalt beträgt $A = \frac{205}{24} \approx 8{,}54$.

Beispiel 14.9

Wie groß ist der Flächeninhalt derjenigen Fläche, die vom Graphen der Funktion f mit

$$f(x) = x^3 - 4x^2 + 3x - 2,$$

der x-Achse und den Geraden mit den Gleichungen

$$x = 1 \quad \text{und} \quad x = 3$$

eingeschlossen wird?

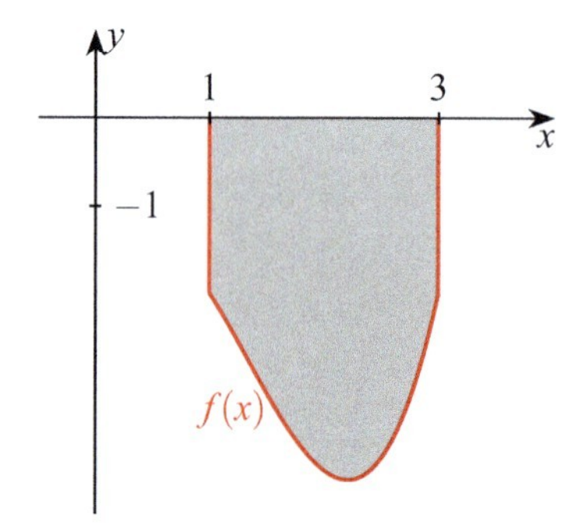

Da die Fläche unterhalb der x-Achse liegt und dadurch das Integral negativ wird, wird der Betrag verwendet.

Es ist

$$A = \left|\int_1^3 f(x)\,dx\right| = \left|\left[\frac{1}{4}x^4 - \frac{4}{3}x^3 + \frac{3}{2}x^2 - 2x\right]_1^3\right|$$
$$= \left|\frac{81}{4} - 36 + \frac{27}{2} - 6 - \left(\frac{1}{4} - \frac{4}{3} + \frac{3}{2} - 2\right)\right|$$
$$= \left|-\frac{20}{3}\right| = \frac{20}{3}.$$

Ergebnis 14.9 Der Flächeninhalt beträgt $A = \frac{20}{3}$.

Beispiel 14.10

Wie groß ist der Flächeninhalt derjenigen Fläche, die vom Graphen der Funktion f mit

$$f(x) = -0{,}5(x+1)(x-2{,}5)(x-4{,}5),$$

der x-Achse und den Geraden $x = -2$ und $x = 4{,}5$ eingeschlossen wird?

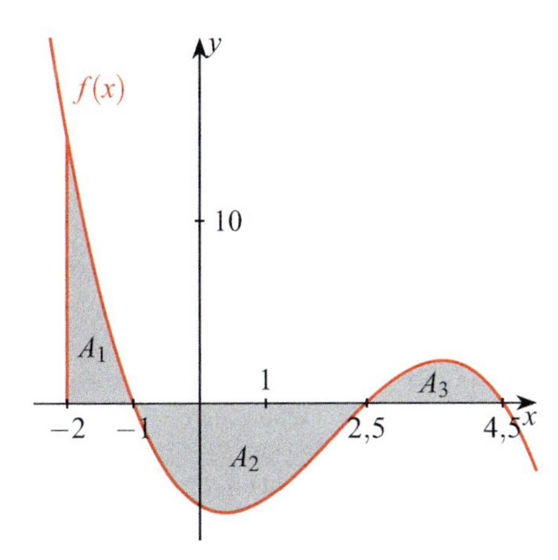

Hier ist zu beachten, dass an den Stellen, an denen der Integrand und damit der orientierte Flächeninhalt sein Vorzeichen ändert, die Fläche in Teilflächen zerlegt werden muss, um Auslöschung durch unterschiedliche Vorzeichen orientierter Flächeninhalte zu vermeiden.

Ist man am gesamten Flächeninhalt interessiert, in diesem Fall also an der Summe der Flächeninhalte A_1, A_2 und A_3, so muss man die Integrale einzeln berechnen und deren Beträge addieren.

$$\begin{aligned} A &= A_1 + A_2 + A_3 \\ &= \left|\int_{-2}^{-1} f(x)\,dx\right| + \left|\int_{-1}^{2{,}5} f(x)\,dx\right| + \left|\int_{2{,}5}^{4{,}5} f(x)\,dx\right|, \end{aligned}$$

auch wenn hier nur für A_2 der Betrag relevant ist.

Im nächsten Schritt berechnet man die Integrale über den Teilintervallen:

$$\begin{aligned} A_1 &= \int_{-2}^{-1} f(x)\,dx = \left[-0{,}125x^4 + x^3 - 1{,}0625x^2 - 5{,}625x\right]_{-2}^{-1} \\ &= \dots = \frac{103}{16} \end{aligned}$$

$$A_2 = \left|\int_{-1}^{2{,}5} f(x)\,dx\right| = \dots = \left|-\frac{1\,715}{128}\right| = \frac{1\,715}{128}$$

$$A_3 = \int_{2{,}5}^{4{,}5} f(x)\,dx = \dots = 3$$

Ergebnis 14.10 Der Flächeninhalt beträgt

$$A = A_1 + A_2 + A_3 = \frac{2\,923}{128} \approx 22{,}84.$$ ◂

Will man den Flächeninhalt einer Fläche zwischen zwei Graphen bestimmen, so kann man diesen Fall auf den vorigen Fall (Fläche zwischen Graph und x-Achse) zurückführen.

Beispiel 14.11

Wie groß ist der Flächeninhalt derjenigen Fläche, die von den Graphen der Funktionen f und g mit

$$f(x) = -x^2 + 5 \quad \text{und} \quad g(x) = x - 1$$

eingeschlossen wird?

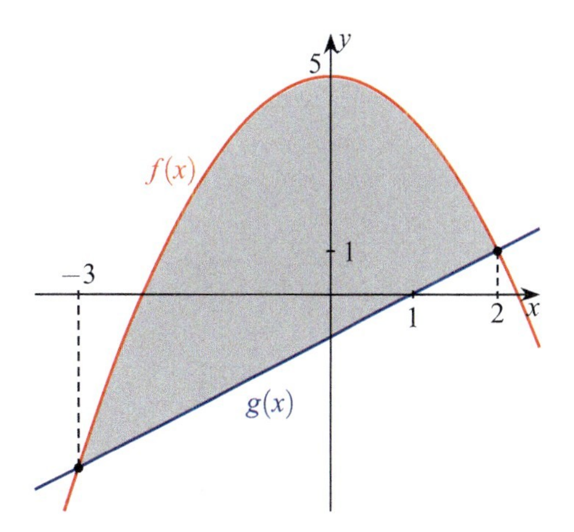

Der Ansatz zur Berechnung des Flächeninhalts besteht nun darin, die Differenzfunktion $h = f - g$ der beiden Funktionen f und g zu betrachten. Ist wie in diesem Fall das Intervall durch die x-Werte x_1, x_2 der Schnittpunkte bestimmt, kann durch

$$A = \int_{x_1}^{x_2} h(x)\,dx = \int_{x_1}^{x_2} (f(x) - g(x))\,dx$$

der Flächeninhalt berechnet werden. Da im vorliegenden Fall der Graph von f im betrachteten Intervall über dem von g liegt, kann auf die Betragsstriche verzichtet werden. Ist dies nicht der Fall oder gibt es mehrere Schnittpunkte und Wechsel der gegenseitigen Lage, ist wie zuvor von Schnittstelle zu Schnittstelle unter Verwendung der Beträge zu integrieren.

Die Schnittstellen von f und g befinden sich bei $x_1 = -3$ und $x_2 = 2$. Damit ist

$$A = \int_{-3}^{2} (f(x) - g(x))\, dx = \int_{-3}^{2} \left((-x^2 + 5) - (x - 1)\right) dx$$
$$= \int_{-3}^{2} \left(-x^2 - x + 6\right) dx = \left[-\frac{1}{3}x^3 - \frac{1}{2}x^2 + 6x\right]_{-3}^{2}$$
$$= -\frac{1}{3} \cdot 8 - \frac{1}{2} \cdot 4 + 6 \cdot 2 - \left(-\frac{1}{3} \cdot (-27) - \frac{1}{2} \cdot 9 + 6 \cdot (-3)\right)$$
$$= -\frac{8}{3} - 2 + 12 - 9 + \frac{9}{2} + 18 = \frac{125}{6} \approx 20{,}83.$$

Ergebnis 14.11 Der Flächeninhalt beträgt

$$A = \frac{125}{6} \approx 20{,}83.$$

Haben die Graphen von f und g mehrere Schnittpunkte, so ist „von Schnittstelle zu Schnittstelle" zu integrieren.

14.7 Weitere Anwendungen der Integralrechnung

Mit den Mitteln der Integralrechnung können weitere Anwendungsprobleme gelöst werden. Zwei dieser Anwendungen werden hier nur genannt, Hintergründe und Beispiele können im Online-Material eingesehen werden.

- Die Berechnung des Mittelwerts m einer Funktion f auf einem Intervall $[a; b]$ wird berechnet durch

$$\bar{x} = \frac{1}{b-a} \int_{a}^{b} f(x)\, dx.$$

tiny.cc/to51ly

- Rotiert der Graph einer Funktion f auf dem Intervall $[a; b]$ um die x-Achse, so lässt sich das Volumen V des entstehenden Rotationskörpers berechnen durch

$$V = \pi \cdot \int_{a}^{b} (f(x))^2\, dx.$$

tiny.cc/to51ly

Aufgaben

14.1

a) Berechnen Sie näherungsweise das Integral

$$\int_{1}^{4} (x^2 + 1)\, dx,$$

indem Sie das Intervall $[1; 4]$ in drei gleiche Teile teilen und damit die Ober- und Untersumme berechnen.

b) Bestimmen Sie den exakten Wert des Integrals.

14.2

a) In eine zunächst leere Badewanne fließen konstant 10 Liter pro Minute. Geben Sie mittels Integral eine Funktion W an, die die Wassermenge der Badewanne in Abhängigkeit der Zeit t angibt. Wann sind in die Badewanne 250 Liter Wasser geflossen?

b) In eine bereits mit 50 Liter Wasser gefüllte Badewanne fließen 10 Liter pro Minute. Geben Sie eine Funktion W an, die die Wassermenge der Badewanne in Abhängigkeit der Zeit t angibt. Wann ist die Badewanne mit 250 Liter Wasser gefüllt?

c) In ein mit anfangs 50 Liter gefülltes Becken fließt in den ersten 5 Minuten gemäß des Zuflusses Z mit $Z(t) = 10 \cdot t$ Wasser zu ($Z(t)$ in Litern pro Minute, t in Minuten). Nach 5 Minuten wird der Zufluss gestoppt, und fortan fließen 5 Liter pro Minute aus dem Becken ab. Geben Sie eine Funktion W an, die die Wassermenge des Beckens in Abhängigkeit der Zeit angibt. Wann ist das Becken leer?

14.3 Berechnen Sie folgende bestimmte Integrale ohne Taschenrechner.

a) $\int_{2}^{4} x^4\, dx$

b) $\int_{0}^{\pi} \sin(x)\, dx$

c) $\int_{-1}^{1} x\, dx$

d) $\int_{\frac{1}{10}}^{1} \frac{1}{x}\, dx$

e) $\int_{2}^{3} e^x\, dx + \int_{3}^{4} e^x\, dx$

f) $\int_{0}^{2} 3\, dx$

g) $\int_{-3}^{2} (2+x)^3\,dx$

h) $\int_{1}^{3} (2x^2 - x^4)\,dx$

14.4 Bestimmen Sie zu den durch $f(x)$ gegebenen Funktionen f alle Stammfunktionen F von f.

a) $f(x) = x^5$
b) $f(x) = 7x^3$
c) $f(x) = \frac{x^2}{9}$
d) $f(x) = 3x^2 - 7x + 6$
e) $f(x) = \sin(x+1)$
f) $f(x) = \frac{2}{x^2} + \frac{2}{x}$
g) $f(x) = e^{2x} + \cos(2x)$
h) $f(x) = \frac{3}{2}x^{\frac{3}{2}}$

14.5 Berechnen Sie die Nullstellen von f und skizzieren Sie das Schaubild. Berechnen Sie anschließend die vom Graphen von f und der x-Achse eingeschlossene Fläche.

a) $f(x) = 4x - x^2$
b) $f(x) = x^3 - 4x^2 + 4x$
c) $f(x) = \frac{1}{5}x^4 - \frac{1}{25}x^5$

14.6 Berechnen Sie den Inhalt der Fläche, die vom Schaubild von f, der x-Achse sowie den Geraden mit den Gleichungen $x = a$ und $x = b$ begrenzt wird.

a) $f(x) = \sqrt{x}, a = 2, b = 4$
b) $f(x) = \frac{1}{\sqrt{x}} - x, a = 1, b = 4$
c) $f(x) = -\frac{1}{4}x^3 - \frac{1}{2}x^2 + 1, a = -1, b = 0$

14.7 Gegeben sind die folgenden Funktionen f und g jeweils durch ihre Funktionsterme $f(x)$ und $g(x)$. Bestimmen Sie den Wert des Flächeninhalts, der von den beiden Kurven eingeschlossen wird.

a) $f(x) = x + 2, g(x) = -x^2 + 4$
b) $f(x) = 3, g(x) = -x^2 + 4$
c) $f(x) = x^3, g(x) = 7x - 6$
Hinweis: Die Schnittstellen lauten $x_1 = -3, x_2 = 1, x_3 = 2.$

14.8 Eine Fassade ist 10 Meter hoch und 10 Meter breit. Sie soll farbig so gestrichen werden, dass 50 % der Fassadenfläche angestrichen wird. Die begrenzenden Kurven, die sich am linken und rechten Rand mittig treffen sollen, sind parabelförmig und spiegelbildlich zueinander. Bestimmen Sie mögliche Gleichungen dieser Randkurven.

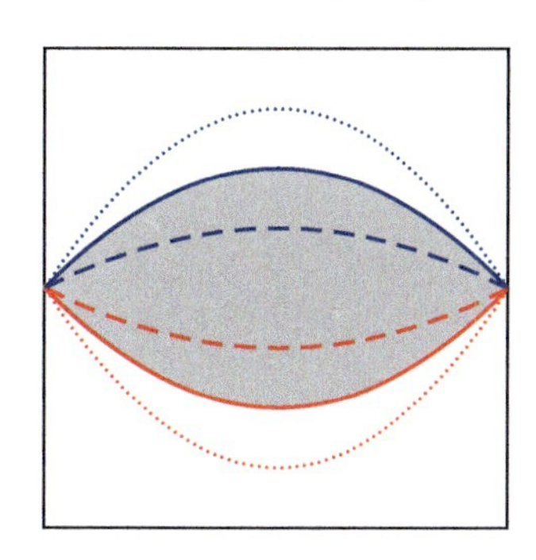

Lösungen zu den Aufgaben

14.1

a) $O_3 = 32, U_3 = 17$
b) $\int_1^4 (x^2+1)\,dx = 24$

Anmerkung: Es ergeben sich für feinere Unterteilungen folgende Ober- und Untersummen:

$$O_{10} \approx 26{,}29 \qquad U_{10} \approx 21{,}80$$
$$O_{50} \approx 24{,}45 \qquad U_{50} \approx 23{,}55$$
$$O_{150} \approx 24{,}15 \qquad U_{150} \approx 23{,}85$$

14.2

a) $W(t) = 10 \cdot t$. $W(25) = 250$, also nach $t = 25$ Minuten
b) $W(t) = 10 \cdot t + 50$. $W(20) = 250$, also nach $t = 20$ Minuten
c) $W(t) = \begin{cases} 50 + 5 \cdot t^2 & \text{für } 0 \le t \le 5 \\ 175 - 5 \cdot (t-5) & \text{für } 5 \le t \end{cases}$

$W(40) = 0$, also nach $t = 40$ Minuten

14.3

a) 198,4
b) 2
c) 0
d) $\ln(10)$
e) $e^2(e^2 - 1)$
f) 6
g) 63,75
h) $-\frac{466}{15}$

14.4 Mit $C \in \mathbb{R}$ sind Stammfunktionen gegeben durch:

a) $\frac{1}{6}x^6 + C$
b) $\frac{7}{4}x^4 + C$

c) $\frac{1}{27}x^3 + C$
d) $x^3 - \frac{7}{2}x^2 + 6x + C$
e) $-\cos(x+1) + C$
f) $-\frac{2}{x} + 2\ln(|x|) + C$
g) $\frac{1}{2}e^{2x} + \frac{1}{2}\sin(2x) + C$
h) $\frac{3}{5} \cdot x^{\frac{5}{2}} + C$

14.5

a) $x_1 = 0,\ x_2 = 4,\ A = \int_0^4 f(x)\,dx = \frac{32}{3}$
b) $x_1 = 0,\ x_2 = 2,\ A = \int_0^2 f(x)\,dx = \frac{4}{3}$
c) $x_1 = 0,\ x_2 = 5,\ A = \left|\int_0^5 f(x)\,dx\right| = \left|-\frac{125}{6}\right| = \frac{125}{6}$

14.6

a) $-\frac{4}{3} \cdot \sqrt{2} + \frac{16}{3}$
b) $\frac{11}{2}$
c) $\frac{43}{48}$

14.7

a) Schnittstellen $x_1 = -2,\ x_2 = 1,\ A = \frac{9}{2}$
b) Schnittstellen $x_1 = -1,\ x_2 = 1,\ A = \frac{4}{3}$
c) Schnittstellen $x_1 = -3,\ x_2 = 1, x_3 = 2,\ A = 32{,}75$

14.8 Wenn man den Ursprung des Koordinatensystems links in den Treffpunkt der beiden Parabeln legt, lauten die Randfunktionen $f(x) = \frac{3}{20} \cdot x \cdot (x - 10)$ und $g(x) = -\frac{3}{20} \cdot x \cdot (x - 10)$.

Ausführliche Lösungen zu den Aufgaben finden Sie im Online-Material.

tiny.cc/to5l1y

Teil IV

Lineare Algebra/ Analytische Geometrie

Forth Bridge über den Firth of Forth, Queensferry (Schottland). Foto: Rüdiger Lunde

Teil V

Orientierung im zweidimensionalen Koordinatensystem

Schachbrett. Foto: Guido Pinkernell

Wie lassen sich lineare Gleichungen und Ungleichungen veranschaulichen?

Wie lassen sich Kreisgleichungen veranschaulichen?

K. Dürrschnabel et al., *So viel Mathe muss sein!*, https://doi.org/10.1007/978-3-662-57951-0_15

Die aus dem Kapitel Funktionen (→ Kap. 12) bekannten Geraden begegnen uns in diesem Kapitel in einer scheinbar anderen algebraischen Darstellung. Hier sind es nun lineare Gleichungen, deren Lösungsmengen sich geometrisch als Geraden visualisieren lassen. Mithilfe von Gleichungen lassen sich auch andere geometrische Objekte, etwa Kreise, darstellen. Neben der geometrischen Visualisierung von Gleichungen wird auch die Visualisierung von Ungleichungen thematisiert.

15.1 Selbsteinschätzung

☐ *Ich kann*
eine analytisch gegebene Gerade zeichnen. *→ Abschn. 15.2*

Test 15.1

Zeichnen Sie die durch

$$4x - 2y = 6x - y + 3$$

gegebene Gerade.

☐ *Ich kann*
Koordinatenbereiche skizzieren. *→ Abschn. 15.3*

Test 15.2

Schraffieren Sie die durch

$$|4x - 1| > 2y - 3$$

gegebene Punktmenge.

☐ *Ich kann*
einen durch eine Gleichung gegebenen Kreis zeichnen. *→ Abschn. 15.4*

Test 15.3

Zeichnen Sie den durch

$$x^2 + 2x - 1 = -(y - 3)^2 + 2$$

gegebenen Kreis.

Ergebnisse der Testaufgaben

15.1 Eine Gerade mit den Achsenabschnitten $x = -\frac{3}{2}$ und $y = -3$

15.2 Die Fläche unterhalb beider Geraden $y = -2x + 2$ und $y = 2x + 1$

15.3 Ein Kreis um $(-1|3)$ mit dem Radius 2

15.2 Analytisch gegebene Geraden

Eine Gleichung der Form

$$a \cdot x + b \cdot y + c = 0$$

mit $x, y \in \mathbb{R}$ als veränderliche und $a, b, c \in \mathbb{R}$ als fixe Zahlenwerte nennt man eine **lineare Gleichung**. Auch Gleichungen, die mittels Äquivalenzumformungen in eine solche Form überführt werden können (→ Abschn. 9.2), sind lineare Gleichungen. Jedes Paar zweier Zahlen $(x; y)$, die beide zusammen eine solche Gleichung erfüllen, ist eine Lösung dieser Gleichung. Dieses Zahlenpaar kann als Koordinaten eines Punktes $P(x|y)$ aufgefasst und im Koordinatensystem zeichnerisch markiert werden. Eine lineare Gleichung hat in der Regel unendlich viele Zahlenpaare als Lösung, die zusammen genommen im Koordinatensystem die Form einer Geraden annehmen.

Beispiel 15.1

Zeichnen Sie die durch

$$x + 2y - 4 = 0$$

gegebene Gerade.

Die Aufgabenstellung verrät schon, dass es sich hier um eine Gerade handelt. Das lässt sich schnell nachvollziehen, indem man die gegebene Gleichung in eine Form bringt, die uns aus → Kap. 12 als Gleichung einer linearen Funktion bekannt ist: Es ist nämlich

$$x + 2y - 4 = 0 \quad \Leftrightarrow \quad 2y = -x + 4 \quad \Leftrightarrow \quad y = -\frac{1}{2}x + 2.$$

Die Gerade hat eine Steigung von $-\frac{1}{2}$ und verläuft durch den Punkt $(0|2)$, da ihr y-Achsenabschnitt 2 beträgt.

Ohne Umstellung in die Form einer Funktionsgleichung lässt sich die Gerade auch durch direktes Ablesen geeigneter Koordinatenpunkte zeichnen: Denn weil man weiß, dass die Veranschaulichung eine Gerade ist, reichen zwei Punkte zur Festlegung ihrer Position im Koordinatensystem. Diese erhält man schnell, indem man zu den Werten $x = 0$ und $y = 0$ jeweils das Lösungspaar vervollständigt. In diesem Fall sind dies $(0; 2)$ und $(4; 0)$. Beide zugehörigen Punkte $P(0|2)$ und $Q(4|0)$ werden im Koordinatensystem markiert und mit einer Geraden verbunden. Dies ist dann die gesuchte Gerade.

Ergebnis 15.1

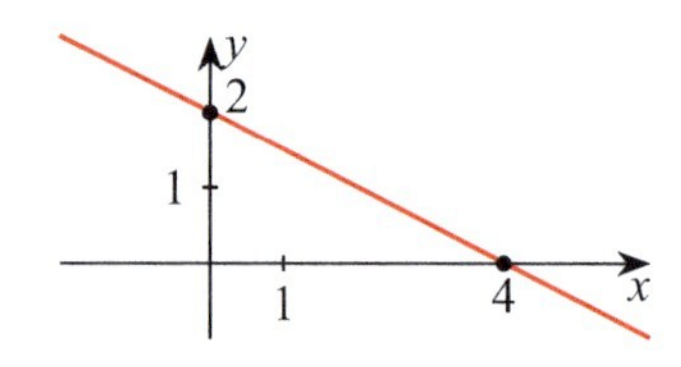

◀

Im Prinzip lässt sich die Lösungsmenge jeder linearen Gleichung als Gerade darstellen, auch wenn sie auf den ersten Blick etwas „unaufgeräumt“ erscheint:

Beispiel 15.2

Zeichnen Sie die durch

$$2 \cdot x - y = x + 3 \cdot y - 8$$

gegebene Gerade.

Man formt eine solche Gleichung zunächst in die Form

$$a \cdot x + b \cdot y + c = 0$$

um und erhält

$$x - 4y + 8 = 0.$$

Wieder lassen sich zwei Lösungspaare schnell ablesen, indem man zu den Werten $x = 0$ und $y = 0$ jeweils das Lösungspaar vervollständigt. Hier sind dies $(0; 2)$ und $(-8; 0)$. Und wieder werden beide zugehörigen Punkte $P(0|2)$ und $Q(-8|0)$ im Koordinatensystem markiert und mit einer Geraden verbunden:

Ergebnis 15.2

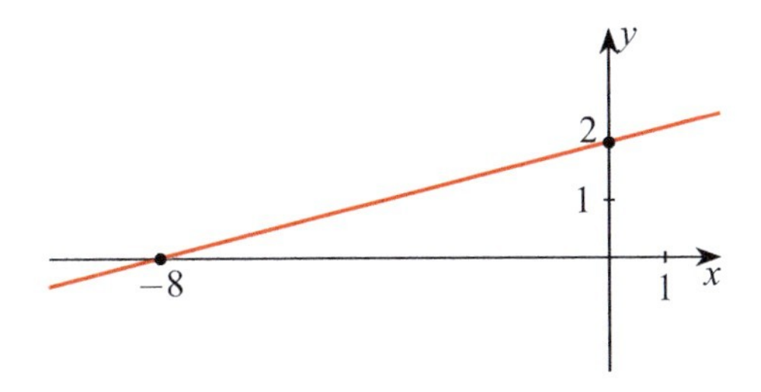

◀

15.3 Koordinatenbereiche

Auch in der folgenden Aufgabe ist eine Veranschaulichung einer Lösungsmenge gefordert. Hier handelt es sich aber nicht um die Lösungsmenge einer Gleichung, sondern um die einer linearen Ungleichung (→ Abschn. 10.2). Die Veranschaulichung ist daher keine Gerade, sondern eine durch eine Gerade begrenzte Punktmenge der Ebene. Die Punktmenge wird durch eine Schraffur gekennzeichnet.

Beispiel 15.3

Schraffieren Sie die durch

$$x \leq 2 \cdot y + 4$$

gegebene Punktmenge.

Die die gesuchte Punktmenge begrenzende Gerade mit der Gleichung $x = 2y + 4$ ist durch die beiden Punkte $(0|-2)$ und $(4|0)$ schnell gezeichnet. Um festzustellen, auf welcher Seite der Geraden diese Punktmenge liegt, reicht es, eine mögliche Lösung der gegebenen Ungleichung zu bestimmen: Für $x = 0$ wäre z. B. $y = 1$ eine Lösung, denn es ist $0 \leq 2 \cdot 1 + 4$. Auch $y = -2$ wäre eine Lösung, denn es ist $0 \leq 2 \cdot (-2) + 4$. Es muss also oberhalb der Geraden schraffiert werden, und zwar inklusive der Randgeraden.

Ergebnis 15.3

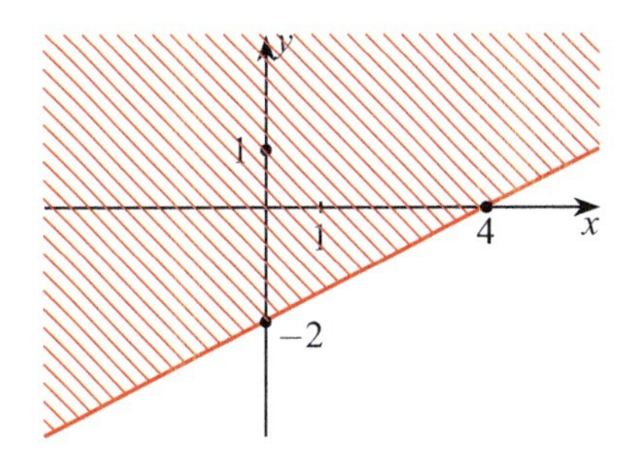

◀

Auch in der folgenden Aufgabe soll die Lösungsmenge einer Ungleichung dargestellt werden. Allerdings handelt es sich hier um eine Betragsungleichung, was dazu führt, dass statt einer jetzt zwei Randgeraden zu ermitteln sind.

Beispiel 15.4

Schraffieren Sie jeweils die durch

a) $|x + 1| < 2y$
b) $|x + 1| > 2y$

gegebene Punktmenge.

Nach der in → Abschn. 9.7 eingeführten Deutung von Betragsgleichungen ist ein Wertepaar $(x; y)$ dann eine Lösung der zuerst gegebenen Gleichung, wenn x mit einem maximalen Abstand von $2y$ von -1 entfernt ist. Auf dem Zahlenstrahl veranschaulicht liegt x zwischen den Markierungen $-1 - 2y$ und $-1 + 2y$. Für jede Lösung x gilt also:

$$-1 - 2y < x \quad \wedge \quad x < -1 + 2y$$

Weil beide Grenzen $-1 - 2y$ und $-1 + 2y$ mit dem Wert von y variieren, lösen wir uns vom Bild der Zahlengeraden und blicken in die xy-Koordinatenebene. Die beiden variierenden Grenzen werden hier durch die beiden Randgeraden $-1 - 2y = x$ und $x = -1 + 2y$ visualisiert, deren Gleichungen aus den Ungleichungen unmittelbar ablesbar sind. Zur Lösung der Aufgabe werden beide Randgeraden gezeichnet, und zwar gestrichelt, weil die Geradenpunkte als Lösungen ausgeschlossen werden. Für jede Gerade wird die zugehörige Punktmenge schraffiert. Um festzustellen, auf welcher Seite diese Punktmenge jeweils liegt, bestimmen wir wieder für jede Ungleichung eine mögliche Lösung: Im ersten Fall $x + 1 < 2y$ ist das z. B. $(0; 1)$, woraus folgt, dass oberhalb der Geraden schraffiert werden muss. Im zweiten Fall $x + 1 > -2y$ ist (0; 0) eine mögliche Lösung, woraus man sieht, dass hier ebenfalls oberhalb der Randgeraden schraffiert werden muss. Die Lösung der Aufgabe insgesamt ist schließlich die doppelt schraffierte Schnittmenge dieser beiden Punktmengen, und zwar ohne die begrenzenden Geraden.

Die zweite Ungleichung unterscheidet sich von der ersten nur durch das Relationszeichen $>$. Hier ist ein Wertepaar $(x; y)$ dann eine Lösung, wenn x mit einem minimalen Abstand von $2y$ von -1 entfernt ist. Auf dem Zahlenstrahl veranschaulicht liegt x außerhalb der Markierungen $-1 - 2y$ und $-1 + 2y$. Für jede Lösung x gilt also:

$$x < -1 - 2y \quad \vee \quad -1 + 2y < x$$

Zur Lösung interpretiert man die variierenden Grenzen wieder als Randgeraden im Koordinatensystem. Diese sind dieselben wie in der ersten Gleichung, nur liegen die zu schraffierenden Punktmengen nun unterhalb der Geraden. Die Lösung der Aufgabe insgesamt ist hier aber die Vereinigungsmenge der beiden Punktmengen.

Ergebnis 15.4

a) Die Lösungsmenge von $|x + 1| < 2y$ ist die in der folgenden Darstellung doppelt schraffierte Punktmenge.

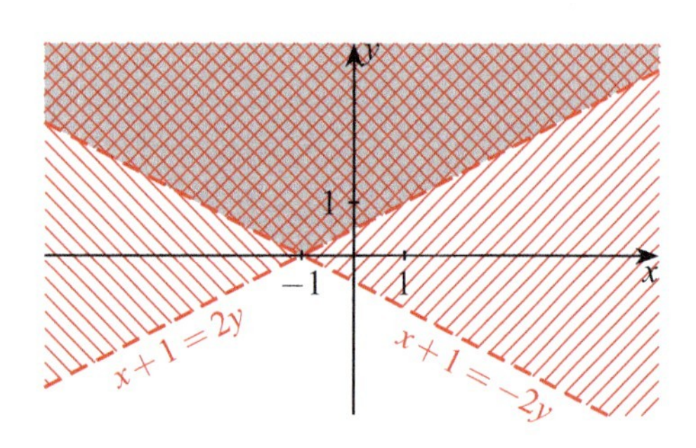

b) Die Lösungsmenge von $|x + 1| > 2y$ ist die in der folgenden Darstellung mindestens einfach schraffierte Punktmenge.

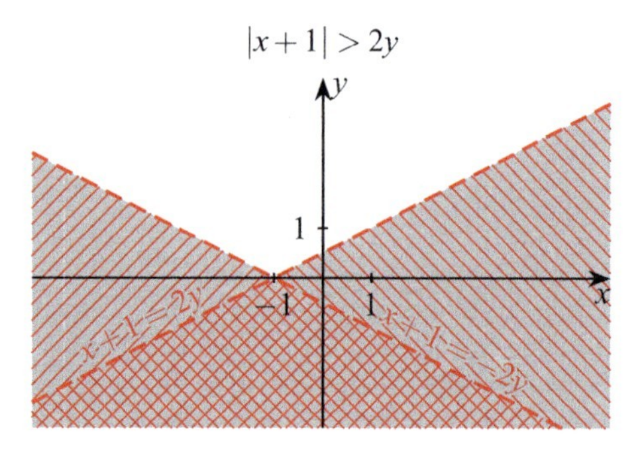

15.4 Kreise

Veranschaulichungen linearer Gleichungen und Ungleichungen sind Geraden bzw. durch Geraden begrenzte Punktmengen. Liegen quadratische Gleichungen vor, so können unter anderem Parabeln (→ Abschn. 12.2) oder wie im folgenden Fall Kreise entstehen.

Beispiel 15.5

Zeichnen Sie den durch

$$x^2 + y^2 = 9$$

gegebenen Kreis.

Diese Gleichung sieht etwas anders aus als die einer quadratischen Funktion, aber auch hier handelt es sich um eine quadratische Gleichung, denn die enthaltenen Variablen liegen quadriert vor. Die hier vorliegende quadratische Gleichung ist von der Form $x^2 + y^2 = r^2$. Die Lösungsmenge einer solchen Gleichung lässt sich als Kreis darstellen, und zwar hat dieser den Mittelpunkt (0|0) und den Radius r. Bei der Gleichung $x^2 + y^2 = 9$ handelt es sich also um einen Kreis mit dem Radius $r = 3$, der mit dem Ursprung als Mittelpunkt gezeichnet wird.

Ergebnis 15.5

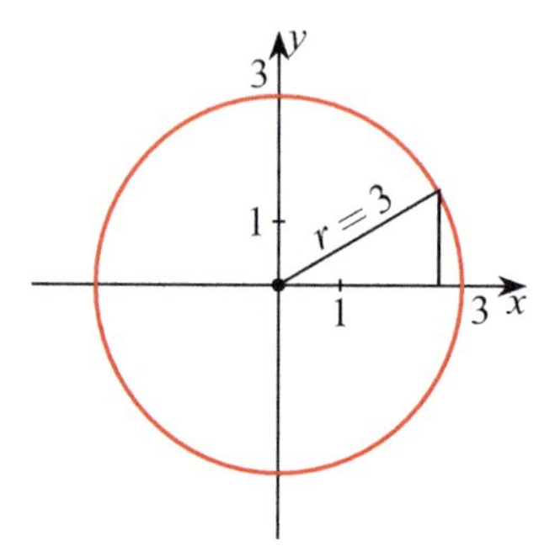

Warum aber bildet die Lösungsmenge der Gleichung $x^2 + y^2 = r^2$ einen Kreis? Zur Begründung betrachten wir diese Gleichung etwas genauer: Nach dem Satz des Pythagoras weiß man, dass in einem rechtwinkligen Dreieck die Summe der Kathetenquadrate gleich dem Hypotenusenquadrat ist. Umgekehrt stimmt das auch: Wenn man ein Dreieck mit den Seitenlängen x, y und r konstruiert, die die Gleichung $x^2 + y^2 = r^2$ erfüllen, dann handelt es sich um ein rechtwinkliges Dreieck mit den Katheten x und y und der Hypotenuse r. Zeichnet man nun einen solchen Punkt $P(x|y)$ in ein Koordinatensystem, dann bilden P, der Ursprung und der Punkt $(x|0)$ dieses rechtwinklige Dreieck.

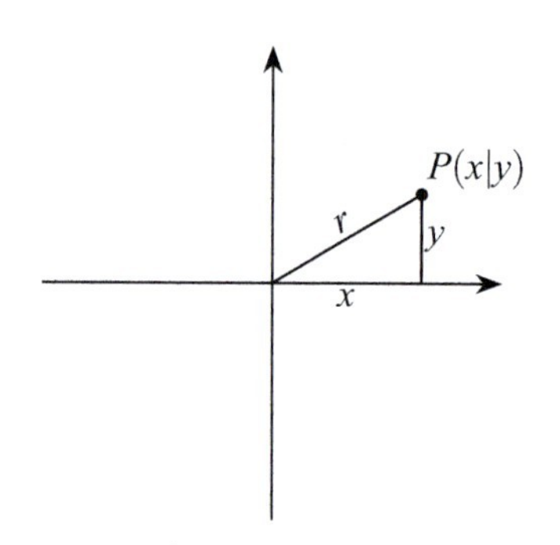

Teil V

Fügt man weitere Punkte, deren Koordinaten Lösungen der Gleichung sind, hinzu, dann bilden sich weitere rechtwinklige Dreiecke, deren Hypotenusen alle gleich lang sind, alle vom Ursprung ausgehen und jede an einem der Lösungspunkte endet. Jede Hypotenuse ist also ein Radius desselben Kreises, der sich aus den Lösungspunkten zusammensetzt.

Der Mittelpunkt eines Kreises muss natürlich nicht immer im Ursprung liegen, wie die folgende Aufgabe zeigt.

Beispiel 15.6

Zeichnen Sie den durch

$$(x-2)^2+(y+3)^2=16$$

gegebenen Kreis.

Es handelt sich hier wieder um einen Kreis mit dem Radius $r=4$, allerdings ist der Mittelpunkt verschoben. Wie sich die Verschiebung eines Graphen auf die zugehörige Gleichung auswirkt haben Sie in → Abschn. 12.3 kennengelernt: Dort hieß es, dass die x-Koordinate des Parabelscheitelpunkts zu einer Funktion f mit der Gleichung $f=(x-2)^2$ den Wert 2 hat. Analog stellen wir für den durch $(x-2)^2+(y+3)^2=16$ gegebenen Kreis fest, dass sein Mittelpunkt bei $(2|-3)$ liegt.

Ergebnis 15.6

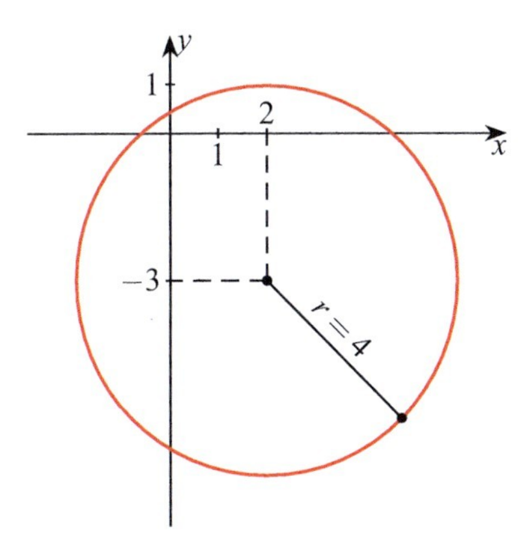

◀

Manchen quadratischen Gleichungen kann man nicht auf Anhieb ansehen, dass ihre Lösungsmengen als Kreis darstellbar sind. Dies zeigt die folgende Aufgabe.

Beispiel 15.7

Zeichnen Sie den durch

$$x^2-2x-3=5-(y+4)^2$$

gegebenen Kreis.

Erstes Ziel ist es, diese Gleichung in die Form

$$(x-a)^2+(y-b)^2=r^2$$

zu überführen. Das ist (natürlich) nicht bei jeder quadratischen Gleichung möglich, hier geht es aber: Auf der linken Seite kann die zweite binomische Formel angewendet werden, wenn man zuvor auf beiden Seiten der Gleichung 4 addiert. Des Weiteren führt die Anwendung gängiger Äquivalenzumformungen zur gewünschten Form:

$$\begin{aligned}
& x^2-2x-3=5-(y+4)^2 \\
\Leftrightarrow\quad & x^2-2x-3+4=5-(y+4)^2+4 \\
\Leftrightarrow\quad & x^2-2x+1=-(y+4)^2+9 \\
\Leftrightarrow\quad & (x-1)^2=-(y+4)^2+9 \\
\Leftrightarrow\quad & (x-1)^2+(y+4)^2=9
\end{aligned}$$

Zu zeichnen ist also ein Kreis mit dem Mittelpunkt $(1|-4)$ und dem Radius 3.

Ergebnis 15.7

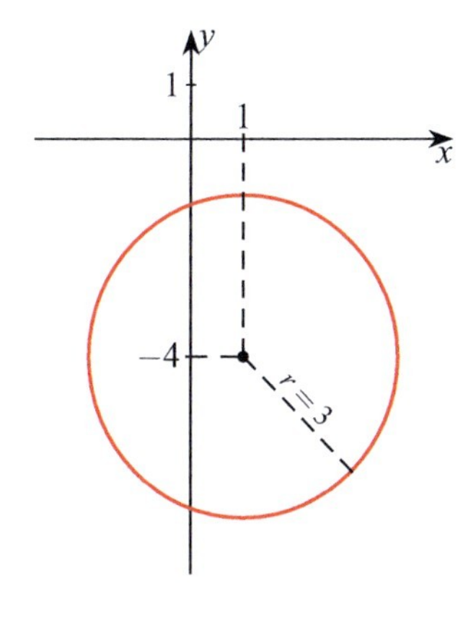

◀

Aufgaben

15.1 Zu jeder Gleichung passt genau eine Gerade. Ordnen Sie zu:

a) $2x-3y=0$
b) $3x=6-2y$
c) $-2y=6+3x$
d) $y=\frac{3}{2}x-3$
e) $-2y=-3x-6$
f) $3y=-2x$

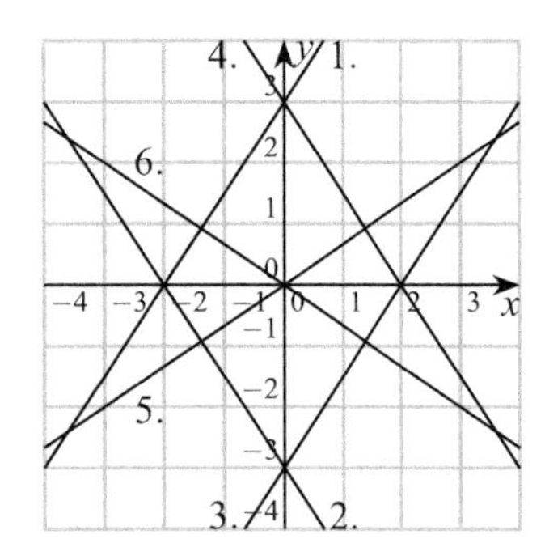

15.2 Zeichnen Sie die folgenden Geraden:

a) $3x + 6y = 9$
b) $x + 2y = 3$
c) $2x + 4y = 6$

Beschreiben Sie, was Ihnen auffällt. Versuchen Sie eine Begründung.

15.3 Zeichnen Sie die folgenden Geraden:

a) $2x - 3y = 6$
b) $5x + 3y = 15$
c) $-x = 2y + 1$
d) $y = -4$
e) $x = 5$
f) $2(3 - x) - y = 5$
g) $x - 2y + 1 = 3x + y$
h) $(x - 1)^2 = x^2 - y + 1$

15.4 Von zwei Zahlen a und b weiß man, dass ihre Summe 20 beträgt und ihre Differenz 10. Ermitteln Sie die Werte für a und b grafisch, indem Sie zwei Gleichungen aufstellen, diese im Koordinatensystem darstellen und die Lösung dort ablesen.

15.5 Geben Sie jeweils eine Gleichung der abgebildeten Geraden an.

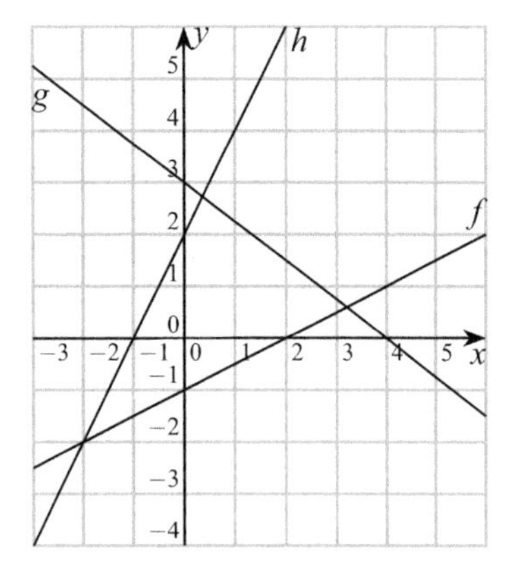

Hinweis: Es genügt, eine lineare Gleichung zu formulieren, für die die Koordinaten zweier Punkte jeweils ein Lösungspaar bilden.

15.6 Geben Sie zu jeder Geraden eine passende Gleichung an. Fangen Sie mit der Ihrer Meinung nach einfachsten an und versuchen Sie, aus dieser Lösung die Lösungen der anderen Fälle zu entwickeln.

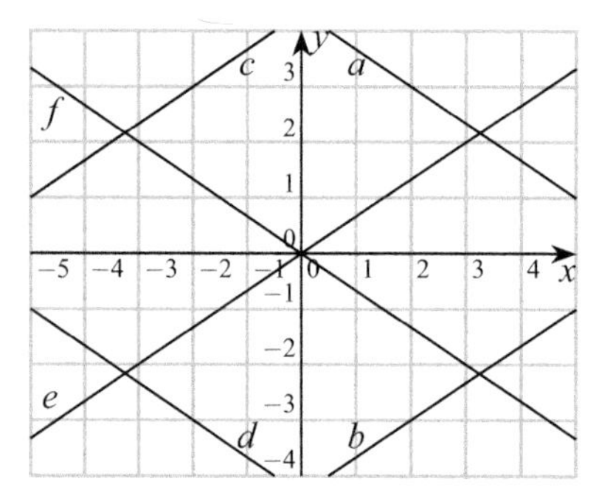

15.7 Geben Sie jeweils eine Gleichung an ...

a) ... für eine Gerade mit dem x-Achsenabschnitt -2 und dem y-Achsenabschnitt 3;
b) ... für eine Gerade, die durch die Punkte $P(-2|1)$ und $Q(-3|-4)$ verläuft;
c) ... für eine Gerade, die durch die Punkte $P(3|-1)$ und $Q(3|4)$ verläuft.

15.8 Zeichnen Sie die folgenden Geraden in das abgebildete Koordinatensystem. Erweitern Sie die Achsen nicht.

a) $x + 2y = 10$
b) $x - 2y = 10$
c) $x + 2y = 0$

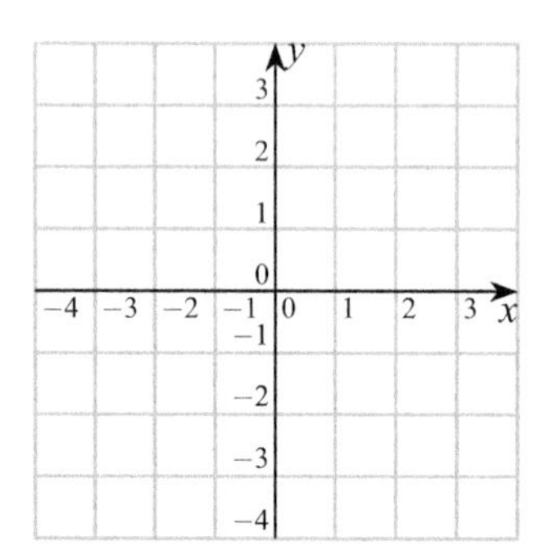

15.9 Schraffieren Sie jeweils die zugehörige Punktmenge:

a) $x < 3$
b) $y \geq -4$
c) $|x| < 1$
d) $|x - 3| \geq 2$
e) $|2x + 3y| > -1$

15.10 Geben Sie jeweils eine passende Ungleichung an. Gestrichelte Linien gehören dabei nicht zum Bereich.

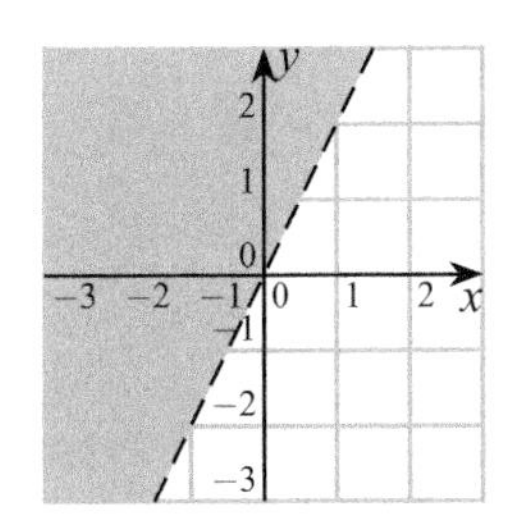

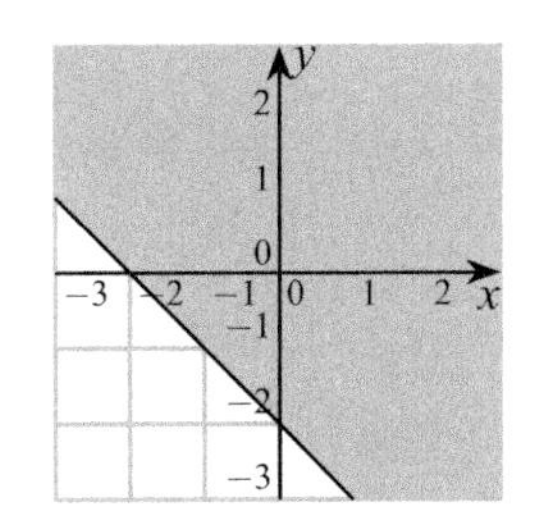

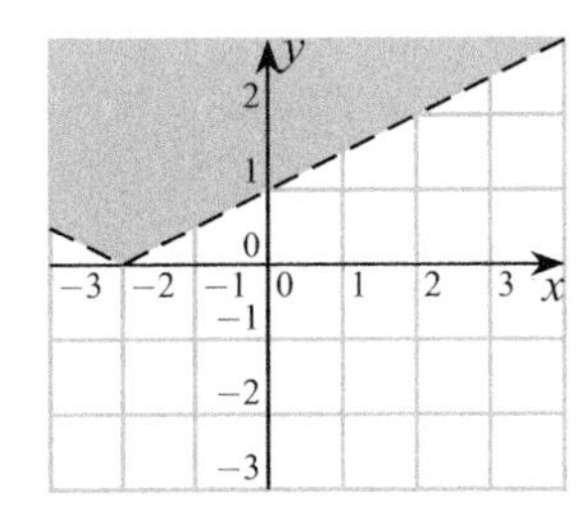

15.11 Schraffieren Sie jede Punktmenge und vergleichen Sie.

a) $|2x + y| > 2$
b) $|2x + y| > 1$
c) $|2x + y| > 0$
d) $|2x + y| > -1$

Beschreiben Sie, was Ihnen auffällt. Versuchen Sie eine Begründung.

15.12 Für das Abzäunen eines rechteckigen Bereichs auf einem Gartengrundstück stehen 18 m Zaun zur Verfügung. Der Bereich soll an einer Seite an einer Garage angrenzen und darf dabei nicht länger als die Garagenwand sein. Diese ist 5 m lang. Welche Maße kann der Bereich annehmen? Ermitteln Sie die Lösungen grafisch, indem Sie eine Gleichung und eine Ungleichung aufstellen, die zugehörigen Punktbereiche im Koordinatensystem darstellen und die Lösungen dort ablesen.

15.13 Zeichnen Sie jeden Kreis, falls möglich, in dasselbe Koordinatensystem.

a) $x^2 + y^2 = 9$
b) $x^2 + y^2 = 4$
c) $x^2 + y^2 = 0$
d) $x^2 + y^2 = -4$

Beschreiben Sie, was Ihnen auffällt. Versuchen Sie eine Begründung.

15.14 Wählen Sie alle Gleichungen, die zum abgebildeten Kreis passen:

a) $(x-3)^2 + (y+2)^2 = 1$
b) $(x+3)^2 + (y+2)^2 = 1$
c) $(x+3)^2 + (y-2)^2 = 1$
d) $(x-3)^2 - (y+2)^2 = 1$
e) $(x^2 + 6x) + (y^2 - 4y) = -12$
f) $(x^2 + 6x) + (y^2 - 4y) = 1$
g) $(x^2 - 6x) + (y^2 + 4y) = -12$

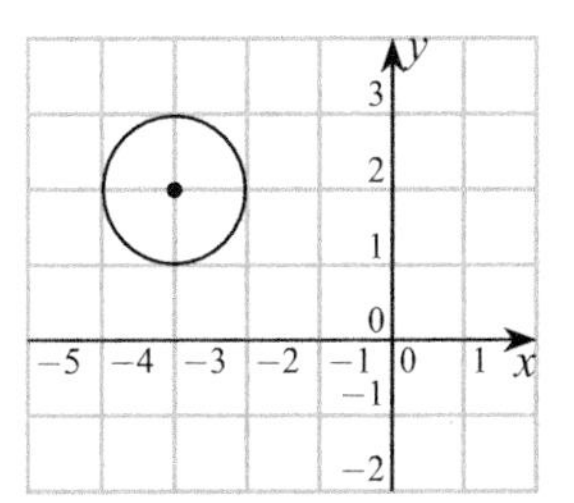

15.15 Zeichnen Sie, wo möglich, den jeweils durch eine Gleichung gegebenen Kreis.

a) $x^2 + y^2 = 4$
b) $(x-1)^2 + y^2 = 9$
c) $x^2 + (y-1)^2 = -4$
d) $x^2 + 2x + y^2 = 0$

Lösungen zu den Aufgaben

15.1 a) 5, b) 4, c) 2, d) 3, e) 1, f) 6.

15.2 Für alle drei Fälle ergibt sich die gleiche Gerade, da die Gleichungen Vielfache voneinander sind.

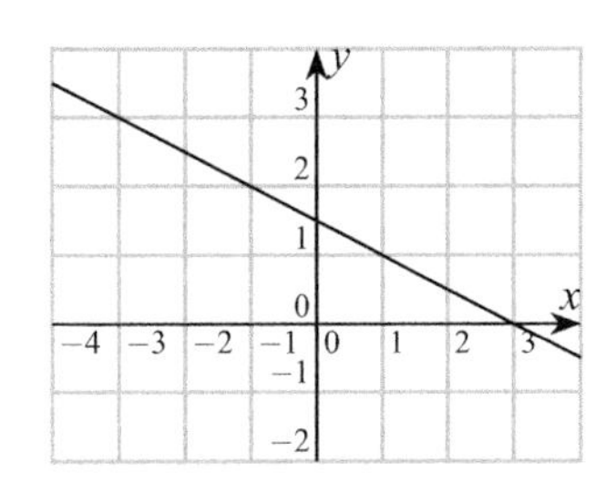

15.3

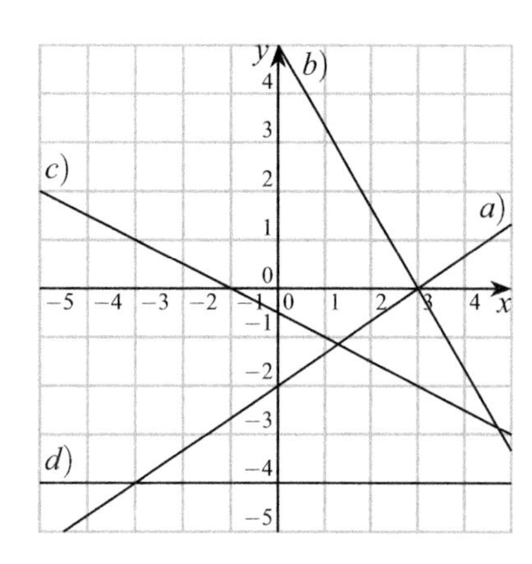

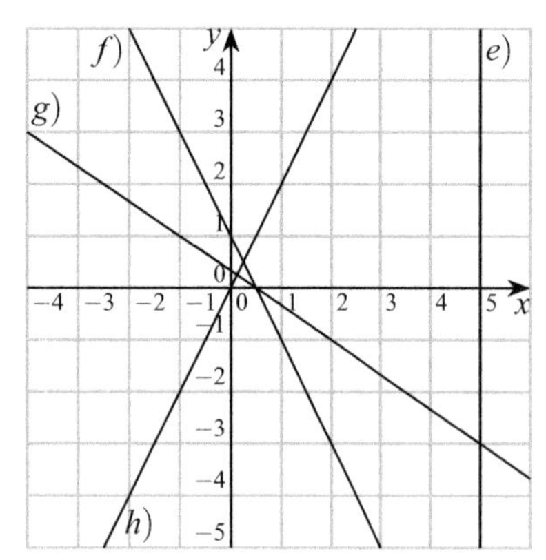

15.4 Wenn a die größere der beiden gesuchten Zahlen ist, lauten die zwei Gleichungen

$$a + b = 20$$
$$a - b = 10.$$

Skizze in einem $(a; b)$-Koordinatensystem:

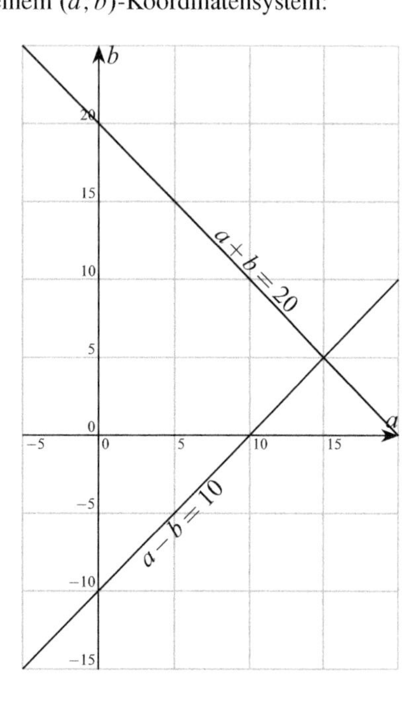

Man liest als Schnittpunkt und damit Lösung $(a; b) = (15; 5)$ ab.

15.5 $f: x - 2y = 2$, $g: 3x + 4y = 12$, $h: 2x - y = -2$.

15.6 $e: 2x - 3y = 0$, daraus $c: 2x - 3y = -13$, $b: 2x - 3y = 13$; $f: 2x + 3y = 0$, daraus $a: 2x + 3y = 13$, $d: 2x + 3y = -13$.

15.7

a) $3x - 2y = -6$
b) $5x - y = -11$
c) $x = 3$

15.8

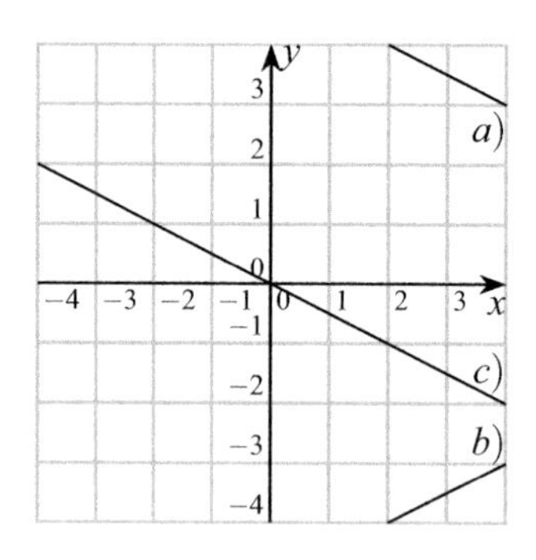

15.9

a)

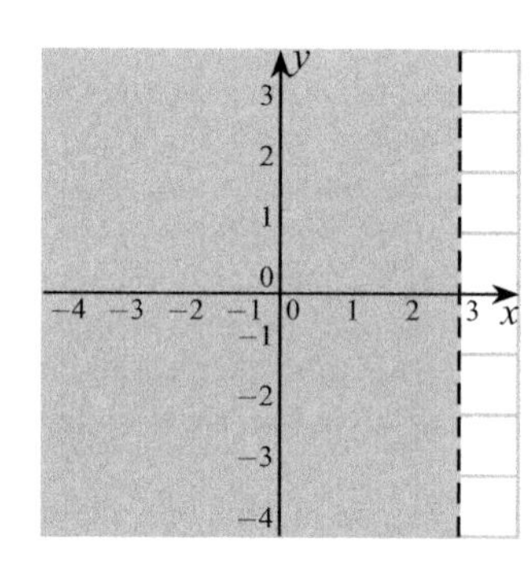

b)

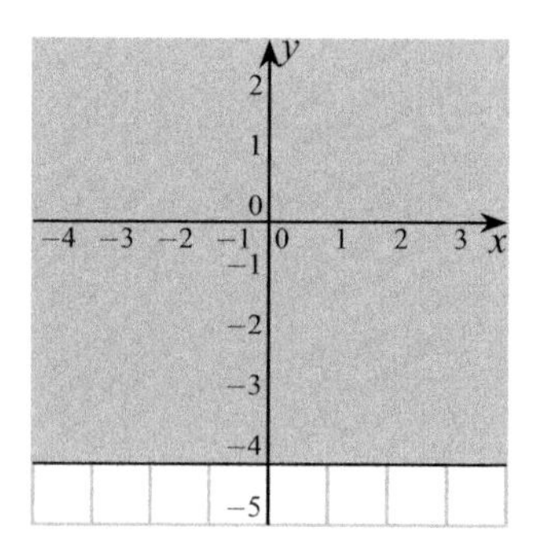

Teil V

c)

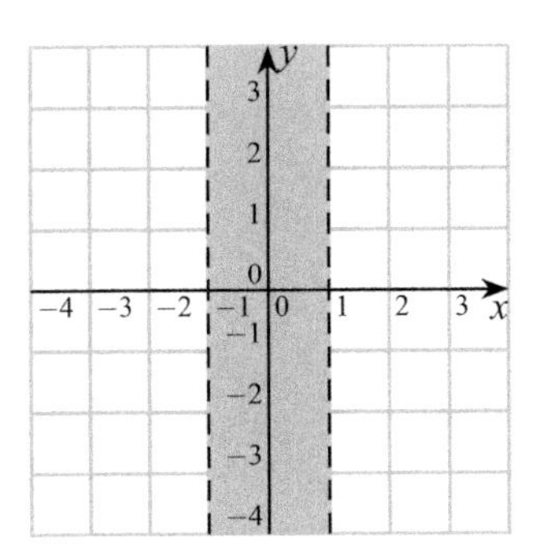

d)

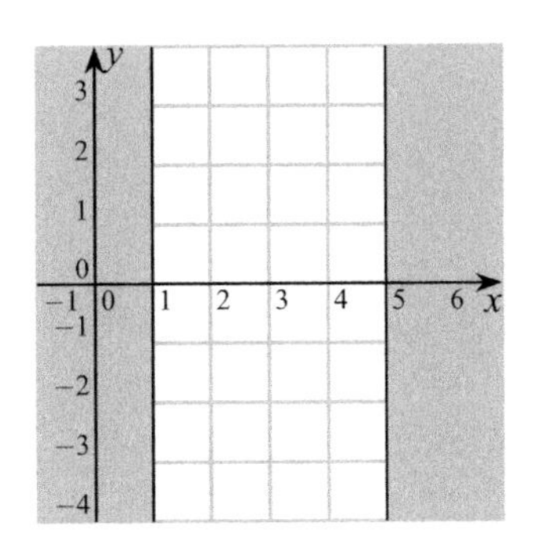

e)

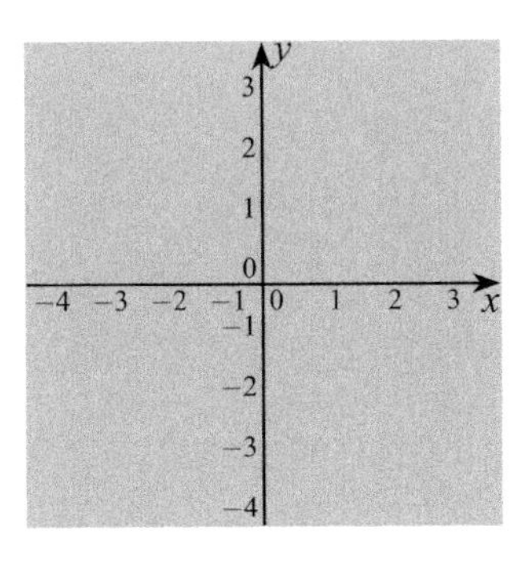

15.10 a) $y > 2x$, b) $y \geq -x - 2$, c) $|x + 2| < 2y$.

15.11

a)

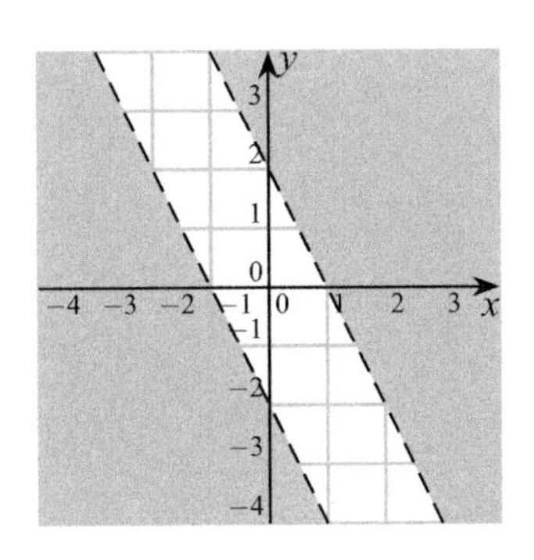

b)

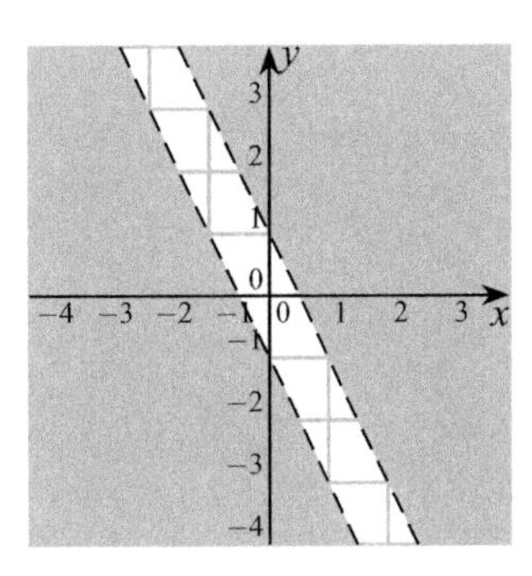

c)

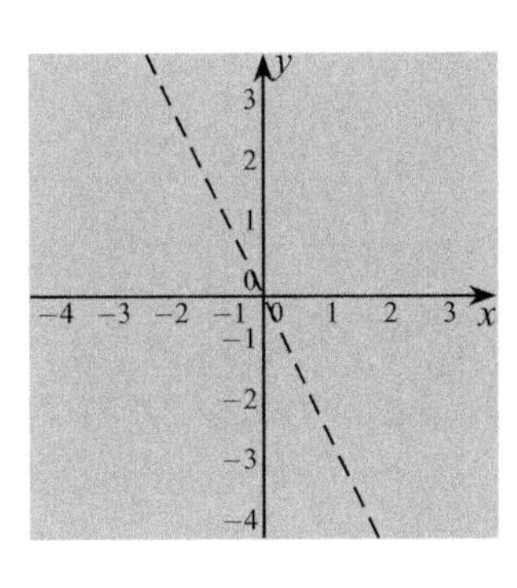

d)

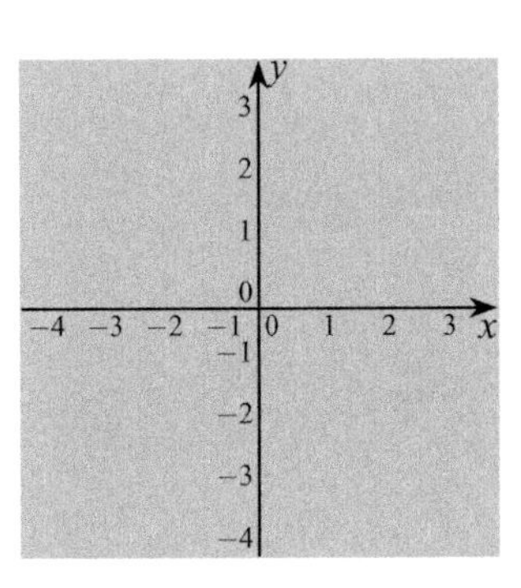

Der Streifen der ausgenommenen Zahlenpaare wird immer schmaler. Die horizontale Breite des Streifens reduziert sich jedesmal um 1, zuletzt überlappen sich beide markierten Koordinatenbereiche.

15.12 Mit a die Länge entlang der Garage und b die Breite des Zauns gilt

$$a \leq 5$$
$$a + 2b = 18.$$

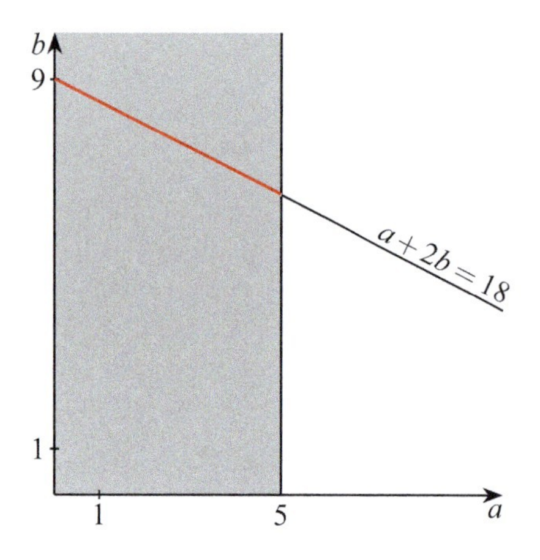

15.13

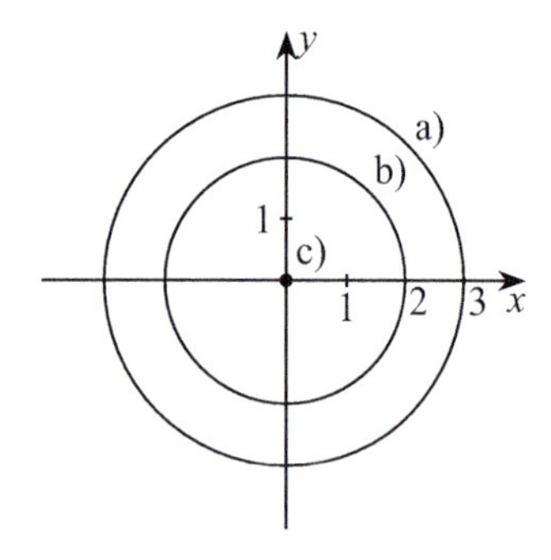

$x^2 + y^2 = r^2$ beschreibt einen Kreis mit dem Radius r um den Ursprung. $r^2 = -4$ ist nicht möglich, d. h., d) ist kein Kreis.

15.14 c) und e). Bei e) muss man die Klammern quadratisch ergänzen.

15.15

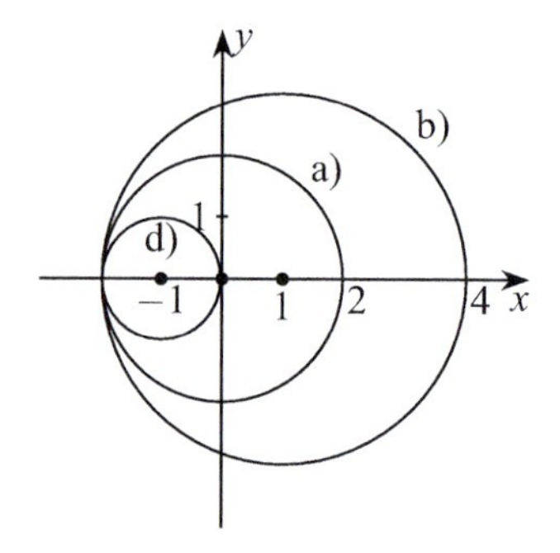

$r^2 = -4$ ist nicht möglich, d. h., c) ist kein Kreis. Bei d) muss man quadratisch zu $(x + 1)^2 + y^2 = 1^2$ ergänzen.

Ausführliche Lösungen zu den Aufgaben finden Sie im Online-Material.

tiny.cc/to5l1y

Lineare Gleichungssysteme

Konzerthaus Harpa in Reykjavik, Island. Foto: Rüdiger Lunde

Wie lassen sich die Lösungen linearer Gleichungssysteme ermitteln?

Wie veranschaulicht man lineare Gleichungssysteme und ihre Lösungsmengen?

K. Dürrschnabel et al., *So viel Mathe muss sein!*, https://doi.org/10.1007/978-3-662-57951-0_16

Dieses Kapitel setzt das vorangegangene fort, indem nun mehrere lineare Gleichungen zu sogenannten Gleichungssystemen kombiniert werden. Wie auch zuvor geht es wieder um das Berechnen von Lösungsmengen. Und auch in diesem Kapitel spielt die geometrische Visualisierung der Lösungsmengen für das Verständnis eine große Rolle.

16.1 Selbsteinschätzung

☐ *Ich kann*
lineare Gleichungssysteme mit bis zu 3 Gleichungen und 3 Variablen lösen. → *Abschn. 16.2*

Test 16.1

Lösen Sie:

$$\begin{array}{rcrcrcl} x & - & y & - & z & = & 0 \\ 2x & + & 3y & + & z & = & -1 \\ -x & & & + & 2z & = & 1-2y \end{array}$$

☐ *Ich kann*
derartige Gleichungssysteme auf Lösbarkeit diskutieren. → *Abschn. 16.3*

Test 16.2

Lösen Sie das Gleichungssystem in Abhängigkeit von $a, b \in \mathbb{R}$:

$$\begin{array}{rcrcrcl} x & - & y & + & z & = & 1 \\ x & - & 2y & & & = & 0 \\ x & - & by & + & az & = & 1 \end{array}$$

☐ *Ich kann*
ein lineares Gleichungssystem mit 2 Gleichungen und 2 Variablen geometrisch interpretieren. → *Abschn. 16.4*

Test 16.3

Interpretieren Sie die Lösung des Gleichungssystems in Abhängigkeit von $a, b \in \mathbb{R}$ geometrisch.

$$\begin{array}{rcrcl} ax & + & y & = & 2 \\ -x & + & y & = & b \end{array}$$

Ergebnisse der Testaufgaben

16.1 $(1; -2; 3)$

16.2 Für $b = 1$, $a = 1$ gibt es unendlich viele Lösungen der Form $(2(1-z); 1-z; z)$, wobei z beliebig ist, für $b \neq 1$, $a = 2-b$ gibt es keine Lösung, für $a \neq 2-b$ gibt es genau eine Lösung der Form $\left(\frac{2a-2}{a+b-2}; \frac{a-1}{a+b-2}; \frac{b-1}{a+b-2}\right)$.

16.3. Für $a = -1$, $b = 2$ gibt es unendlich viele Lösungen der Form $(y-b; y)$, wobei y beliebig ist. Die Visualisierung beider Gleichungen zeigt dieselbe Gerade $y = x + 2$.

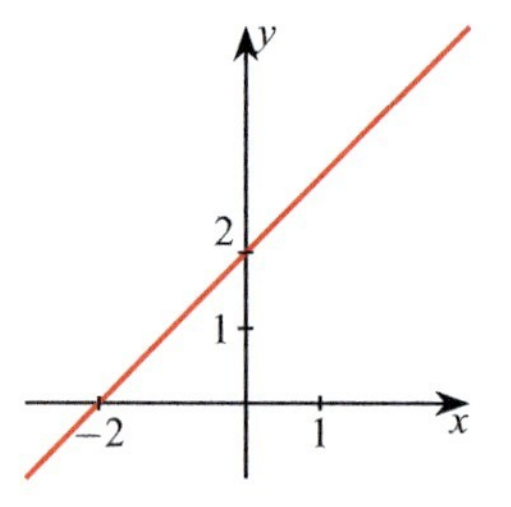

Für $a = -1$, $b \neq 2$ gibt es keine Lösung. Die Visualisierung beider Gleichungen zeigt zwei echt parallele Geraden, z. B. für $b = 3$:

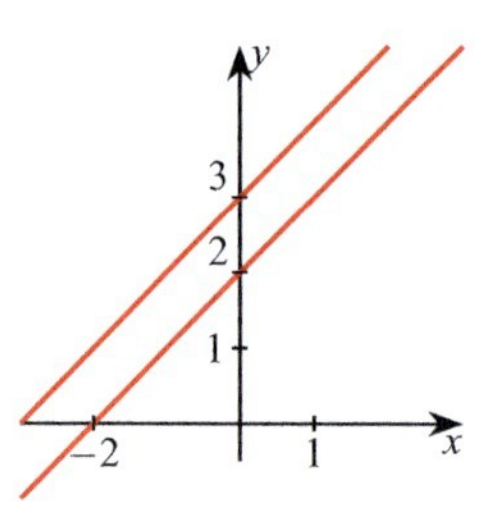

Für $a \neq -1$ gibt es genau eine Lösung der Form $\left(\frac{2-b}{a+1}; \frac{ab+2}{a+1}\right)$. Die Visualisierung beider Gleichungen zeigt zwei sich schneidende Geraden, z. B. für $a = 1$, $b = 3$:

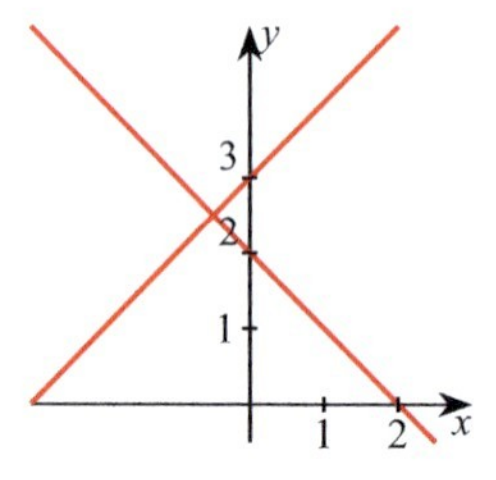

16.2 Lineare Gleichungssysteme lösen

Nicht jedes Wertepaar $(x; y)$ erfüllt die Bedingung, die durch eine lineare Gleichung $a \cdot x + b \cdot y + c = 0$ festgelegt ist, aber es sind in der Regel doch unendlich viele. Das erkennt man daran, dass die Veranschaulichung der Lösungsmenge im Koordinatensystem eine Gerade ist: Nicht jeder Ebenenpunkt liegt auf der Geraden, aber es sind dennoch unendlich viele Punkte $(x|y)$, aus denen die Gerade besteht.

Muss ein Wertepaar $(x; y)$ nicht nur eine, sondern zwei oder mehr lineare Gleichungen erfüllen, dann kann das die Lösungsmenge weiter einschränken. Man bezeichnet mehrere Gleichungen, die alle gleichzeitig gelten sollen, als ein **lineares Gleichungssystem** (LGS). Geometrisch gesehen hat man dann für jede Gleichung eine Gerade als Veranschaulichung der Lösungsmenge. Weil alle Gleichungen gleichzeitig gelten, ist die Lösungsmenge der gemeinsame Schnittpunkt aller Geraden. Ein solcher existiert nicht immer, man denke z. B. an echt parallele Geraden; in manchen Fällen ist die Lösungsmenge nicht nur ein einzelner Punkt, man denke hier an den Fall, dass beide Geraden identisch sind.

Wir beginnen mit einem LGS aus zwei Gleichungen mit zwei Variablen $x, y \in \mathbb{R}$. Es hat im Allgemeinen als Lösung ein einzelnes Wertepaar $(x; y)$. Die Fälle, dass keine Lösung existiert oder dass es unendlich viele Lösungen gibt, werden in → Abschn. 16.3 diskutiert.

Beispiel 16.1

Lösen Sie das Gleichungssystem:

$$\begin{array}{rcrcr} x & + & y & = & 1 \\ 2x & - & y & = & 5 \end{array}$$

Wie beim Lösen einfacher Gleichungen soll am Ende des Lösungsprozesses die Lösung sichtbar werden. Hierzu wird zunächst das LGS in eine sogenannte „Dreiecksform" gebracht. In dieser Form enthält die unterste Gleichung nur eine Variable, die Gleichung darüber eine weitere.

Die Dreiecksform wird mithilfe von **Äquivalenzumformungen für LGS** erzeugt. Dabei werden nach jeder Umformung wieder zwei Gleichungen aufgeschrieben, wobei

- eine Gleichung unverändert bleiben kann
  oder
- eine einzelne Gleichung durch ein Vielfaches $\neq 0$ seiner selbst ersetzt werden kann
  oder
- beide Gleichungen vertauscht werden können
  oder
- eine Gleichung durch die Summe eines Vielfachen $\neq 0$ seiner selbst und eines Vielfachen der anderen Gleichungen ausgetauscht werden kann.

Zur Lösung der Aufgabe werden zunächst die Gleichungen durchnummeriert, um die Umformungsschritte nachvollziehbar darstellen zu können.

$$\begin{array}{c|rcrcr} I & x & + & y & = & 1 \\ II & 2x & - & y & = & 5 \end{array}$$

Die folgenden Umformungen führen zur sogenannten Dreiecksform. Wie die neuen Gleichungen aus den vorhergehenden entstehen, ist jeweils links durch eine Rechenvorschrift erklärt. Z. B. heißt $II := 2I - II$, dass die neue zweite Gleichung durch die Differenz aus dem Doppelten der ersten und der zweiten entsteht. Im Kopf (oder notfalls auf einem Zettel) würde man so rechnen:

$$\begin{array}{rcrrcrc} 2\cdot(& x & +y & = & 1 &) \\ -\;(& 2x & -y & = & 5 &) \\ \hline (& 2x & +2y & = & 2 &) \\ -\;(& 2x & -y & = & 5 &) \\ \hline & & 3y & = & -3 & \end{array}$$

Diese letzte Gleichung ersetzt also die zweite Gleichung im LGS. Analog sind alle anderen Umformungen zu interpretieren:

$$\begin{array}{r|r} I := I & x + y = 1 \\ II := 2I - II & 3y = -3 \end{array}$$

$$\begin{array}{r|r} I := I & x + y = 1 \\ II := \frac{1}{3}II & y = -1 \end{array}$$

Dies ist nun die Dreiecksform. Hier kann man in der zweiten Gleichung die Lösung für die Variable y ablesen. Dieser Wert wird in die erste Gleichung eingesetzt, und man erhält die Lösung für x, nämlich 2.

Ergebnis 16.1 Die Lösung des Gleichungssystems ist das Wertepaar $(2; -1)$. ◀

In der folgenden Beispielaufgabe liegt nun ein LGS aus drei Gleichungen mit drei Variablen $x, y, z \in \mathbb{R}$ vor. Es hat als Lösung ein einzelnes Wertetripel $(x; y; z)$.

Beispiel 16.2

Lösen Sie das Gleichungssystem:

$$\begin{array}{rcrcrcr} 2x & + & y & + & 2z & = & 1 \\ 4x & - & y & + & 2z & = & -3 \\ x & & & & & = & y + z \end{array}$$

Auch hier ist das Ziel der Äquivalenzumformungen, das LGS in eine Dreiecksform zu überführen. Dort ist dann wieder in der untersten Gleichung die Lösung für z ablesbar. Hieraus sind die Lösungen der anderen beiden Variablen x und y durch Einsetzen in die oberen Gleichungen schnell ermittelt. Im ersten Schritt aber formen wir die letzte Gleichung so um, dass auf der rechten Seite keine Variablenterme sind:

$$\begin{array}{r|rcrcrcr} I & 2x & + & y & + & 2z & = & 1 \\ II & 4x & - & y & + & 2z & = & -3 \\ III & x & - & y & - & z & = & 0 \end{array}$$

$$\begin{array}{r|rcrcrcr} I := I & 2x & + & y & + & 2z & = & 1 \\ II := 2I - II & & & 3y & + & 2z & = & 5 \\ III := I - 2III & & & 3y & + & 4z & = & 1 \end{array}$$

$$\begin{array}{r|rcrcrcr} I := I & 2x & + & y & + & 2z & = & 1 \\ II := II & & & 3y & + & 2z & = & 5 \\ III := II - III & & & & - & 2z & = & 4 \end{array}$$

$$\begin{array}{r|rcrcrcr} I := I & 2x & + & y & + & 2z & = & 1 \\ II := II & & & 3y & + & 2z & = & 5 \\ III := -\frac{1}{2}III & & & & & z & = & -2 \end{array}$$

Hier kann man in der dritten Gleichung die Lösung für die Variable z ablesen. Durch Einsetzen in II erhalten wir $y = 3$. Beide Werte für z und y werden abschließend in die erste Gleichung eingesetzt, und man erhält $x = 1$.

Ergebnis 16.2 Die Lösung des Gleichungssystems ist das Wertetripel $(1; 3; -2)$. ◄

Die Idee für das systematische Lösen eines LGS mittels Überführen in eine Dreiecksform stammt vom Mathematiker Carl Friedrich Gauß. Unter der Bezeichnung Gauß-Verfahren finden Sie im Online-Material eine Variante, die den Schreibaufwand erheblich reduziert.

tiny.cc/to5l1y

16.3 Lösbarkeit von linearen Gleichungssystemen

Beispiel 16.3

Lösen Sie das Gleichungssystem in Abhängigkeit von a:

$$\begin{array}{rcrcr} x & + & y & = & 1 \\ x & - & ay & = & 0 \end{array}$$

Dieses LGS enthält neben den gesuchten Zahlenwerten x, y auch einen fixen Zahlenwert (Parameter) a. Die Lösung des LGS ist also von dem Wert von a abhängig. Das wird im Folgenden diskutiert. Zunächst aber löst man das LGS, indem man es wie oben gezeigt in eine Dreiecksform bringt und dann die Lösungen von z, y durch Einsetzen bestimmt:

$$\begin{array}{r|rcrcr} I & x & + & y & = & 1 \\ II & x & - & ay & = & 0 \end{array}$$

$$\begin{array}{r|rcrcr} I & x & + & y & = & 1 \\ II := I - II & & & (a+1)y & = & 1 \end{array}$$

Im Allgemeinen sind hinsichtlich der Lösbarkeit eines linearen Gleichungssystems drei Fälle denkbar: Das LGS hat keine Lösung, es hat genau eine Lösung, oder es hat unendlich viele Lösungen. Zur Diskussion der Lösbarkeit eines LGS in Abhängigkeit eines oder mehrerer Parameter versucht man also, jeden dieser drei Fälle durch Wahl passender Parameterwerte zu konstruieren. In dieser Aufgabe liegt mit a ein solcher Parameter vor. Er beeinflusst auch nur die Gestalt der Gleichung II. Die drei Fälle werden also konstruiert, indem die Gleichung II vermittels a passend verändert wird:

- Die Gleichung hat keine Lösung: Das ist der Fall, wenn $a = -1$ ist, denn dann erhält man durch Einsetzen in die Gleichung II die Aussage $0 = 1$, welche offensichtlich falsch ist. Damit hat das ganze LGS keine Lösung.
- Die Gleichung hat genau eine Lösung: Das ist der Fall, wenn $a \neq -1$, denn dann erhält man aus Gleichung II $y = \frac{1}{a+1}$. Für das ganze LGS gibt es also in Abhängigkeit von a genau eine Lösung, welche lautet $(1 - \frac{1}{a+1}; \frac{1}{a+1})$.
- Die Gleichung hat für jeden Wert von y eine Lösung. Dann hätte das ganze Gleichungssystem unendlich viele Lösungen. Dieser Fall ist bei diesem LGS nicht zu konstruieren.

Ergebnis 16.3 Das Gleichungssystem hat

- keine Lösung, wenn $a = -1$;
- genau eine Lösung, wenn $a \neq -1$, und zwar

$$\left(1 - \frac{1}{a+1}; -\frac{1}{a+1}\right).$$

◄

Im folgenden Aufgabenbeispiel sind nun alle drei Fälle konstruierbar:

Beispiel 16.4

Lösen Sie das Gleichungssystem in Abhängigkeit von a, b:

$$\begin{array}{rcrcrcr} x & - & 2y & + & 3z & = & 2 \\ -x & + & 3y & + & 3z & = & 1 \\ x & - & 2y & + & (3+a)z & = & 1+b \end{array}$$

Das LGS enthält neben den Lösungsvariablen x, y, z die Parameter a, b, von denen die Lösung des LGS abhängig ist. Das wird im Folgenden wieder diskutiert, indem man zunächst das LGS in eine Dreiecksform bringt:

$$\begin{array}{l|rcrcrcl} I & x & - & 2y & + & 3z & = & 2 \\ II & -x & + & 3y & + & 3z & = & 1 \\ III & x & - & 2y & + & (3+a)z & = & 1+b \end{array}$$

$$\begin{array}{l|rcrcrcl} I := I & x & - & 2y & + & 3z & = & 2 \\ II := I + II & & & y & + & 6z & = & 3 \\ III := I - III & & & & & -az & = & 1-b \end{array}$$

Die beiden Parameter a, b haben nur Einfluss auf die Gestalt der Gleichung III. Dort konstruieren wir mithilfe geeigneter Werte von a, b die drei Fälle:

- Die Gleichung hat für jeden Wert von z eine Lösung. Das ist der Fall, wenn $a = 0$ und $b = 1$ ist, denn dann lautet die Gleichung III $0 = 0$, d. h., jeder Wert von z ist eine Lösung. Das LGS insgesamt hat also unendlich viele Lösungen. Denn für jeden Wert z ist $y = 3 - 6z$ und $x = 2 + 2y - 3z = 2 + 2(3 - 6z) - 3z = -15z + 8$. Alle Lösungen des LGS haben demnach die Form $(8 - 15z; 3 - 6z; z)$.
- Die Gleichung hat keine Lösung: Das ist der Fall, wenn $a = 0$ und $b \neq 1$ ist, denn dann erhält man durch Einsetzen in die Gleichung III die Aussage $0 = 1 - b$, welche wegen der Forderung $b \neq 1$ nicht erfüllbar ist. Damit hat das ganze LGS keine Lösung.
- Die Gleichung hat genau eine Lösung: Das ist der Fall, wenn $a \neq 0$, denn dann lautet die Gleichung III $z = \frac{b-1}{a}$. Für das ganze LGS gibt es also in Abhängigkeit von a, b genau eine Lösung, welche lautet $\left(8 - 15\frac{b-1}{a}; 3 - 6\frac{b-1}{a}; \frac{b-1}{a}\right)$.

Ergebnis 16.4 Das Gleichungssystem hat

- unendlich viele Lösungen, wenn $a = 0$ und $b = 1$; jedes Tripel $(8 - 15z; 3 - 6z; z)$ mit beliebigem z ist eine solche;
- keine Lösung, wenn $a = 0$ und $b \neq 1$;
- genau eine Lösung, wenn $a \neq 0$, und zwar das Tripel $\left(8 - 15\frac{b-1}{a}; 3 - 6\frac{b-1}{a}; \frac{b-1}{a}\right)$. ◀

16.4 Geometrische Interpretation von linearen Gleichungssystemen

Die Fallunterscheidung im vorherigen → Beispiel 16.4 ist dort arithmetisch begründet. Einsichtig wird die Notwendigkeit einer Fallunterscheidung, wenn man sich diese Fälle auch geometrisch veranschaulicht. Am einfachsten geht dies wie im folgenden Beispiel, wo wir uns auf zwei Variablen x, y und damit auf eine Veranschaulichung zunächst in der Koordinatenebene beschränken.

Beispiel 16.5

Interpretieren Sie die Lösung des Gleichungssystems geometrisch.

$$\begin{array}{rcrcl} 2x & - & y & = & a \\ x & - & by & = & 1 \end{array}$$

Zunächst wird das Gleichungssystem nach dem eingeführten Verfahren gelöst. Wir bringen es in eine Dreiecksform:

$$\begin{array}{l|rcrcl} I & 2x & - & y & = & a \\ II & x & - & by & = & 1 \end{array}$$

$$\begin{array}{l|rcrcl} I := I & 2x & - & y & = & a \\ II := I - 2II & & & (2b-1)y & = & a-2 \end{array}$$

Wieder sind drei Fälle zu konstruieren:

- Die Gleichung II hat für jeden Wert von y eine Lösung. Das ist der Fall, wenn $a = 2$ und $b = \frac{1}{2}$ ist, denn dann lautet die Gleichung II $0 = 0$. Damit hat das LGS unendlich viele Lösungen. Alle Lösungen haben demnach die Form $\left(1 + \frac{1}{2}y; y\right)$.
- Die Gleichung II hat keine Lösung. Das ist der Fall, wenn $a \neq 2$ und $b = \frac{1}{2}$ ist, denn dann erhalten wir durch Einsetzen in II die Aussage $0 = a - 2$, was mit der Forderung $a \neq 2$ unmöglich zu erfüllen ist. Es gibt also für y keine Lösung und damit für das ganze LGS keine Lösung.
- Die Gleichung II hat genau eine Lösung. Das ist der Fall, wenn $b \neq \frac{1}{2}$ ist, denn dann lässt sich die Gleichung II in $y = \frac{a-2}{2b-1}$ umformen. Für das ganze LGS gibt es also in Abhängigkeit von a, b genau eine Lösung, welche lautet $\left(\frac{ab-1}{2b-1}; \frac{a-2}{2b-1}\right)$.

Jeder dieser drei Fälle lässt sich wie folgt geometrisch veranschaulichen: Man stellt sich die Lösungsmenge jeder Gleichung als Gerade vor und zeichnet diese.

- Die Gleichung II hat für jeden Wert von y eine Lösung: Hier ergeben sich aus den Parameterwerten $a = 2$ und $b = \frac{1}{2}$ die beiden Geraden $2x - y = 2$ und $x - \frac{1}{2}y = 1$. Zeichnet man beide Geraden, dann erkennt man, dass beide übereinanderliegen.

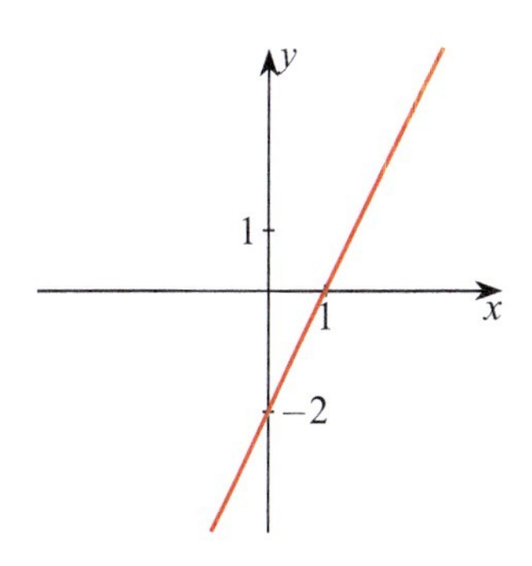

Beide Gleichungen sind also äquivalent, und in der Tat erkennt man das auch algebraisch: Wenn man die zweite Gleichung mit 2 multipliziert, erhält man die erste.

- Die Gleichung *II* hat keine Lösung: In diesem Fall sind mit $a \neq 2$ und $b = \frac{1}{2}$ zwei Geraden $2x - y = a$ und $x - \frac{1}{2}y = 1$ zu zeichnen, wobei zur Veranschaulichung a noch zu konkretisieren ist. Wir wählen $a = 0$ und zeichnen wie folgt:

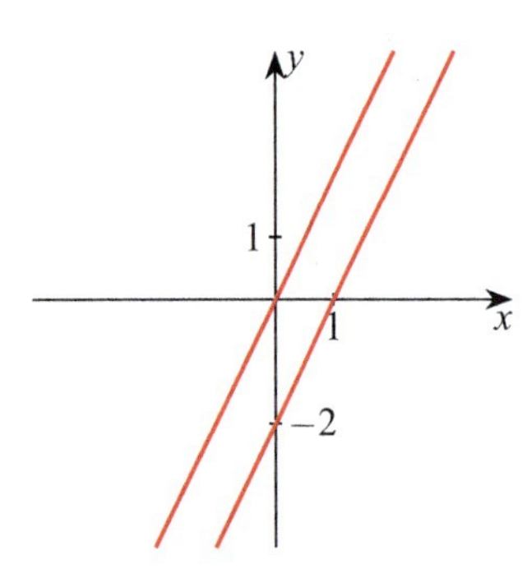

Man erkennt, dass beide Geraden parallel sind, und in der Tat erkennt man das auch algebraisch: Stellt man beide Geradengleichungen in die Form $y = mx + b$ um, dann ist in beiden Fällen $m = 2$. Die Steigung beider Geraden ist gleich, sie sind parallel. Sie sind aber nicht identisch, denn der y-Achsenabschnitt ist bei der ersten Geraden 0, bei der zweiten Geraden dagegen -2.

- Im dritten Fall sind mit $a \neq 2$ die beiden Geraden $2x-y = a$ und $x - by = 1$ zu zeichnen, z. B. könnten dies mit $a = 1$ und $b = 0$ die Geraden $2x - y = 1$ und $x = 1$ sein.

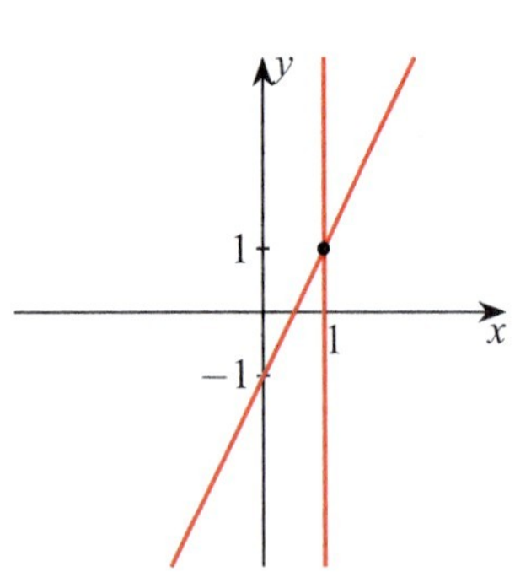

Man erkennt, dass beide Geraden nicht parallel sind und deshalb einen Schnittpunkt haben müssen. Die ablesbaren Koordinaten $(1|1)$ ergeben sich auch rechnerisch für $a = 1$ und $b = 0$ aus der allgemeinen Lösung $\left(\frac{ab-1}{2b-1}; \frac{a-2}{2b-1}\right)$.

Aufgaben

16.1 Lösen Sie:

a)

$$\begin{aligned} 2x + 3y &= 8 \\ x - y &= -1 \end{aligned}$$

b)

$$\begin{aligned} x - 2y &= -7 \\ 2x + 3y &= 0 \end{aligned}$$

c)

$$\begin{aligned} 5x + y + 2z &= 3 \\ -2x + z &= -1 \\ x + y + z &= 0 \end{aligned}$$

d)

$$\begin{aligned} x + y + z &= 4 \\ x - y + z &= 0 \\ 2x + y - 2z &= -6 \end{aligned}$$

16.2 Diskutieren Sie die Lösbarkeit in Abhängigkeit der jeweils gegebenen Parameter:

a)

$$\begin{aligned} 2x + 3y &= b \\ x + ay &= 4 \end{aligned}$$

b)

$$\begin{aligned} x + y &= k \\ 2x + 3y &= 6 \end{aligned}$$

c)

$$\begin{aligned} x + y - z &= a \\ -x - y + z &= 7 \\ y + z &= 3 \end{aligned}$$

d)

$$\begin{aligned} x + 2y - z &= s \\ x + y &= 1 \\ y - z &= 2 \end{aligned}$$

16.3

a) Ergänzen Sie jedes Gleichungssystem so, dass es lösbar bzw. nicht lösbar ist.

(i)

$$\begin{aligned} -x &= 1 \\ x + \square y &= 1 \end{aligned}$$

(ii)

$$\begin{aligned} x + 2y &= 3 \\ x + \square y &= \square \end{aligned}$$

Bestätigen Sie Ihre Angaben durch eine Rechnung.

b) Welches der beiden Gleichungssysteme lässt sich so ergänzen, dass die Lösungsmenge unendlich viele Elemente enthält?

16.4 Welche der folgenden Umformungen sind beim Lösen eines linearen Gleichungssystems zulässig?

a) Multiplizieren einer Gleichung mit einer beliebigen reellen Zahl außer null.
b) Verändern der Reihenfolge der Gleichungen.
c) Quadrieren beider Seiten einer Gleichung.
d) Eine Gleichung oder das Vielfache einer Gleichung zu einer anderen hinzuaddieren oder subtrahieren.
e) Eine Gleichung durch eine andere Gleichung des Gleichungssystems ersetzen.

Lösungen zu den Aufgaben

16.1

a) $x = 1$, $y = 2$
b) $x = -3$, $y = 2$
c) $x = \frac{2}{3}$, $y = -1$, $z = \frac{1}{3}$
d) $x = -1$, $y = 2$, $z = 3$

16.2

a) Das LGS hat für $a = \frac{3}{2}$ und $b = 8$ unendlich viele Lösungen, alle der Form $(4 - \frac{3}{2}y; y)$. Das LGS ist für $a = \frac{3}{2}$ und $b \neq 8$ unlösbar. Das LGS hat für $a \neq \frac{3}{2}$ genau eine Lösung, und zwar der Form $(\frac{b}{2} - \frac{3}{2} \cdot \frac{b-8}{3-2a}; \frac{b-8}{3-2a})$.
b) Das LGS hat für jedes $k \in \mathbb{R}$ genau eine Lösung, und zwar der Form $(-6 + 3k; 6 - 2k)$.
c) Das LGS hat für $a = -7$ unendlich viele Lösungen der Form $(2z - 10; 3 - z; z)$. Für alle $a \neq -7$ ist das LGS unlösbar.
d) Das LGS hat für $s = 3$ unendlich viele Lösungen, alle der Form $(-z - 1; z + 2; z)$. Das LGS ist für $s \neq 3$ unlösbar.

16.3

a) Das LGS (i) ist immer lösbar, wenn vor dem y eine Zahl ungleich 0 steht. Das LGS (ii) ist eindeutig lösbar, wenn vor y keine 2 steht. Es ist unlösbar, wenn vor y eine 2 steht und rechts eine Zahl ungleich 3. Es ist lösbar mit unendlich vielen Lösungen, wenn vor y eine 2 steht und rechts eine 3.
b) Steht vor y eine Zahl ungleich 0, ist das LGS (i) immer eindeutig lösbar. Das LGS (ii) hat für die Lücke vor y gleich 2 unendlich viele Lösungen, wenn die Lücke auf der rechten Seite gleich 3 ist.

16.4

a) Zulässig
b) Zulässig
c) Nicht zulässig
d) Zulässig
e) Nicht zulässig

Ausführliche Lösungen zu den Aufgaben finden Sie im Online-Material.

tiny.cc/to5l1y

Anschauliche Vektorgeometrie

Samuel Beckett Bridge, Dublin. Foto: Rüdiger Lunde

Wie muss man sich Vektoren vorstellen?

Wie kann man mit Vektoren rechnen?

Wie lassen sich Geraden und Ebenen mittels Vektoren darstellen?

K. Dürrschnabel et al., *So viel Mathe muss sein!*, https://doi.org/10.1007/978-3-662-57951-0_17

Mit Vektoren wird ein neuer Typ von Zahlobjekten eingeführt, die man addieren, subtrahieren und auf besondere Weise multiplizieren kann. Manche der hier geltenden Rechengesetze sind schon von den reellen Zahlen her bekannt. Sowohl diese Rechenoperationen als auch die Vektoren selbst kann man wieder am besten verstehen, wenn man sie geometrisch veranschaulicht.

17.1 Selbsteinschätzung

☐ *Ich kann*
Vektoren als Pfeilklassen interpretieren. → *Abschn. 17.2*

Test 17.1

Welche Pfeile gehören zu demselben Vektor wie $\vec{m}$?

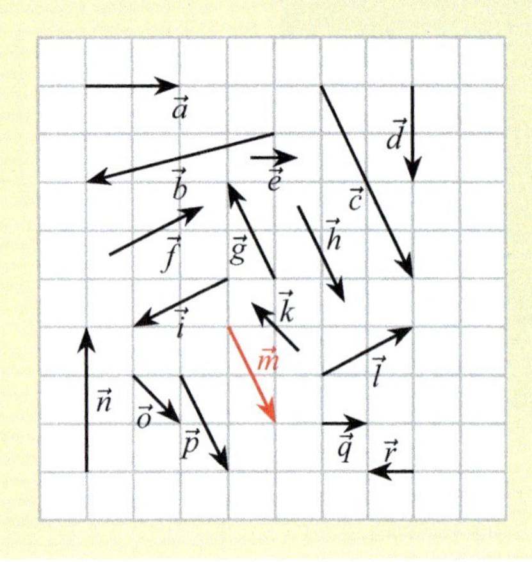

☐ *Ich kenne*
die Komponentendarstellung von Vektoren. → *Abschn. 17.2*

Test 17.2

Jedes Kästchen in der obigen Abbildung habe die Seitenlänge 1. Welche Pfeile werden dann durch den Vektor $\binom{2}{1}$ beschrieben?

☐ *Ich beherrsche*
die Addition von Vektoren und die Multiplikation mit Skalaren. → *Abschn. 17.3*

Test 17.3

Berechnen Sie

$$\begin{pmatrix} 1 \\ 2 \end{pmatrix} - \left(\begin{pmatrix} -2 \\ 3 \end{pmatrix} + 4 \cdot \begin{pmatrix} 3 \\ -1 \end{pmatrix} \right) + 2 \cdot \begin{pmatrix} 5 \\ -1 \end{pmatrix}.$$

☐ *Ich kann*
Punktmengen im Anschauungsraum mithilfe von Vektoren untersuchen. → *Abschn. 17.4*

Test 17.4

Begründen Sie rechnerisch, dass das Viereck $ABCD$ mit

$$A(-2|-1), \quad B(2|-2), \quad C(4|1), \quad D(0|2)$$

ein Parallelogramm ist.

☐ *Ich kann*
mithilfe von Vektoren Geraden und Ebenen im Raum darstellen. → *Abschn. 17.5*

Test 17.5

Gegeben sind die Punkte $A(0|1|2)$, $B(-1|2|0)$ und $C(-2|1|3)$. Geben Sie eine Parameterdarstellung der Geraden durch A und B und eine der Ebene durch A, B und C an.

Ergebnisse der Testaufgaben

17.1 $\vec{h}$, $\vec{p}$

17.2 $\vec{f}$, $\vec{l}$

17.3 $\binom{1}{1}$

17.4 Die zu einem Paar gegenüberliegender Seiten gehörigen Verbindungsvektoren müssen gleich sein. Dies ist bei den Seiten AD und BC der Fall, denn die zugehörigen Verbindungsvektoren $\overrightarrow{AD} = \binom{2}{3}$ und $\overrightarrow{BC} = \binom{2}{3}$ sind gleich.

17.5

$$g_{AB}: \quad \vec{x} = \begin{pmatrix} 0 \\ 1 \\ 2 \end{pmatrix} + \lambda \cdot \begin{pmatrix} -1 \\ 1 \\ -2 \end{pmatrix}$$

und

$$E_{ABC}: \quad \vec{x} = \begin{pmatrix} 0 \\ 1 \\ 2 \end{pmatrix} + \lambda \cdot \begin{pmatrix} -1 \\ 1 \\ -2 \end{pmatrix} + \mu \cdot \begin{pmatrix} -2 \\ 0 \\ 1 \end{pmatrix}.$$

17.2 Vektoren als Pfeilklassen

Der zentrale Begriff dieses Kapitels ist der des **Vektors**. Mathematisch gesehen handelt es sich bei einem Vektor um zwei, drei oder mehrere aufeinanderfolgende Zahlen, bei der die Reihenfolge dieser Zahlen wichtig ist. Z. B. ist die Reihenfolge der Koordinaten eines Punktes bei der Festlegung seiner Position wichtig: Ein Punkt mit den Koordinaten $(2|1)$ liegt woanders als der Punkt mit den Koordinaten (1|2). Anders als bei Punktkoordinaten werden bei Vektoren aber Rechenoperationen definiert. Man kann Vektoren addieren bzw. subtrahieren, auch gibt es verschiedene Arten der Multiplikation. Zur Unterscheidung werden beim Punkt die Koordinaten nebeneinander und beim Vektor die Zahlen – Komponenten genannt – untereinander notiert. Man muss sich also den Vektor $\binom{2}{1}$ anders vorstellen als den Punkt (2|1).

Hierzu denke man sich ein Blatt mit einem Gitternetz, auf dem eine der Gitterkreuzungen mit einem Punkt P markiert ist. Auf diesem Blatt liegt eine durchsichtige Folie mit einem identischen Gitternetz, und dort, wo der Punkt P durchscheint, wird mit einem Folienstift ebenfalls ein Punkt P' markiert. Jetzt schiebe man die Folie um drei Gittereinheiten nach rechts und um zwei Gittereinheiten nach oben. Der Punkt hat also den Weg „3 rechts 2 oben" zurückgelegt. Genauso hat jeder andere Gitterpunkt denselben Weg zurückgelegt, sogar jeder Punkt auf der Folie. Die Bewegung der Folie insgesamt umfasst also alle einzelnen Wege der Art „3 rechts 2 oben". Eine solche Bewegung – auch **Translation** genannt – kann eindeutig durch die aufeinanderfolgenden Zahlen 3 und 2 beschrieben werden. Der Vektor $\vec{v} = \binom{3}{2}$ beschreibt diese Translation. Er lässt sich also deuten als die Bewegung der kompletten Ebene um drei nach rechts und zwei nach oben.

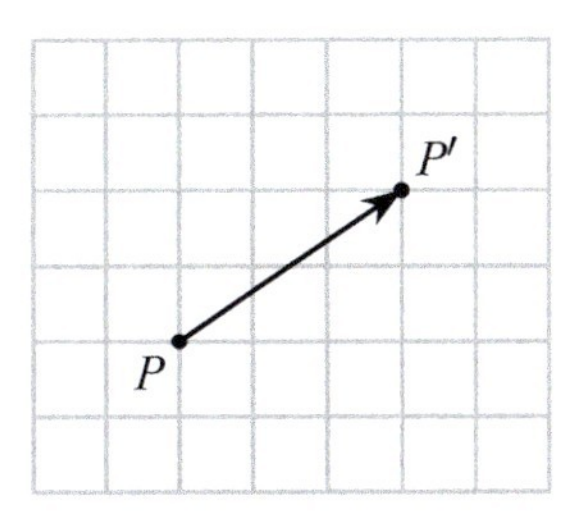

Fügen wir der Ebene, in der beide Gitternetze liegen, ein Koordinatenkreuz hinzu, dann bekommt der Punkt P Koordinaten. Z. B. könnten dies die Koordinaten (2|−1) sein. Nach der durch den Vektor $\vec{v} = \binom{3}{2}$ definierten Bewegung hat P' die Koordinaten (5|1). Und ein Punkt Q mit den Koordinaten (−1|1) würde nach der Bewegung der Ebene um drei nach rechts und zwei nach oben auf dem Punkt $Q'(2|3)$ zu liegen kommen. Die Bewegung eines einzelnen Punktes von seiner Originalposition zu seiner Zielposition kann durch einen Pfeil gezeichnet werden. Alle diese Pfeile sind bis auf ihre Position im Koordinatensystem identisch: Sie sind alle gleich lang, parallel, und auch die Pfeilrichtungen sind alle gleich.

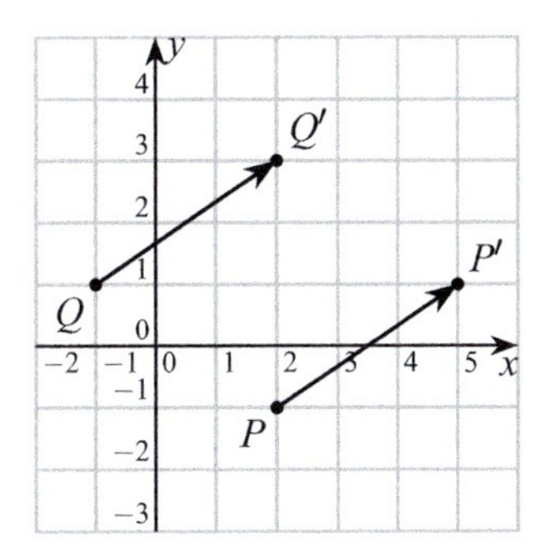

Ein Vektor lässt sich also als eine **Klasse von Pfeilen** deuten, von denen jeder einen der Wege beschreibt, die zusammengenommen die Bewegung der gesamten Ebene ergeben.

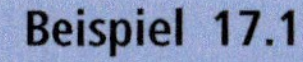

Beispiel 17.1

Welche Pfeile gehören zu demselben Vektor wie der Pfeil $\overrightarrow{PQ}$?

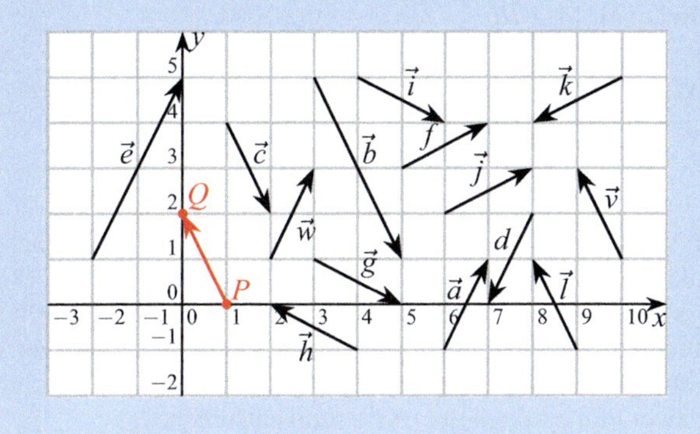

Nur einige der durch Pfeile dargestellten Wege stimmen hinsichtlich Länge, Richtung und Orientierung mit dem Weg überein, der die Punkte P und Q miteinander verbindet. Dies sind neben $\overrightarrow{PQ}$ selbst nur die Vektoren $\vec{l}$ und $\vec{v}$. Unter den anderen gibt es einige, die dieselbe **Länge** haben. Damit meint man das, was man gemeinhin mit dem Wort „Länge" verbindet: Man kann gleich lange Pfeile durch Verschieben und Drehen so übereinanderlegen, dass sie sich genau überdecken. Unter diesen zu $\overrightarrow{PQ}$ gleich langen Pfeilen weist $\vec{c}$ zudem auch dieselbe Richtung wie $\overrightarrow{PQ}$, allerdings ist er umgekehrt orientiert: Die Pfeilspitze zeigt nicht nach links oben, sondern nach rechts unten. Man erkennt an diesem Beispiel, dass mit der **Richtung** nicht die Pfeilrichtung gemeint ist, sondern die Ausrichtung des Pfeils in der Ebene. Die Vektoren $\vec{g}$ oder $\vec{w}$ z. B. haben dieselbe Länge wie $\overrightarrow{PQ}$, allerdings ist die Richtung anders. Das, was man allgemein mit Pfeilrichtung meint, heißt beim Vektor die **Orientierung**. Der Vektor $\vec{c}$ hat dieselbe Länge und Richtung wie $\overrightarrow{PQ}$, allerdings die entgegengesetzte Orientierung.

Ergebnis 17.1 Die Pfeile $\vec{l}$ und $\vec{v}$ gehören zum Vektor $\overrightarrow{PQ}$. ◀

In einem Fall lassen sich Orientierung und Richtung des betreffenden Vektors nicht bestimmen. Das ist der Vektor mit der Länge null, also die Klasse aller Wege, bei denen der Endpunkt auf dem Startpunkt liegt: $\binom{0}{0}$. Dieser Vektor wird auch **Nullvektor** genannt.

Achtung Die Begriffe Länge, Richtung und Orientierung sind in schulischen Kontexten für die Beschreibung von Vektoreigenschaften geläufig. Streng genommen sind Länge, Richtung und Orientierung aber Eigenschaften der Pfeile, die einen Vektor repräsentieren. Für analoge Eigenschaften eines Vektors gibt es andere Begriffe: Z. B. spricht man nicht von der Länge eines Vektors, sondern von seinem Betrag, und zwei Vektoren, deren Pfeilrepräsentanten eine gleiche Richtung aufweisen, sind linear abhängig. Und dort, wo die Vektorrechnung zur Anwendung kommt, stößt man auf weitere Begriffsdeutungen. So heißt es in der Physik, dass zwei Geschwindigkeitsvektoren eine entgegengesetzte Richtung aufweisen, wenn die visualisierenden Pfeile eigentlich umgekehrt orientiert sind. In diesem Buch allerdings beschränken wir uns auf die drei Begriffe Länge, Richtung und Orientierung, und zwar in dem Sinne, wie es in der Schulmathematik vielerorts üblich ist. ◀

Beispiel 17.2

Welche Pfeile in der Abbildung in → Beispiel 17.1 werden durch den Vektor $\binom{1}{2}$ beschrieben?

Der Vektor $\binom{1}{2}$ beschreibt die Translation der Koordinatenebene der Form „eins rechts zwei oben". Jeder zugehörige Pfeil muss einen Weg anzeigen, der sich aus einem Einheitsschritt in positiver x-Richtung und zwei Einheitsschritten in positiver y-Richtung zusammensetzt. Mit $\vec{a}$ und $\vec{w}$ gibt es in der Abbildung nur zwei Pfeile, die diesem Kriterium entsprechen.

Ergebnis 17.2 Es ist

$$\vec{a} = \vec{w} = \begin{pmatrix} 1 \\ 2 \end{pmatrix}.$$ ◀

17.3 Addition und Multiplikation mit Skalaren

Vektoren sind wie Zahlen, denn man kann mit ihnen rechnen. Wie man Vektoren z. B. addiert, ist schnell definiert und einfach durchgeführt. Wie aber eine solche Definition zu verstehen ist, lässt sich geometrisch leicht anhand der Translationsvorstellung veranschaulichen. Die drei für die Vektorrechnung wichtigsten Rechenoperationen sind die folgenden:

- **Addition**: Zwei Vektoren werden addiert, indem man jede Komponente des einen Vektors mit der entsprechenden des anderen addiert. Z. B. ist

$$\vec{a} + \vec{b} = \begin{pmatrix} 1 \\ 2 \end{pmatrix} + \begin{pmatrix} 2 \\ -3 \end{pmatrix} = \begin{pmatrix} 1+2 \\ 2-3 \end{pmatrix} = \begin{pmatrix} 3 \\ -1 \end{pmatrix}.$$

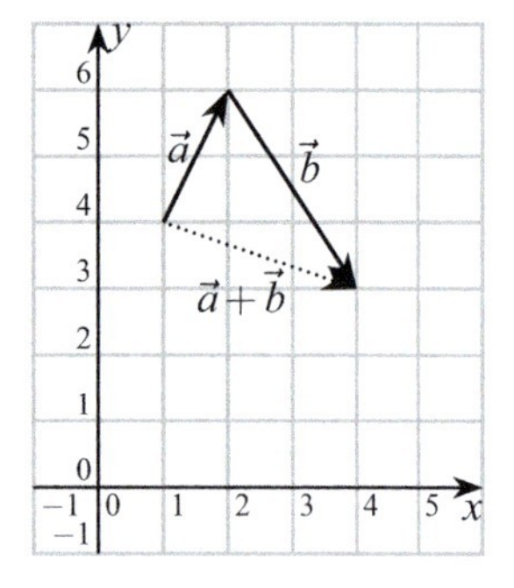

Die Abbildung zeigt: Bei Addition zweier Vektoren entsteht ein neuer Vektor, der der Hintereinanderausführung beider Translationen entspricht. Zur Veranschaulichung füge man einem Pfeil des ersten Vektors einen Pfeil des zweiten Vektors an und verbinde Startpunkt des ersten und Endpunkt des zweiten Pfeils zu einem neuen Pfeil.

- **Subtraktion**: Zwei Vektoren werden subtrahiert, indem man jede Komponente des zweiten Vektors von der entsprechenden des ersten subtrahiert. Z. B. ist

$$\vec{a} - \vec{b} = \begin{pmatrix} 1 \\ 2 \end{pmatrix} - \begin{pmatrix} 2 \\ -3 \end{pmatrix} = \begin{pmatrix} 1-2 \\ 2-(-3) \end{pmatrix} = \begin{pmatrix} -1 \\ 5 \end{pmatrix}$$

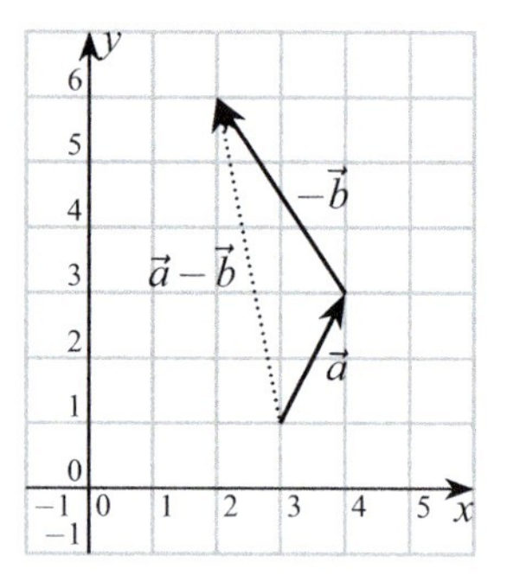

Die Abbildung zeigt: Die Subtraktion $\vec{a} - \vec{b}$ erklärt man als Addition des Gegenvektors $\vec{a} - \vec{b} = \vec{a} + (-\vec{b})$, wobei der **Gegenvektor** eines Vektors gebildet wird, indem man das Vorzeichen jeder Komponente umkehrt.

- **Multiplikation mit einem Skalar**: Ein Vektor wird mit einer reellen Zahl (**Skalar**) multipliziert, indem jede Komponente des Vektors mit dieser Zahl multipliziert wird. Z. B. ist

$$3 \cdot \vec{c} = 3 \cdot \begin{pmatrix} -1 \\ 2 \end{pmatrix} = \begin{pmatrix} 3 \cdot (-1) \\ 3 \cdot 2 \end{pmatrix} = \begin{pmatrix} -3 \\ 6 \end{pmatrix}.$$

Oder es ist

$$-\vec{c} = (-1) \cdot \begin{pmatrix} -1 \\ 2 \end{pmatrix} = \begin{pmatrix} (-1) \cdot (-1) \\ (-1) \cdot 2 \end{pmatrix} = \begin{pmatrix} 1 \\ -2 \end{pmatrix}.$$

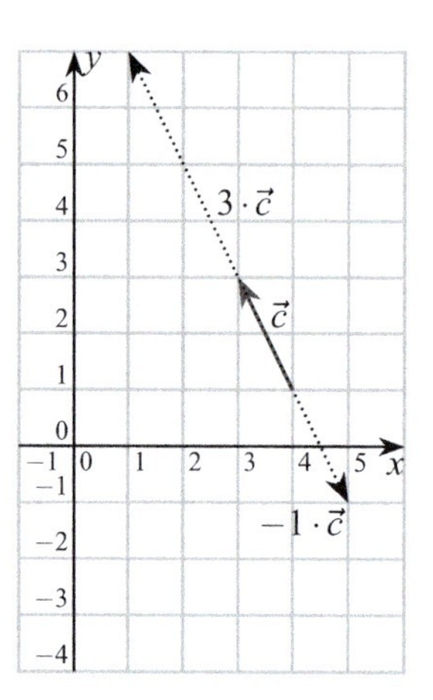

Teil V

Die Abbildung zeigt: Es entsteht ein neuer Vektor, der dem Dreifachen des Ausgangsvektors entspricht. Und bei negativem Skalar ändert der Vektor seine Orientierung. In beiden Fällen aber ändert sich die Richtung nicht. D. h., dass alle Vektoren, die durch eine Multiplikation mit einem Skalar auseinander hervorgehen, parallel sind.

Man kann die Addition und die Multiplikation mit einem Skalar miteinander kombinieren:

Beispiel 17.3

Berechnen Sie:

$$5 \cdot \begin{pmatrix} 1 \\ 2 \end{pmatrix} - 3 \cdot \left(\begin{pmatrix} -2 \\ 1 \end{pmatrix} + \begin{pmatrix} 4 \\ -1 \end{pmatrix} \right)$$

Wie beim Rechnen mit reellen Zahlen gilt auch hier die Regelung „Punkt vor Strich und Klammern über alles":

$$\begin{aligned} 5 \cdot \begin{pmatrix} 1 \\ 2 \end{pmatrix} - 3 \cdot \left(\begin{pmatrix} -2 \\ 1 \end{pmatrix} + \begin{pmatrix} 4 \\ -1 \end{pmatrix} \right) &= \begin{pmatrix} 5 \\ 10 \end{pmatrix} - 3 \cdot \begin{pmatrix} 2 \\ 0 \end{pmatrix} \\ &= \begin{pmatrix} 5 \\ 10 \end{pmatrix} - \begin{pmatrix} 6 \\ 0 \end{pmatrix} \\ &= \begin{pmatrix} -1 \\ 10 \end{pmatrix} \end{aligned}$$

17.4 Punktmengen im Anschauungsraum

Man kann mittels Vektoren geometrische Objekte beschreiben, um auf rechnerische Weise deren Eigenschaften nachzuweisen. Hierbei hilft eine Umdeutung von Punktkoordinaten als Vektoren: Der zu einem Punkt $P(x|y)$ koordinaten- bzw. komponentengleiche Vektor $\vec{p} = \binom{x}{y}$ steht für die Translation, die den Ursprung auf P überführt. In dieser Interpretation nimmt man unter allen Pfeilen der zugehörigen Pfeilklasse den Verbindungspfeil vom Ursprung zu P in den Blick und bezeichnet $\vec{p}$ als den **Ortsvektor** von P. Diese Umdeutung erlaubt nun den rechnerischen Nachweis von Eigenschaften geometrischer Objekte wie Länge und Richtung, insbesondere Parallelität.

Beispiel 17.4

Begründen Sie rechnerisch, dass das Viereck $ABCD$ mit

$$A(-2|-1), \quad B(2|-2), \quad C(4|1), \quad D(0|2)$$

ein Parallelogramm ist.

Zunächst sollte man wissen, dass ein Viereck dann ein Parallelogramm ist, wenn es zwei Paare gegenüberliegender paralleler Seiten aufweist. Man müsste also zeigen, dass die Seiten AB, DC und AD, BC parallel sind, d. h., die zugehörigen Verbindungsvektoren sind jeweils Vielfache voneinander. Es genügt jedoch, die Parallelität nur eines Seitenpaares zu zeigen, wenn diese Seiten auch zusätzlich gleich lang sind. Dann ist automatisch auch das andere Seitenpaar parallel. Vektoriell lassen sich diese beiden Eigenschaften (parallel und gleich lang) sehr einfach beschreiben durch die Identität der Verbindungsvektoren: $\overrightarrow{AB} = \overrightarrow{DC}$ (oder $\overrightarrow{AD} = \overrightarrow{BC}$).

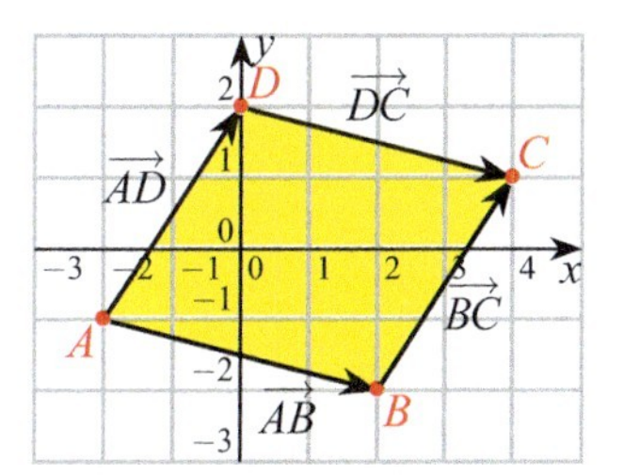

Man sieht: Der Verbindungsvektor $\overrightarrow{AB}$ lässt sich aus den zu A und B gehörigen Ortsvektoren $\vec{a}$ und $\vec{b}$ berechnen. Dabei beachte man, dass bei A startend der Ortsvektor $\vec{a}$ rückwärts durchlaufen wird. Es ist also

$$\overrightarrow{AB} = -\vec{a} + \vec{b} \qquad = -\begin{pmatrix} -2 \\ -1 \end{pmatrix} + \begin{pmatrix} 2 \\ -2 \end{pmatrix} = \begin{pmatrix} 4 \\ -1 \end{pmatrix}.$$

Auf analoge Weise erhält man für den zweiten Verbindungsvektor

$$\overrightarrow{DC} = \begin{pmatrix} 4 \\ -1 \end{pmatrix},$$

womit gezeigt ist, dass das Viereck $ABCD$ ein Parallelogramm ist. ◀

17.5 Darstellung von Geraden und Ebenen

Wie im vorangegangenen Abschnitt gesehen, lassen sich mithilfe von Ortsvektoren die Positionen von Punkten vektoriell beschreiben. Möchte man eine ganze Punktmenge, z. B. eine Gerade oder eine Ebene, beschreiben, so stellt man die Ortsvektoren der Punkte mit einer sogenannten Parametergleichung dar. Man nennt dies die Parameterdarstellung der Geraden bzw. der Ebene.

Beispiel 17.5

Gegeben sind die Punkte $A(1|0|2)$, $B(-2|1|3)$ und $C(3|1|4)$. Geben Sie eine Parametergleichung der Geraden durch A und B und eine der Ebene durch A, B und C an.

Alle Punkte in dieser Aufgabe sind nun Raumpunkte, denn sie haben drei Koordinaten. Die gesuchte Gerade enthält alle Punkte auf der Strecke AB und alle Punkte, die sich auf beliebigen Verlängerungen von AB befinden. Jeden dieser Punkte X gilt es wie folgt, mittels seines Ortsvektors $\vec{x}$ zu beschreiben.

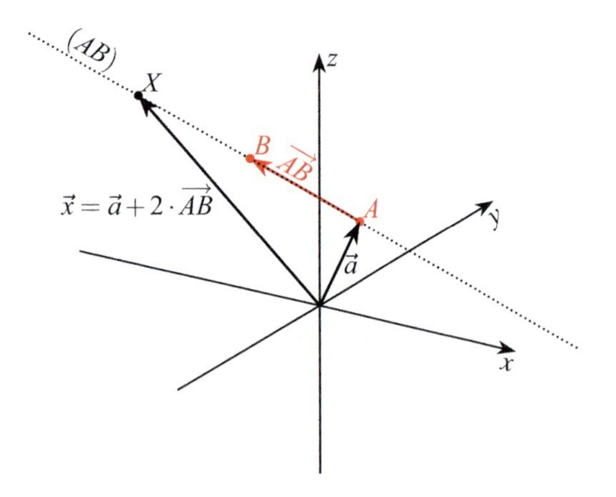

Z. B. liegt A auf der Geraden. Sein Ortsvektor ist $\vec{a}$. Auch B mit dem Ortsvektor $\vec{b}$ gehört zu dieser Geraden. Statt den direkten Weg von O zu B über den Ortsvektor $\vec{b}$ zu gehen, kann man den Punkt B auch über den Umweg über A erreichen: $\vec{OB} = \vec{a} + \overrightarrow{AB}$. Wenn man diesen Weg auf der Hälfte zwischen A und B abbricht, dann erreicht man mit $\vec{x} = \vec{a} + \frac{1}{2} \cdot \overrightarrow{AB}$ den **Mittelpunkt** der Strecke AB. Möchte man beliebige Punkte auf der Geraden beschreiben, so ersetzt man den Faktor vor dem Verbindungsvektor durch eine reelle Variable. Dafür verwendet man gerne griechische Buchstaben, z. B. so:

$$\vec{x} = \vec{a} + \lambda \cdot \overrightarrow{AB}$$

In dieser Schreibweise erreicht man mit $0 \leq \lambda \leq 1$ die Punkte auf der Strecke AB, mit $\lambda > 1$ alle Geradenpunkte jenseits von B und mit $\lambda < 0$ alle Geradenpunkte jenseits von A. Man kann also jeden Punkt X auf der Geraden durch einen passenden Ortsvektor $\vec{x}$ beschreiben. Wir nennen diese Gerade g_{AB} und schreiben

$$g_{AB}: \quad \vec{x} = \vec{a} + \lambda \cdot \overrightarrow{AB}, \quad \lambda \in \mathbb{R}.$$

Die Variable λ ist übrigens der **Parameter**, der dieser Gleichungsform ihren Namen gibt. Sie heißt **Parametergleichung** einer Geraden.

Weil die Aufgabe die Koordinaten der Punkte A und B benennt, kann man die Parametergleichung konkret angeben:

$$g_{AB}: \quad \vec{x} = \begin{pmatrix} 1 \\ 0 \\ 2 \end{pmatrix} + \lambda \cdot \begin{pmatrix} -3 \\ 1 \\ 1 \end{pmatrix}$$

Es ist auch eine Parametergleichung der Ebene durch A, B und C verlangt. Die Aufstellung einer Parametergleichung einer Ebene verfolgt dasselbe Prinzip wie bei der einer Geraden.

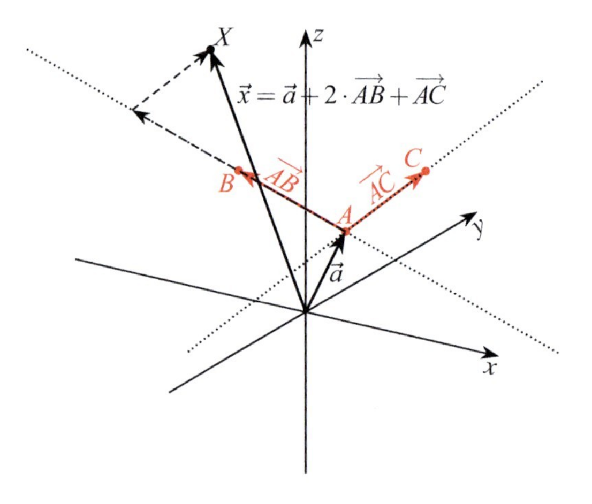

Man benennt zunächst den Ortsvektor zu einem Ebenenpunkt, z. B. wieder $\vec{a}$, dann fügt man die zu Geraden verlängerbaren Verbindungsstrecken AB und jetzt auch AC hinzu:

$$E_{ABC}: \quad \vec{x} = \vec{a} + \lambda \cdot \overrightarrow{AB} + \mu \cdot \overrightarrow{AC}$$

Man erkennt schnell: Wenn $\mu = 0$ ist, dann reduziert sich diese Parameterdarstellung auf die der Geraden durch A, B. Und wenn $\lambda = 0$ ist, dann reduziert sie sich auf die der Geraden durch A, C. Die übrigen Punkte der Ebene befinden sich zwischen diesen beiden Geraden. Sie werden für geeignete Werte von λ und μ erreicht.

Die gesuchte Parametergleichung erhält man nun, indem man die gegebenen Punktkoordinaten einsetzt:

$$E_{ABC}: \quad \vec{x} = \begin{pmatrix} 1 \\ 0 \\ 2 \end{pmatrix} + \lambda \cdot \begin{pmatrix} -3 \\ 1 \\ 1 \end{pmatrix} + \mu \cdot \begin{pmatrix} 2 \\ 1 \\ 2 \end{pmatrix}$$ ◀

Eine in vielen Zusammenhängen hilfreiche weitere Darstellung von Ebenen mittels Koordinatengleichung finden Sie im Online-Material.

tiny.cc/to5l1y

Aufgaben

17.1

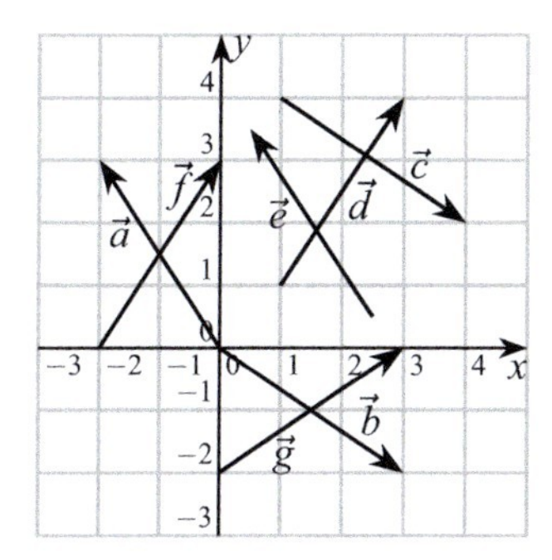

a) Welche Pfeile gehören zum Vektor $\vec{p} = \binom{-2}{3}$?
b) Betrachtet man $\vec{p}$ als Ortsvektor eines Punktes P, welcher dieser Pfeile wäre dann geeignet, den Ort von P anzuzeigen?

17.2 Zeichnen Sie mindestens drei verschiedene Pfeile zum Vektor $\vec{p} = \binom{-1}{5}$, darunter auch den, der die Lage des zugehörigen Punktes $P(-1|5)$ anzeigt.

17.3 Berechnen Sie und veranschaulichen Sie jede Rechnung durch Pfeilkombinationen im Koordinatensystem.

a) $\begin{pmatrix} 1 \\ -2 \end{pmatrix} + 2 \cdot \begin{pmatrix} -3 \\ -1 \end{pmatrix}$

b) $-3 \cdot \begin{pmatrix} 2 \\ 0 \end{pmatrix} - \begin{pmatrix} 1 \\ 3 \end{pmatrix}$

17.4 Berechnen Sie:

a) $2 \cdot \left(\begin{pmatrix} 1 \\ 2 \end{pmatrix} - \begin{pmatrix} 3 \\ 5 \end{pmatrix} \right) + 3 \cdot \begin{pmatrix} 1 \\ -2 \end{pmatrix}$

b) $-\left(\begin{pmatrix} 0 \\ -3 \\ 2 \end{pmatrix} + 5 \cdot \begin{pmatrix} 1 \\ 0 \\ 4 \end{pmatrix} \right) + 2 \cdot \begin{pmatrix} -3 \\ -1 \\ 0 \end{pmatrix} + \begin{pmatrix} 0 \\ 0 \\ 2 \end{pmatrix}$

17.5 Ergänzen Sie so, dass die Gleichung stimmt:

a) $\begin{pmatrix} \square \\ 3 \end{pmatrix} + \begin{pmatrix} 2 \\ \square \end{pmatrix} = \begin{pmatrix} 5 \\ 4 \end{pmatrix}$

b) $\square \begin{pmatrix} 2 \\ -3 \end{pmatrix} = \begin{pmatrix} 6 \\ -9 \end{pmatrix}$

c) $\square \cdot \begin{pmatrix} 2 \\ 5 \end{pmatrix} + \begin{pmatrix} \square \\ 5 \end{pmatrix} = \begin{pmatrix} 9 \\ -15 \end{pmatrix}$

17.6

a) Begründen Sie mittels Vektorrechnung, dass die Punkte $A(2|3)$, $B(0|2)$ und $C(-4|0)$ auf derselben Geraden liegen. Liegt auch der Punkt $D(-6|-1)$ auf dieser Geraden?
b) Gegeben seien die Punkte $P(-1|2)$, $Q(-2|-1)$ und $R(2|-3)$. Ergänzen Sie diese Punkte so durch einen vierten Punkt S, dass ein Parallelogramm entsteht. Begründen Sie Ihre Behauptung mittels Vektorrechnung.

17.7 Gegeben sei ein Viereck mit den Eckpunkten $A(-2|3)$, $B(1|-4)$, $C(5|2)$ und $D(-3|0)$. Zeigen Sie, dass das aus den Mittelpunkten der Seiten des Vierecks gebildete Viereck ein Parallelogramm ist.

17.8

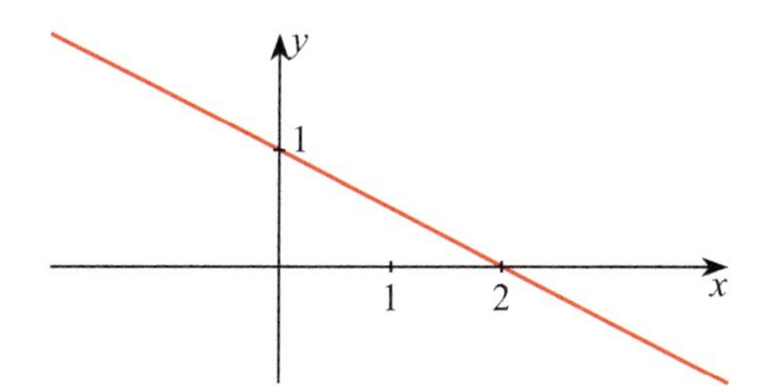

Nur zwei der drei Geradengleichungen passen zur abgebildeten Geraden. Welche sind dies?

- $g_1: \vec{x} = \begin{pmatrix} 2 \\ 0 \end{pmatrix} + \lambda \begin{pmatrix} -2 \\ 1 \end{pmatrix}$
- $g_2: \vec{x} = \begin{pmatrix} -2 \\ 3 \end{pmatrix} + \lambda \begin{pmatrix} 2 \\ 1 \end{pmatrix}$
- $g_3: \vec{x} = \begin{pmatrix} 4 \\ -1 \end{pmatrix} + \lambda \begin{pmatrix} 4 \\ -2 \end{pmatrix}$

Ändern Sie einen Vektor der verbleibenden Gleichung so, dass er ebenfalls zur gezeigten Geraden passt.

17.9 Gegeben seien die Punkte $A(0|0|1)$, $B(2|0|-1)$ und $C(0|3|4)$. Geben Sie jeweils eine passende Parametergleichung an:

- Die Gerade durch A und B
- Die Gerade durch B und C
- Die Ebene durch A, B und C

Geben Sie auch eine Parametergleichung der zu ABC parallelen Ebene durch $D(0|2|3)$ an.

Lösungen zu den Aufgaben

17.1

a) Es ist $\vec{a} = \vec{e} = \binom{-2}{3}$.

b) Der mit $\vec{a}$ bezeichnete Pfeil zeigt zum Punkt mit den Koordinaten $(-2|3)$ und ist damit der gesuchte Ortsvektor. Übrigens bezeichnet $\vec{b}$ den einzigen weiteren Ortsvektor, und zwar zum Punkt mit den Koordinaten $(3|-2)$.

17.2 Die folgende Grafik zeigt mögliche Pfeile:

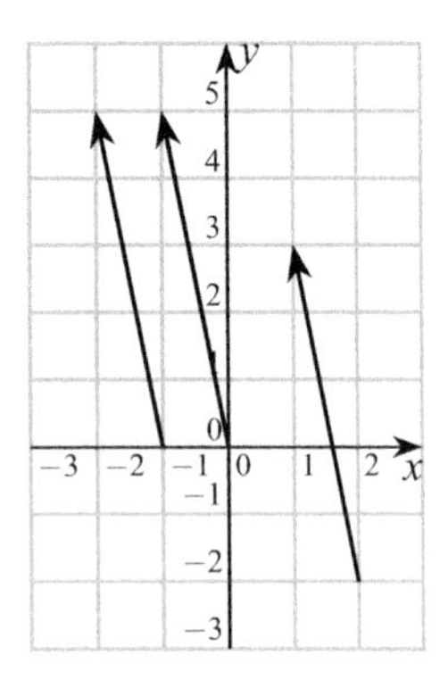

17.3

a) $\binom{1}{-2} + 2\cdot\binom{-3}{-1} = \binom{1}{-2} + \binom{-6}{-2} = \binom{-5}{-4}$

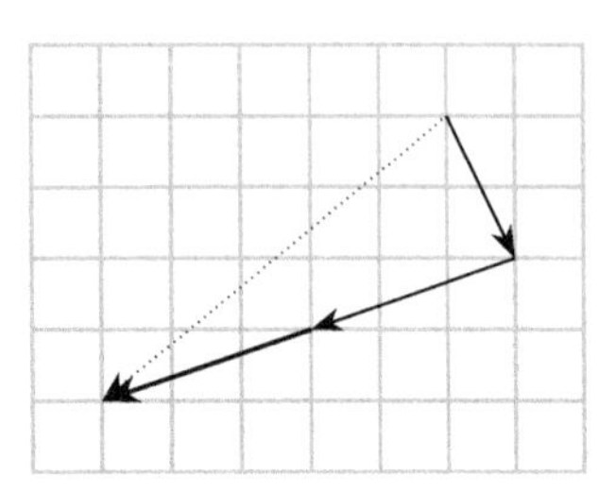

b) $-3\cdot\binom{2}{0} - \binom{1}{3} = \binom{-6}{0} - \binom{1}{3} = \binom{-7}{-3}$

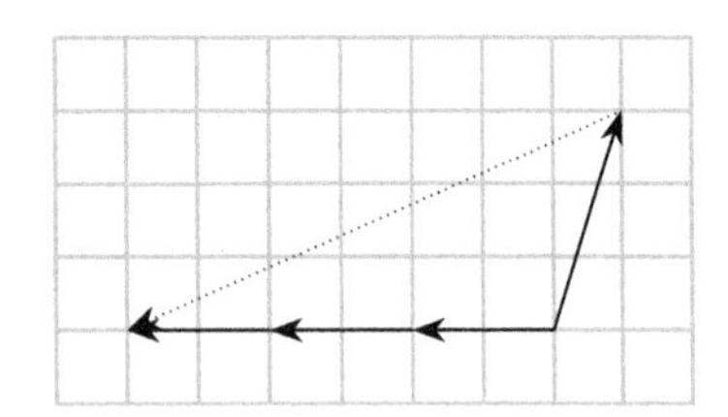

17.4

a) $2\cdot\left(\binom{1}{2}-\binom{3}{5}\right) + 3\cdot\binom{1}{-2} = 2\cdot\binom{-2}{-3} + \binom{3}{-6} =$

$\binom{-4}{-6} + \binom{3}{-6} = \binom{-1}{-12}$

b) $-\left(\begin{pmatrix}0\\-3\\2\end{pmatrix} + 5\cdot\begin{pmatrix}1\\0\\4\end{pmatrix}\right) + 2\cdot\begin{pmatrix}-3\\-1\\0\end{pmatrix} + \begin{pmatrix}0\\0\\2\end{pmatrix} =$

$-\left(\begin{pmatrix}0\\-3\\2\end{pmatrix} + \begin{pmatrix}5\\0\\20\end{pmatrix}\right) + \begin{pmatrix}-6\\-2\\2\end{pmatrix} = \begin{pmatrix}-11\\1\\-20\end{pmatrix}$

17.5

a) $\binom{3}{3} + \binom{2}{1} = \binom{5}{4}$

b) $3\cdot\binom{2}{-3} = \binom{6}{-9}$

c) $-4\cdot\binom{2}{5} + \binom{17}{5} = \binom{9}{-15}$

17.6

a) Es reicht zu zeigen, dass zwei der drei Verbindungsvektoren der drei Punkte parallel sind. Mit $\overrightarrow{AB} = \binom{-2}{-1}$, $\overrightarrow{BC} = \binom{-4}{-2}$ wird deutlich, dass $\overrightarrow{BC} = 2\cdot\overrightarrow{AB}$ ist. A, B und C liegen also auf einer Geraden. Wegen $\overrightarrow{AD} = \binom{-8}{-4} = 4\cdot\overrightarrow{AB}$ liegt auch der Punkt D auf der Geraden.

b) Behauptung: Der Punkt $S(3|0)$ ist ein solcher Punkt (z. B. durch Ablesen aus einer Zeichnung). Denn man erhält $\overrightarrow{PQ} = \binom{-1}{-3}$, $\overrightarrow{QR} = \binom{4}{-2}$, $\overrightarrow{SR} = \binom{-1}{-3}$ und $\overrightarrow{PS} = \binom{4}{-2}$, woraus folgt, dass $\overrightarrow{PQ} = \overrightarrow{SR}$ (und $\overrightarrow{QR} = \overrightarrow{PS}$) ist. Die gegenüberliegenden Seiten im Viereck $PQRS$ sind also parallel. (Übrigens gibt es neben $S(3|0)$ zwei weitere Punkte, die ABC zu einem Parallelogramm ergänzen. Finden Sie diese und begründen Sie Ihre Behauptung analog.)

17.7 Die Mittelpunkte der Seiten des Vierecks haben die Koordinaten

$M_{AB}(-0{,}5|-0{,}5)$ $\quad$ $M_{BC}(3|-1)$

$M_{CD}(1|1)$ $\quad$ $M_{DA}(-2{,}5|1{,}5)$.

Die Verbindungsvektoren der Mittelpunkte lauten

$$\overrightarrow{M_{AB}M_{BC}} = \binom{3{,}5}{-0{,}5} \qquad \overrightarrow{M_{DA}M_{CD}} = \binom{3{,}5}{-0{,}5}$$

$$\overrightarrow{M_{BC}M_{CD}} = \binom{-2}{2} \qquad \overrightarrow{M_{AB}M_{DA}} = \binom{-2}{2}.$$

Demzufolge sind die gegenüberliegenden Verbindungsvektoren gleich, d. h., die Mittelpunkte der Seiten des Vierecks bilden ein Parallelogramm.

17.8 g_1 und g_3 sind passende Geraden. g_2 würde dann ebenfalls passen, wenn man z. B. genau eine der beiden Komponenten des Richtungsvektors mit einem negativen Vorzeichen versehen würde.

17.9 Mögliche Parametergleichungen sind

- $g_{AB}: \quad \vec{x} = \begin{pmatrix} 2 \\ 0 \\ -1 \end{pmatrix} + \lambda \cdot \begin{pmatrix} -2 \\ 0 \\ 2 \end{pmatrix}$
- $g_{BC}: \quad \vec{x} = \begin{pmatrix} 2 \\ 0 \\ -1 \end{pmatrix} + \lambda \cdot \begin{pmatrix} -2 \\ 3 \\ 5 \end{pmatrix}$
- $E_{ABC}: \quad \vec{x} = \begin{pmatrix} 0 \\ 0 \\ 1 \end{pmatrix} + \lambda \cdot \begin{pmatrix} 2 \\ 0 \\ -2 \end{pmatrix} + \mu \cdot \begin{pmatrix} 0 \\ 3 \\ 3 \end{pmatrix}$

  Eine zu E_{ABC} parallele Ebene erhält man schnell, indem man die Richtungsvektoren beibehält und als Stützvektor den Ortsvektor von D verwendet.
- $E_{ABC}: \quad \vec{x} = \begin{pmatrix} 0 \\ 2 \\ 3 \end{pmatrix} + \lambda \cdot \begin{pmatrix} 2 \\ 0 \\ -2 \end{pmatrix} + \mu \cdot \begin{pmatrix} 0 \\ 3 \\ 3 \end{pmatrix}$

Ausführliche Lösungen zu den Aufgaben finden Sie im Online-Material.

tiny.cc/to5l1y

Index

K. Dürrschnabel et al., *So viel Mathe muss sein!*, https://doi.org/10.1007/978-3-662-57951-0

Printed by Printforce, the Netherlands